Plant Factory with Artificial Light

# 인공광 이용형 식물공장

고자이 토요키 저

손정익·전창후·박종석 공역

월드사이언스
worldscience.co.kr

人工光型 植物工場

Original Japanese edition
Taiyoukougata Shokubutsu Koujyou - Senshinteki Shokubutsu Koujyou no Sustainable Design
Edition and written by Toyoki Kozai

published by Ohmsha, Ltd.
This Korean Language edition co-published by Ohmsha, Ltd. and World Science Co., Ltd.


# 인공광 이용형 식물공장

인 쇄 | 2015년 9월 5일
발 행 | 2015년 9월 15일

저 자 | Toyoki Kozai
역 자 | 손정익, 전창후, 박종석
발 행 인 | 박선진
발 행 처 | 도서출판 월드사이언스

주 소 | 서울특별시 서초구 방배4동 864-31 월드빌딩 1층
등록일자 | 1988년 2월 12일
등록번호 | 제 16-1601호
대표전화 | (02) 581-5811~3
팩 스 | (02) 521-6418

E-mail | worldscience@hanmail.net
U R L | http://www.worldscience.co.kr

정 가 | 12,000원
I S B N | 978-89-5881-249-4

이 도서의 국립중앙도서관 출판시도서목록 (CIP) 은 서지정보유통지원시스템 홈페이지 (http://seoji.nl.go.kr) 와 국가자료공동목록시스템 (http://www.nl.go.kr/kolisnet) 에서 이용하실 수 있습니다 .
(CIP 제어번호 : CIP2015025373)

# 서 언

이 책은 2009년11월에 출판된 "자연광 이용형 식물공장(오옴사, Toyoki Kozai 저)"의 자매 서적이다. 이 책은 2010년에 중국과 대만판으로 출판되었고, 2013년에 한국판으로도 출판된 바 있다. 자연광 이용형 식물공장(이후, 자연광 식물공장)의 보급에 보조를 맞추어 인공광 이용형 식물공장(이후, 인공광 식물공장)에 관한 사회적 인지와 이해도가 높아지고 있다. 이러한 이유의 하나는, 매일 수 천주의 엽채류를 생산하고 있는 인공광 식물공장 중에서도 초기 투자금을 이미 회수하고 경상수익을 올리는 사례가 일본에서도 등장하기 시작했다는 것이다. 또한 2009년에 시작된 경제산업성 및 농림수산성의 공적 기관에의 식물공장에 관한 연구개발 사업과 보급 사업의 성과도 나타나기 시작했다는 것이다. 관련 학회, 협회 및 대학의 교육기관과 산학연계 활동도 성과를 내고 있다.

그 중에서 인공광 식물공장에 사회적 관심이 집중되고 있는 최대 이유는, 이러한 식물공장이 새로운 라이프스타일, 산업, 나아가서는 다양한 생활 문화를 탄생시킬 수 있다고 많은 분야의 사람들이 예감하기 시작했다는 것이다. 즉, 바닥면적이 10~50m$^2$ 정도의 소형의 인공광 식물공장이 레스토랑, 슈퍼마켓, 샌드위치 및 피자가게 등에 이미 설치되어서 우리의 근접한 생활공간 안으로 들어오기 시작했다. 인터넷으로 관리가 가능하고 디자인도 세련된 가정용, 취미용, 전시용, 교육용 인공광 식물공장의 소형 모델이 판매되기 시작되고 있다. 또한 편의점, 병원, 호텔 등에의 설치도 검토되고 있다. 이러한 사회 현상은 "농업과 함께하는 생활", "생명을 배우는 체험"과 "지적 첨단기술"의 통합 감각과 연결되어 이후 생활문화의 하나의 축으로 정착하고 나아가서는 환경-건강-복지 공생산업의 창출에 연결될 것으로 예상된다.

2009년 이후, 중국, 한국, 대만 등에도 이와 같은 움직임이 시작되었고, 2011년 이후에 그 강도는 일본을 상회할 정도이다. 기타 동남아시아 여러 나라에도 이와 같은 기운이 확장되고 있는 추세이다. 네덜란드, 미국,

중동, 러시아 등에 있어서 인공광 식물공장 비즈니스에의 참여와 도입의 움직임이 보이고 있다. 이러한 움직임에 관련되어 인공광 식물공장에 관한 국제회의나 국내회의가 일본 이외에도 중국, 한국, 대만 등에서도 다수 개최된 바 있다.

인공광 식물공장에 관해서 일본은 연구개발 수준, 보급 및 사회적 인지도 등에 있어서 2012년 시점에서 세계 최고 수준이며, 그 성과는 여러 나라에 영향을 주고 있다. 또한 인공광 식물공장에 관하여 일본어로 많은 서적이 기술되어 있지만, 연구개발과 이용에 필요한 학술적인 기초 지식을 정리한 교과서는 많지 않다. 특히 전기에너지의 유효 이용이나 식물의 생리생태 특성의 기초에 관하여 기술한 교과서는 많지 않다. 따라서 이 책은 연구자는 물론, 학부생, 대학원생의 교과서로서 이용 가능하도록 인공광 식물공장에 관한 기초에서 응용에 걸친 학술적인 기초 지식과 용어를 정리하였다. 이 책에서 기술하는 학술적 기초 지식에 근거하여 인공광 식물공장을 설계하고 운영한다면 현재보다 훨씬 에너지를 절약하고 환경보전을 달성할 수 있고, 보다 고품질 다수확의 식물생산이 가능하다. 여기에 필요한 기초 지식은 광원, 조명, 공조, 계측, 제어, 식물의 생리상태, 수경재배, 가공처리 등으로 다양하지만, 가급적 간결하게 정리하고자 하였다. 또한 인공광 식물공장의 기초 개념인 "밀폐형 식물생산시스템"과 "에너지절감 및 환경보전"과의 관계를 기술하였다. 특히 인공광 식물공장에 관심이 높은 사회적 배경과 이외에도 세계 및 일본에 따른 연구개발 현황, 약용식물 생산에의 전개에 관해서 기술하였다.

이 책의 집필에 있어서 치바대학 카시와 캠퍼스 환경건강필드과학센터에 있는 식물공장 거점 프로젝트의 멤버로부터 많은 도움을 받았다. 또한 동 프로젝트의 컨소시엄 멤버로 참가하고 있는 60개 회사와 카시와 캠퍼스에서 매월 개최되는 NPO식물공장연구회의 토론회의 강사와 참가자로부터도 많은 도움을 받았다. 특히 위에서 언급한 거점의 리더인 Maruo 교수, Ikeda 교수 및 센터장인 Takagaki 교수로부터 지도를 받았다. 또한 치바대학 원예학부의 Goto 교수 및 공학부 Watanabe 교수 등에게 지도와 협력을 받았다.

일본학술회의-식량과학위원회-농업정보시스템학 분과회(위원장

Noguchi 교수)의 위원들과 일본생물환경조절학회의 회원 및 피해지 지원 시설재배 전문가 그룹에게 많은 도움을 받았다. 제11장의 "약용식물생산"에 관해서는 당 센터의 기능성 식물생산학 기부연구부문의 Arakatsu 교수 및 연구그룹인 Ikeue 교수, Watanabe 교수, Matsuhara 교수 및 아미타(주)의 Uchikatsu씨, Matsumoto씨에게 지도를 받았다. 동 부문을 지원하고 있는 아미타(주)의 Kumano씨에게도 감사 드린다. 한국의 서울대학교 손정익 교수, 전창후 교수, 전북대학교 김용현 교수, 대만국립대학 Fang 교수, 중국농업과학원 Yang 교수, Agrigarden의 Lingling 박사, 중국농업대학 Dongxiang 교수, Qingyun 교수, Chengwei 교수, Dong 교수, 미국 아리조나 대학의 Kubota 교수, Texas A & M의 Niu 교수 등에게 많은 지도를 받았다.

이 책에 사용된 사진의 게재를 허가한 큐-피(주), 미라이(주), Maruo 교수, Kawamoto 교수, CHC 시스템(주). Mitsubishi 수지(주), (주)그린이노베이션, 필자의 전 동료와 연구원 들에게 감사를 드린다. 특히 Oyama 박사, Zobayed 박사, Afreen 박사, Nishimura 박사의 공저 논문에서 많은 이용을 하였다. 최근 인공광 식물생산시설로 유전자재조합을 한 딸기, 벼 등의 작물을 재배하여 의약품 성분을 추출하거나 먹는 약품화하는 연구개발이 진행되고 있고 좋은 결과를 얻고 있다. 그러나 필자는 이러한 분야에 관한 연구개발에 관련이 없고 전문적인 지식의 결여되고 있기 때문에 이 책에서는 이러한 부분에 관하여 별도로 지면을 할애하였다.

2012년 3월

고자이 토요키(Toyoki Kozai)

치바대학(Chiba Univ.) 명예교수

# 한국어판 서언

지구상의 인류는 환경, 먹거리, 자원이라는 연관된 3가지 문제에 직면하고 있다. 환경을 보전하며 자원의 소비를 절약하면 작물의 생산성과 품질이 저하되고, 작물의 생산량 증대를 위하여 경지 확대나 자원 투입을 시도하면 삼림의 감소, 환경 오염, 화석연료와 수자원의 고갈이 예상된다. 환경오염은 화학비료의 지중 또는 하천으로의 유출, 폐 플라스틱의 대량 폐기, 지구 온난화 가스의 배출 등에 기인한다. 아시아뿐 만 아니라 세계적으로 이러한 3가지 문제의 해결을 통하여 삶의 질을 향상시킬 수 있다고 생각하고, 그 중요성에 대한 인식도 증가하고 있다. 안전하고 건강에 좋은 먹거리를 높은 자원 이용효율로 생산하기 위하여, 환경보전, 자원 절약 및 생산 단가 절감이 필수적이다. 이러한 문제 해결을 위해서, 기존의 개념을 근거로 새로운 개념과 수법을 도입한 혁신적인 식물생산시스템의 개발과 이용이 필요하다. 인공광 식물공장은 이러한 문제 해결에 공헌할 수 있는 식물생산시스템으로 사회적인 주목을 받고 있다.

인공광 식물공장은 기본적으로 원예작물, 약용작물, 허브작물, 각종 육묘 등의 고부가가치 작물을 그 대상으로 하고 있다. 인공광 식물공장은 노지생산과 비교하여 연간 토지 생산성을 100~200배, 작물의 광에너지 이용효율을 수십 배 높일 수 있고, 최소한의 비료, 물, 무농약으로 생산할 수 있으며, 환경오염 물질을 외부로 배출하지 않는 지속적인 식물생산시스템으로서 그 가능성을 인정받고 있다. 이를 위해서는 단위 생산량 당 전기에너지의 소비량과 초기 건설비용을 과감하게 줄이는 것이 필요하다. 또한 인공광 식물공장은 최소한의 자원을 이용하여 작은 공간에서 안전하고 지속적이며 효율적인 식량 생산이 가능하기 때문에 우주 농업이나 지구 생태계와도 공통된 특징을 가지고 있다. 인공광 식물공장은 앞으로 가정, 학교, 직장, 상점가, 주택지 등 다양한 목적으로 이용되는 것이 기대된다.

이 책은 위에서 언급된 관점으로부터, 식물공장의 개발을 필요로 하는 사회적 배경, 연구개발의 현황, 추후 해결해야 할 문제점 등을 기술하고 있다. 인공광 식물공장이 중심 내용이지만, 상당 부분의 내용은 자연광 식물공장에도 적용 가능하다. 필자는 이 책의 내용을 더욱 발전시켜서 추후 지구에 있어서 환경, 먹거리, 자원의 문제 해결에 공헌하기를 희망하고 있다. 이 책의 번역에 중심적 역할을 한 서울대학교 손정익 교수는 필자가 30년간 존경하는 친구이며, 인간성, 재능, 정열 및 추진력에 많은 감명을 받고 있다. 동시에 한국 및 아시아에 있어서 식물공장 및 원예환경공학의 분야에 있어서 리더로써 활약하고 있다. 이 책의 번역 작업에 대하여 다시 한 번 깊은 감사의 뜻을 드리고, 이 책이 한국 및 한글 문화권에 유효하게 이용되기를 바라는 마음 간절하다.

2015년 9월

고자이 토요키(Toyoki Kozai)

# 역자 서언

식물공장은 환경조절을 통해서 작물의 주년 및 계획생산이 가능하며 수량과 품질을 조절할 수 있는 공장형 식물생산시스템이다. 최근 국내에서 식물공장에 대한 관심이 LED의 관심과 함께 증가하고 있으며, 식물공장의 실용화에 관한 다양한 연구 및 상업적 활동이 동시에 진행되고 있다. 식물공장은 식품 안전성 강화, 안정적 공급, 인구 고령화, 기후변화 및 외부 환경오염 대비에 효과는 있지만, 명확한 이용 목적과 이에 따른 경제성 분석이 필요하다.

식물공장을 위한 기술로는 식물공장 구조, 조명, 재배장치, 환경제어, 자동화, 에너지 절감 등을 중심으로 하는 시스템 기술과, 광조절, 수경재배, 환경조절, 적정 품종 선발 등과 작물의 생산성, 품질 및 성분 관리 등을 중심으로 하는 작물생산 기술로 구성된다. 이 책은 2012년에 발행된 "자연광 이용형 식물공장"에 이어서 인공광 이용형 식물공장의 설계 및 운영에 관한 기초적 이론과 응용 부분을 포함하고 있다. 특히 식물생산에 투입되는 에너지 및 자원에 대한 생산성(또는 효율성) 산정 부분을 강조하여 기술하고 있다. 이외에도 기존의 식용작물 중심에서 특용 및 약용작물 등 고부가가치 작물 생산에 관한 내용을 언급하고 있다.

식물공장은 기후 변화 및 환경오염에 대하여 안정적 작물생산 및 먹거리 안전성 확보, 기능성 물질 및 식의약 소재 생산을 통한 바이오 산업과의 연계, 인간의 삶의 질 향상을 위한 도시농업 등에 기여할 것으로 기대되고 있다. 또한 다양한 산업과 연계를 통하여 새로운 융복합 산업을 창출할 수 있을 것으로 판단된다. 원저자도 언급한 바와 같이 이러한 가능성은 추후 미래 사회 및 산업의 변화에도 영향을 미칠 것으로 예상된다. 이러한 관점에서 이 책은 식물공장의 이론과 기술이 포함된 자연과학적 측면 이외에도 인문사회학적인 관점에서도 기술하고 있다고 생각한다.

이 책의 원저자인 Kozai 교수는 토쿄대학교 대학원 환경조절공학연구실에서 박사학위를 받았다. 그는 온실 환경조절 연구를 시작으로 환경조절

기법을 이용한 광독립배양방식 조직배양의 개념과 관련 분야의 학문을 정립하였으며, 이후 인공광 육묘공장을 시작으로 자연광 및 인공광 식물공장을 연구하였고, 최근 이러한 식물공장의 미래 사회의 적용과 공헌에 대하여 고민하고 있는 이 분야의 세계적인 석학이다. 이 책의 번역을 위하여 많은 도움을 주었으며 특히 이 책의 번역판에 대한 원저자 서문을 보내준 것에 대하여 심심한 감사의 뜻을 전한다.

2015년 9월

역자대표

# 목 차

제1장

# 지구 차원의 문제와 식물공장

## 1.1 서론

2011년에 70억인 지구의 인구가 2050년에는 90억을 넘는 것으로 예상된다. 21세기의 지구 자원의 문제는 환경, 식량, 자원(에너지 포함) 및 삶의 질(개인, 사회, 복지)의 4가지이다. 이러한 문제는 지구적 차원의 문제이지만, 지역의 문제, 국가의 문제, 아시아의 문제이기도 하다. 따라서 이러한 문제의 해결책을 찾을 수 있다면 각 단계에 따른 문제 해결에 도움을 줄 수 있다.

환경, 식량 및 자원의 3가지 문제는 상호 강하게 연관되어 있기 때문에 이러한 문제의 해결은 개별적인 것 보다 동시에 해결되는 것이 바람직하다. 즉 개별적으로는 3가지 문제를 해결할 수 없다는 것이다. 왜냐하면 식량을 생산하기 위한 경지 확대, 화학비료 및 농약의 대량 사용은 환경을 오염시키고 화석연료 자원을 감소시켜서 결국 인간의 삶의 질을 저하시키게 된다. 2008년에 발생한 옥수수 에탄올 연료의 확대 때문에 가축 사료에 사용되는 옥수수의 가격의 급등, 관련 식품 가격의 상승, 옥수수의 밭의 확대를 위한 삼림 개발, 이에 따른 환경 파괴의 단계적 전개는 이러한 문제를 잘 보여준다. 이를 해결하기 위해서는 3가지 문제를 동시 동시에 해결하기 위한 유용한 개념과 기술 체계가 필요하다.

이 책에서는 이러한 3가지 문제를 해결하기 위한 개념과 기술 체계의 하나로서 "식물공장"을 언급하고 있다. 이 책은 2009년에 출판된 "자연광 이용형 식물공장"의 자매서에 그치지 않고 "밀폐형" 식물공장의 개념과 방법론을 일보 전진시켰다. 이 책의 내용을 보다 정확하게 표현하면 "인공광 밀폐형 식물공장"이 된다. 또한 인공광 밀폐형 시스템을 이용한 식물묘 생산에 관하여 저술한 "인공광 밀폐형 시스템의 개발과 이용", "최신 묘생산 실용기술-밀폐형 묘생산 시스템이 시작되었다" 등의 관련 저서 내용을 묘생산으로부터 식물 생산으로 일반화하여 확장한 내용이라고 생각한다.

밀폐형 시스템을 최초로 묘생산에 응용한 것은, 첫째로 환경, 식량, 자원의 3가지 문제를 해결하기 위한 새로운 개념과 방법으로써 묘생산 시스템이 필요했기 때문이다. 둘째는, 밀폐형 시스템을 묘생산에 응용하는 것이 실용화의 지름길이라고 생각하였다. 실제로 밀폐형 묘생산 시스템은 현재 일본의 100개소를 넘는 장소에서 이용되고 있다. 이 책에서는 이러한 개념을 보다 확장하여 인공광 식물공장에 전면적으로 응용하고자 한다.

## 1.2 물질 밀폐계인 지구

이미 언급한 3가지의 문제를 해결하기 위해서는 먼저, 지구 생태계가 물질에 대해서 밀폐계이며 에너지에 대해서는 개방계인 것을 재확인할 필요가 있다. 즉 지구(대기권 포함)와 대기외(진공)의 우주 공간 사이에는 물질의 교환이 없다(우주 로켓, 운석 등의 예외는 제외). 한편 방사에너지의 일종인 일사에너지가 대기권 밖으로부터 지구에 유입되며, 지구로부터는 장파 방사에너지가 우주 공간으로 방출된다(전도 및 열대류에 의한 지구와 우주 공간과의 에너지 교환은 없다). 지구가 받는 연간 일사에너지가 지구가 방출하는 장파 방사에너지보다 많을 경우에 지구 온난화가 발생된다. 최근 지구 온난화는 대기 중의 $CO_2$ 농도의 상승에 의하여 지구로부터의 우주 공간으로의 방출되는 장파 방사에너지가 약간 줄고 있기 때문이다. 대기 중의 $CO_2$는 지구 표면에서 사출되는 장파 방사에너지를 쉽게 흡수한다. 이러한 대기 $CO_2$ 농도의 증대는 주로 화석연료의 연소 등에 기인한다.

만약 2050년에 예상되는 90억 명의 인구를 위해 지구 생태계에서 지속적으로 식물을 생산하기 위해서는 자원과 환경 공간의 유한성을 고려한 식량 생산 전략이 필요하다. 식량 생산에는 식물 생산 뿐만 아니라, 낙농, 축산, 양식, 양봉, 버섯류 생산 등이 포함되지만, 이 책에서는 식물 생산에 한정하여 기술하고자 한다.

더욱이 식량 생산 시스템의 구축 및 식량의 가공, 운송, 포장, 조리, 폐기의 전 과정(푸드시스템)에 많은 자원을 소비하고 있는 현실을 생각하면, 자원량과 환경 공간의 유한성을 고려한 밀폐계의 개념을 식물 생산에 한정하지 않고, 푸드시스템 전체에 적용하는 것이 필요하다. 이러한 개념은 라이프사이클 어세스먼트(life cycle assessment) 및 식량 운송거리(푸드마일리지)를 줄일 수 있는 산지 소비의 개념과 동일하다.

## 1.3　3가지 문제 해결을 위한 식물의 역할

식물은 환경, 식량, 자원의 3가지 문제 해결의 물질적 기초로서 언급된다(그림 1.1). 식물은 그 용도에 따라서 3가지 그룹으로 크게 구분된다. 먼저, 식량 또는 식량의 원료로서의 식물, 또는 가축의 사료가 되는 사료작물이다. 식량에 관련된 작물에는 칼로리 섭취를 목적으로 하는 식량작물(쌀, 보리, 옥수수, 감자 등의 주식)과 그 외에 (채소, 과수 등)이 포함된다. 미생물, 버섯, 어패류, 가축도 원래는 녹색식물이 사료이다. 인류는 녹색식물

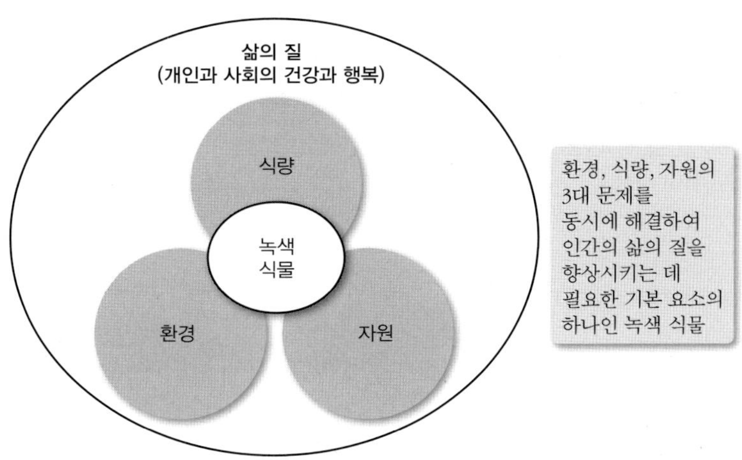


**그림 1.1** 개인 생활과 녹색식물의 역할을 나타내는 모식도.

이 광합성을 통하여 성장하지 않으면 식량을 얻을 수 없고 생존할 수도 없다.

다음으로, 목재, 섬유 또는 에너지원으로 이용되는 바이오매스 식물, 특히 약품, 향료, 꽃, 식품첨가물로 이용되는 기능성 식물이 포함된다. 추후 석유 유래 제품을 대체할 수 있는 식물 유래 제품을 제조하기 위해서 바이오매스 식물자원의 수요가 증대한 것이다.

마지막으로 삼림 재생, 사막 녹화, 녹지 확대, 도시 녹화 등에 이용되는 녹화식물이다. 지구 상에 녹화식물이 증가하면 기상 변동이 완화되고 물을 함양할 수 있어서 생물 다양성이 증가하고 기상 재해가 감소한다. 지구 상의 식물 현존량의 증대는 대기 중의 $CO_2$를 식물체로 고정하는 것에 의하여 결정되기 때문에 결과적으로 대기 $CO_2$ 농도를 저하시킨다.

식량과 자원이 확보되고, 환경에 식물의 현존량이 증가하면, 인간의 심신은 물론 사회가 보다 안정되어 개개인의 삶의 질도 향상된다. 즉, 화석자원과 수자원이 고갈되고 있는 지구 상에서 식물의 현존량의 증가는 환경, 식량, 자원은 물론 개개인의 심신, 사회의 건강 및 복지를 둘러싼 여러 가지 문제의 해결에 필요조건이 된다(충분조건은 아님).

최근 여러 국가 간 또는 지역 간의 분쟁 및 경제적 격차는 지리적으로 편재하는 식량자원, 화석연료 자원 및 수자원, 금속자원 등의 이권 확보에 기인하고 있는 경우가 많다. 따라서 이러한 분쟁 및 격차는 식량자원, 화석연료 대체 자원, 녹화식물자원 등으로 대표되는 식물자원을 지구 상에 가능한 한 편재시키는 방법을 통해 부분적으로 해결할 수 있다. 즉 지속가능한 식물 생산시스템의 구축과 그 편재화는 분쟁 경감과 격차 시정에 공헌할 수 있다. 식물의 광합성 및 성장에 필수적인 광, 물, 무기비료는 시기적, 지역적으로 편재하고 있기 때문에 이러한 자원이 적을수록 유효이용이 문제가 된다. 인공광 식물공장은 이러한 문제의 해결에도 어느 정도 도움을 줄 수 있다.

## 1.4 식물의 특성–광독립(무기)영양생장성

위에서 언급한 바와 같이, 녹색식물의 생장에 필요한 것은 적절한 온도 이외에도 햇빛, $CO_2$, 물 및 필수 무기영양성분이다(그림 1.2). 필수 무기영양성분에는 질소(N), 인(인산, P), 칼리(칼륨, K)의 3대 요소 이외에도 적어도 10종류의 원소가 포함된다(제9장). 이러한 생장 양식을 광독립영양생장 또는 무기영양생장이라고 부른다. 이것에 대해서 영양분으로서 유기물을 필수로 하는 동물이나 미생물의 생장양식을 종속영양생장이라고 부른다.

또한 식물의 호흡에는 $O_2$가 필요하지만, 광합성 활동에 의하여 $O_2$가 생성되므로 그림 1.2에는 필수 투입 자원으로서 표시되어 있지 않다. 현재의 지구 상에는 대기의 체적 비율로 약 21%가 $O_2$이며, $CO_2$가 약 0.04%(400ppm)이다. 두 성분 사이의 큰 농도 차에 주의가 필요하다. 즉, 대기 $O_2$ 농도가 녹색식물의 광합성에 필수적인 요인은 아니지만, $CO_2$는 반드시 광합성에 필요한 요인의 하나이다.

식물체는 자신의 생장을 위해서 $O_2$, 물 및 열에너지를 공급한다. 식물체의 뿌리로 흡수되는 물의 일부는 전분 생성과 체내 수분으로서 사용되고 나머지는 증산수로서 입의 기공을 통하여 방출된다, 즉, 기본적으로 식물 생산시스템은 광, $CO_2$, 물 및 무기 비료라는 자원을 투입하여 적절한 온도의 범위 하에서 목적에 맞는 수확물(식물체 일부 또는 전부)을 얻는 것이

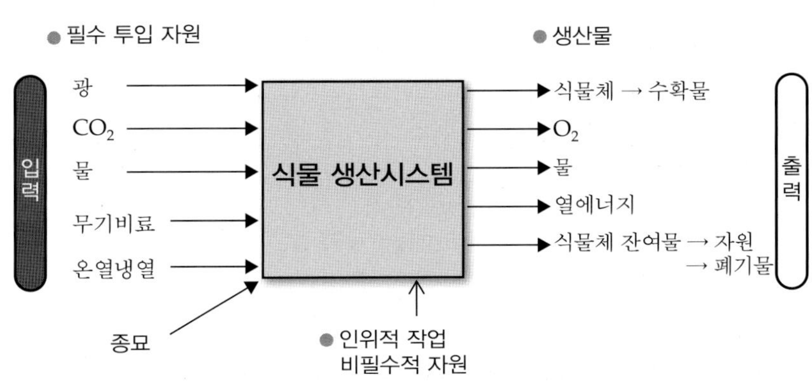


**그림 1.2** 녹색식물 생산시스템의 필수 투입 자원(입력)과 생산물(출력).

다. 부수적으로 $O_2$, 증산수(수증기) 및 식물체 잔여물이 얻어진다. 이러한 식물체 잔여물은 자원이 되거나 폐기물이 될 수 있다.

## 1.5 식물 생산시스템

### 1.5.1 식물 생산시스템의 개념

식물 생산시스템을 개념적으로 나타내면 그림 1.3과 같다. 식물 생산시스템은 자연 자원, 인위 자원(인간이 가공 처리한 자연자원) 및 인적자원을 시스템에 투입함으로써 자원을 투입하지 않은 경우보다도 성장한 식물로부터 보다 많은 생산물 및 가치를 얻을 수 있다. 식림지, 논밭, 원예시설, 식물공장이 그 예가 될 수 있다.

식물 생산시스템의 투입 자원은 1) 광, 물, $CO_2$, 무기비료, 열(적절한 온도를 유지하기 위하여), 2) 종자 또는 육묘, 3) 인적자원(노동), 4) 기기 또는 설비, 5) 기타 자원 등으로 크게 부분할 수 있다.

식물 생산시스템에 투입된 물질 자원 또는 에너지 자원이 생산물 중

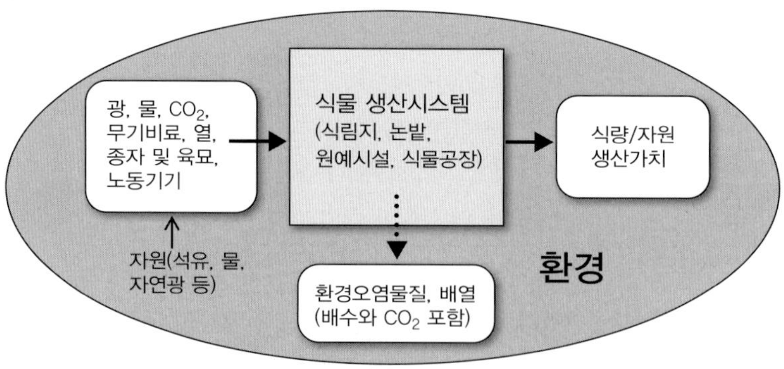


지속 가능한 식물 생산시스템을 위해서, 적어도 투입 자원보다 많은 생산물(식량과 자원)이 얻어져야 한다. 또한 생산물당 석유(화석연료) 소비와 환경오염물질 배출을 최소한으로 해야 함.

**그림 1.3** 식물 생산시스템을 개념적으로 나타낸 모식도.

에 포함되지 않고 시스템 외부로 배출되면 환경오염물질 또는 배열이 된다(그림 1.3). 배수, 배액, 폐플라스틱 등은 환경오염물질의 예이다. 단, 식물 잔여물과 폐플라스틱은 재활용에 의하여 자원이 될 수 있다. 광의로는 연료의 연소에 따른 $CO_2$ 배출도 환경오염물질에 포함된다.

### 1.5.2 지속 가능성의 조건

지속 가능한 식물 생산시스템은 다음과 같은 조건을 만족시켜야 한다.

1) 환경, 식량, 자원의 3가지 문제의 해결과 이러한 결과로서 인간의 삶의 질 향상에 기여해야 한다.
2) 생산으로부터 소비까지의 전 과정이 자원 절약, 에너지 절약, 저 $CO_2$ 배출이어야 한다.
3) 절수와 석유 유래 제품 사용량의 대폭 절감에 공헌해야 한다.
4) 오염물질, 쓰레기, 잔여물을 배출하는 것을 가능한 최소한으로 하는 환경보전적이어야 한다(reduce, reuse, recycle의 철저 준수).
5) 투입 자원 이용효율(투입 자원량에 대한 생산가치의 비)을 가능한 최대한으로 하고, 투입 자원이 최대 가능한 고품질 생산물로 변환되어야 한다.
6) 이상 기후나 이물질 혼입에 대한 안정성이 높고, 계획적으로 고품질, 고수확이 달성되어야 한다.
7) 작업자, 지역 주민에 안전하고, 작업자들이 창의적인 고안을 할 수 있는 시스템이어야 한다.
8) 환경 보건복지(공생) 산업과 통합기술산업의 창출에 공헌해야 한다.
9) 고령자와 장애자를 포함한 많은 사람들에게 취업 기회 또는 일할 수 있는 동기를 제공해야 한다.
10) 작업자를 포함한 시스템 전체가 다양한 사회 환경 및 자연 환경의 변화에 진화적으로 적응해야 한다.
11) 국제적으로 표준화된 시스템의 구축을 통해 국제 공헌을 해야 한다.
12) LCA(life cycle assessment)와 생태적 푸트 프린트(ecological

footprint)의 관점에서 동력에 자연에너지를, 구축 재료에 바이오매스 원료를 합리적으로 이용해야 한다.

이 책에서 기술하는 인공광 식물공장의 설계와 운영에 관해서도, 1)~12)를 최대한 만족시켜야 한다. 이 책에서 "인공광 식물공장에 투입된 자원이 기상 및 사회적 조건 변동 하에서도 좋은 효율로 고부가가치의 생산물 가치로 변환되는 것"이 자원 절약 및 환경 보존과 양립할 수 있도록 이러한 공장적 환경을 통합적으로 제어하는 것을 중심 과제로 한다. 이러한 중심적 개념이 되는 것이 "밀폐형 식물 생산시스템"과 "통합환경제어"이다.

**표 1.1 지속 가능한 식물 생산시스템이 구비해야 할 조건.**

| | 구비 조건 |
|---|---|
| 1 | 자원 절약(화석연료 절약, 절수), 에너지 절약, $CO_2$ 저배출이어야 함. |
| 2 | 오염 물질, 폐기물 등을 주변 환경에 배출하지 말고 환경보전적이어야 함. |
| 3 | 투입 자원 이용효율(투입 자원량에 대한 생산물의 비율)이 가능한 최대치에 가까워야 함. |
| 4 | 이상 기후 등의 외란과 이물질 혼입 상황에서도, 고품질이며 안전한 생산물이 안정적, 계획적으로 얻어져야 함. |
| 5 | 작업자, 지역 주민에 안전해야 하며, 작업자들이 창의적인 고안을 할 수 있는 쾌적한 시스템이어야 함. |
| 6 | 작업자를 포함한 시스템 전체가 환경변화에 적응하며 진화(자기조직화)해야 함. |
| 7 | 시스템 내에서 불가피하게 발생되거나 축척되는 열은 외부로 적절히 배출되고 이용될 수 있어야 함. |

### 1.5.3 투입 자원 이용효율

식물 생산시스템에의 투입 자원량에 대하여, 생산물의 동화, 고정 및 유지되는 투입 자원량의 비율을 투입 자원 이용효율 RUE(resource use efficiency)라고 한다(그림 1.4). 식물이 광합성을 통하여 성장에 필요한 광, 물, $CO_2$ 및 무기비료에 관련된 이용효율, 즉 광에너지 이용효율, 수분 이용효율, $CO_2$ 이용효율, 무기비료 이용효율은 정량적으로 산정 가능하다(Kozai, 2009). 물, $CO_2$ 및 무기비료에 관한 이용효율은 최대 1.0이다.

이에 비하여 광에너지의 이용효율은 최대 0.1 정도이다.

또 다른 투입 자원 이용효율의 예로서 투입 종자 또는 육묘의 수에 대한 수확된 식물체의 수의 비율인 종자 이용효율 또는 육묘 이용효율이 있다. 투입 플라스틱 재료에 관해서는 recycle 비율, reuse 비율의 산정이 가능하다.

$$\text{투입 자원 이용효율(RUE)} = \frac{A}{B}$$

A : 식물체에 동화, 고정 또는 유지되는 자원량
B : 식물생산시스템에 투입되는 자원량

● 구체적 사례
광에너지 이용효율, 수분 이용효율
$CO_2$ 이용효율, 무기비료 이용효율*

* 무기비료 이용효율은 N, P, K의 이용효율 등으로 구분될 수 있음.

**그림 1.4** 투입 자원 이용효율의 개념적 정의와 구체적 사례.

## 1.5.4 투입 자원 이용효율

투입 자원량당의 수량(생산물 가치)이 극대화될수록(즉, 투입 자원 이용효율이 클수록) 수확량당 환경오염물질 배출량이 작아진다. 따라서 투입 자원 이용효율의 향상은 자원절약과 환경보전에 동시에 공헌한다. 또한 투입 자원 비용과 환경보전 비용이 절감되기 때문에 생산비용의 절감에도 기여한다.

식물공장은 환경제어에 의하여 고수확, 고품질을 달성하는 동시에, 자원 이용효율을 최대한 높임으로써 자원절약과 환경보전에 기여하는 것을 목적으로 하는 식물 생산시스템이다.

### 1.5.5 초기 건설 자원량과 운전 자원량

식물공장의 건설 및 운전에는 자원량이 많이 필요하다. 따라서 식물공장을 이용하여 자원 이용효율과 투입 자원량당 단위 생산 가치를 증대시키는 것이 과제이다. 이 책에서는 운전 시의 생산 가치와 자원 이용효율의 향상을 중심으로 언급한다.

건설 시의 자원소비량에 관해서는, 설치에 소비되는 자원, 에너지 및 $CO_2$ 배출량에 대한 LCA 검토가 필요하다. LCA 방법론에 관해서는 다른 책을 참고하기 바란다. 식물공장이 지속 가능한 시스템이 될 수 있는지의 여부는 초기 건설에 소요되는 자원량에 크게 영향을 받는다. 추후 현행의 자원소비량이 건설과 운영 과정에서 모두 반감시킬 수 있다면 지속가능한 시스템에 접근될 수 있다고 생각한다. 이후 연구 및 기술 개발에 의하여 이러한 자원 소비량을 대폭 줄이는 것이 중요하다.

### 1.5.6 Ecological footprint

Ecological footprint는 경제활동에 의한 생태계의 다양한 부하를 "토지의 면적"으로 환산한 환경지표이다. 식물공장에 관해서는 건설비용이 필요한 투입물질과 에너지량을 토지면적에 환산하여 표시한다. 이러한 계산법에는 식물 생산에 필요한 수분량, 농약, 비료, 특히 과잉비료 이용에 의한 지하수나 하천수의 오염 등은 고려하고 있지 않다. 인공광 식물공장에서는 물의 사용량이 매우 작고, 무농약이며, 특히 투입한 비료는 거의 식물에 흡수되기 때문에 이러한 사실을 고려한 새로운 Ecological footprint 계산법에 근거하여 노지재배와 인공광 식물공장 재배의 비교가 필요하다. 이러한 계산에서 풍력 발전, 태양광 발전, 바이오매스 발전을 이용에도 더욱 줄일 수 있다. 자연에너지가 전기에너지로 변환될 경우 인공광 식물공장의 이용에도 문제가 없기 때문에, 추후 인공광 식물공장의 Ecological footprint는 자연에너지를 이용한 발전을 도입하면 약 1/8로 감소시킬 수 있다.

## ▶▶▶ 요약 ◀◀◀

우리가 살고 있는 지구 상에는 환경, 식량, 자원에 관한 3가지의 해결해야 할 문제가 있다. 이러한 문제를 해결하고 인간의 삶의 질을 향상시키는 방법이 다양한 관점에서 논의가 되고 있다. 여기에서는 이러한 문제에 관련된 식물의 기본 특성과 지속가능 식물 생산시스템의 조건, 특히 투입 자원과 자원절약 및 환경보전과의 관계를 기술하고, 이러한 문제해결에 대한 식물공장의 공헌 가능성에 관하여 기술하였다.

제2장

# 식물 생산시스템의 특징과 종류

## 2.1 서론

인공광 식물공장의 다양한 특징은 다른 식물 생산시스템과 비교하면 보다 명확하게 나타난다. 이 책에서는 식물 생산시스템의 전체에 있어서 인공광 식물공장에 역할 등에 관해서 기술하고자 한다.

## 2.2 식물 생산시스템의 특징과 종류

### 2.2.1 특징

인공광 식물공장은 생물산업의 일부인 식물 산업을 담당하는 생물생산 시스템 중 하나의 형태이다(그림 2.1). 그림 2.1의 생물 산업은 식물산업과 미생물산업(발효, 양조산업)으로 구성되지만 실제는 동물산업도 포함되어야 한다.

자연광 식물공장의 환경은, 원예시설 내의 환경 정도는 아니지만, 외부 기상에 어느 정도 영향을 받는다는 점에서 인공광 식물공장의 환경과는 매우 다르다. 또한 인공광 식물공장은 자연광 식물공장과 비교하여 환경 제어성과 시스템 안정성이 상당히 높으며, 이후 언급하는 투입 자원 이용효율이 높다. 따라서 인공광 식물공장은 자연광 식물공장과 발효 및 양조공장과의 사이에 위치할 수 있다.

또한 자연광 식물공장은 농업적 측면을 많이 가지고 있다. 농업은 생물다양성, 경관, 생태계, 농촌사회의 유지를 위한 공간이므로 다양하고 중요한 역할을 가지고 있으며 농산물 생산만을 위해서 존재하지는 않는다.

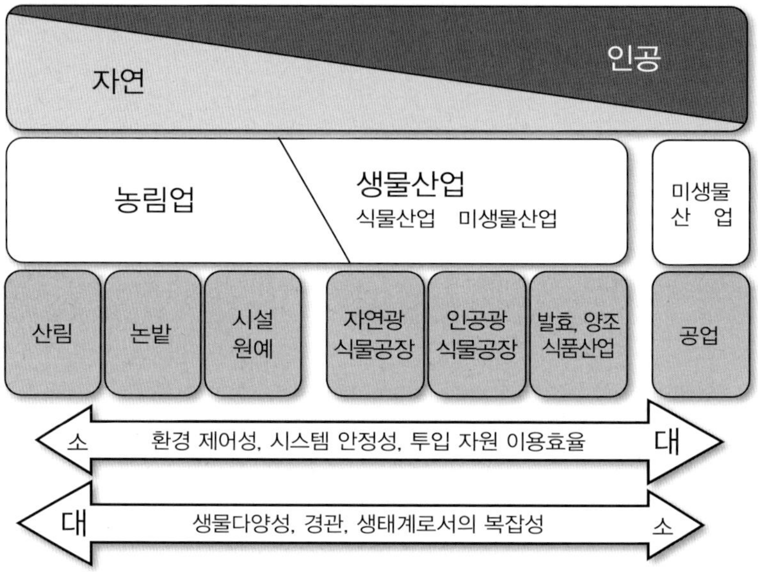


**그림 2.1** 농림업과 생물 산업에 따른 인공광 및 자연광 식물공장의 위치를 나타내는 개념도.

한편, 인공광 식물공장에서는 종래의 공업기술을 적용할 수 있는 부분이 많지만 무생물산업인 공업과는 다른 면이 많다. 녹색식물의 분화과정, 육성과정은 미생물과 비교하여 상당히 복잡하고 이에 따라서 환경 제어 방법도 복잡하다.

식물공장에서는 미생물보다 분화, 발육과정이 상당히 복잡한 녹색식물을 키우는 점에서 무기물을 제조하는 공장이나 양조공장과는 매우 다르다. 추후 인공광 식물공장이 제조공장의 장점을 도입하는 것이 바람직하지만 질적으로 다른 점이 많이 있다는 것을 충분히 유의할 필요가 있다. "생산"은 식물공장에서도 제조공장에서도 이루어지지만, "제조"는 식물공장에서는 이루어지지 않는다. 생산공장과 제조공장의 공통점과 차이점을 명확하게 고려하여 식물공장을 개선할 필요가 있다.

## 2.2.2 종류

식물 생산시스템에는 개방형(식림지, 논밭 등), 반밀폐형(원예시설, 자연광 식물공장 등), 밀폐형(인공광 식물공장)으로 크게 구분할 수 있다. 토지 면적당 투입 자원량은 개방형, 반밀폐형, 밀폐형의 순서로 증가한다(그림 2.2; Kozai, 2011).

개방형에서는 재배 공간과 주위 공간 사이에 물질과 에너지의 교환을 억제하는 구조물이 없기 때문에 기상의 영향을 강하게 받는다. 차광 네트, 방충 네트만으로 피복된 시설은 개방형에 가까운 반밀폐형이다. 반밀폐형은 재배 공간과 주위 공간 사이에 피복재와 구조물로 차단되어서 양자 간의 물질[공기, 빗물, 수분, 소동물, 곤충, 미생물, 비료 및 에너지(열, 광 등)]의 자유로운 교환이 억제 또는 제어된다.

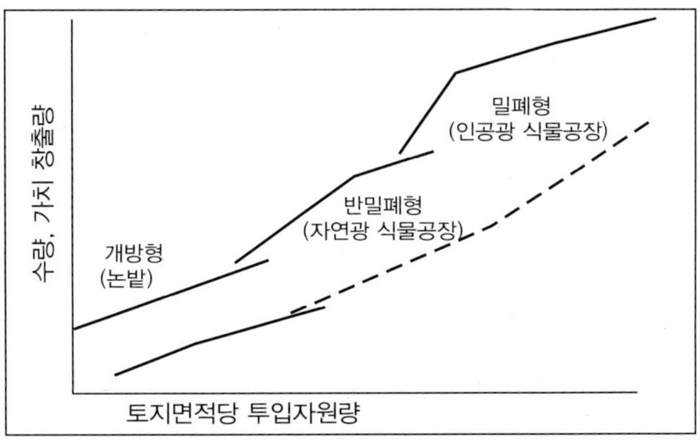


실선은 이상적인 경우, 점선은 현재 상태를 나타냄.

**그림 2.2** 개방형, 반밀폐형, 밀폐형 식물 생산시스템의 투입 자원량에 대한 수량 또는 가치창출량과의 관계를 나타내는 개념도.

## 2.2.3 투입 자원 이용효율의 비교

토지면적당 투입 자원량에 대한 가치 창출(수량, 품질, 가격 등)는 일반적으로 개방형, 반밀폐형, 밀폐형의 순서로 크게 되며, 가혹한 기상조건에서는 더욱 이러한 현상은 현저하다. 이 경우, 식물생육환경에 대한 관리

정도가 개방형, 반밀폐형, 밀폐형 순으로 잘 이루어지기 때문에, 투입 자원 이용효율은, 즉 그림 2.2와 같이 각 선의 경사가 개방형, 반밀폐형, 밀폐형 순으로 크게 된다. 동시에 생산과정에 있어서는 이러한 순서로 자원 절약과 환경 보전에 공헌한다. 실제는 이러한 경향이 아닐 경우는 반밀폐형, 밀폐형의 시스템 구축과 환경관리 기술이 미숙하기 때문이며, 원리적으로는 그렇게 되지 않는다.

투입 자원량의 증대에 비해서 생산가치량이 증가하지 않고, 또는 투입 자원량 당의 환경오염물질의 배출량이 증대하는 경우에는 반밀폐형, 밀폐형을 이용하여 토지면적당 자원투입량을 증대시킨다는 합리적인 의미가 없어진다. 실제로 이러한 사례도 가끔 보이기도 한다. 한편, 기술 수준 향상에 의하여 반밀폐형 시스템의 구축과 운전에 필요한 자원량은 현재의 소비 자원량과 비교하여 절감시키는 것이 가능하다.

그런데 반밀폐형, 밀폐형에 따른 자원 이용효율이 현재는 높지 않다는 의견과 원리적으로 높게 되어야 한다는 의견은 구별해야 할 것이다. 따라서 투입 자원 이용효율이 높지 않는 이유를 명확하게 하고 궁극적으로 높게 하는 것이 필요하다. 이 책에서는 이러한 방법을 기술하는 것을 목적으로 하고 있다.

## 2.2.4 재배 기술과 대상 식물

식물재배관리기술은, 1) 품종의 선택, 2) 육묘, 3) 지상부 및 지하부 환경관리, 4) 병충해관리, 5) 생육진단과 스페이싱 및 수확 등으로 크게 구분된다. 여기에서는 이 중에서 지상부와 지하부의 관리기술의 특징을 개방형, 반밀폐형, 밀폐형에 대해서 요약한다. 또한 개방형, 반밀폐형, 밀폐형에 적합한 식물의 예를 기술한다.

### (1) 개방형(노지)

- 환경의 특징

개방형에서는 재배 공간과 주변 대기환경 공간을 물리적으로 격리시키는 경계가 없고, 공기가 양 공간 경계를 자유롭게 출입한다. 더욱이 개방형의 근권 환경은 기상의 영향을 받기 쉽다. 따라서 수량과 품질이 직접적으로 기상의 영향을 받게 된다. 또한 재배 시기는 기상 조건, 특히 외기온에 의해서 결정된다. 또한 강우, 장마, 우박, 싸라기눈, 이상 기온(고온 및 저온) 등의 피해를 받기 쉽다.

한편, 시간과 노동을 투자하면 근권 환경을 인위적으로 어느 정도까지 개량하는 것이 가능하다. 성토, 관수, 비료, 퇴비, 추비, 토양 갈기 등의 근권 환경 관리기술 수준이 수량과 품질을 좌우한다. 이러한 근권 환경 관리기술 체계는 밀폐형 및 수경재배를 도입한 반밀폐형 재배방식과는 크게 다르다.

개방형에서는 대부분 토경이다. 개방형에 따른 근권 토양은 일반적으로 물리, 화학, 생물학적인 완충(버퍼) 기능이 크기 때문에, 기능 개선에는 긴 기간을 필요로 한다. 한편 일단 개선되면, 지상부 환경이 급변해도 근권 환경은 비교적 변화하기 않기 때문에 이러한 성질을 환경관리에 이용할 수 있다. 즉 개방형에서는 환경 제어성보다는 환경 안정성을 중시한다.

• 대상 식물

개방형에서 생산에 적합한 식물은, 식량작물과 사료작물, 에너지 작물, 바이오매스 작물이다. 구체적으로는, (a) 쌀, 보리, 옥수수, 감자 등으로 주로 인간과 가축의 칼로리 원(탄수화물, 단백질, 지방)이 되는 작물, (b) 사탕수수, 유채 등 주로 연료(에너지)원이 되는 작물, (c) 삼목, 소나무 등 재목으로 사용되는 대형 수목, (d) 무, 우엉, 연근 등이다. 재목용 목본식물은 넓은 재배 면적과 수년부터 수십 년의 재배 기간이 필요하지만 중량당 가격(가치)는 낮다.

### (2) 반밀폐형(원예시설, 자연광 식물공장)

• 환경의 특징

반밀폐형에서는 지상부 환경 공간과 대기 공간의 경계가 반투명한 피복재로 분리되어 있다. 피복면의 환기창이나 틈새가 비교적 크고(환기 횟수가 크다), 반투명 피복재를 사용하기 때문에 실내 지상부 환경은 일사강도의 영향을 강하게 받는다. 대부분 실온을 일정하게 제어하기 때문에 수량과 품질에 미치는 영향은 개방형에 비하여 적다. 그러나 반밀폐형에 있어서 수량과 품질은 기상(특히, 일사량) 및 지상부 환경관리기술 수준의 영향을 받게 된다. 또한 반밀폐형에 따른 토경재배과 수경재배에서는 근권 환경의 관리기술이 크게 다르며, 토경재배를 적용할 경우는 개방형에 적용된 기술과 유사하다. 수경재배는 다양한 방식이 적용되고 있다(그림 2.3). 반밀폐형에서 식물의 성장에 영향을 주는 요인을 환경요인, 식물/생물요인 및 인간요인 등으로 구분해서 기술하였다(그림 2.4).

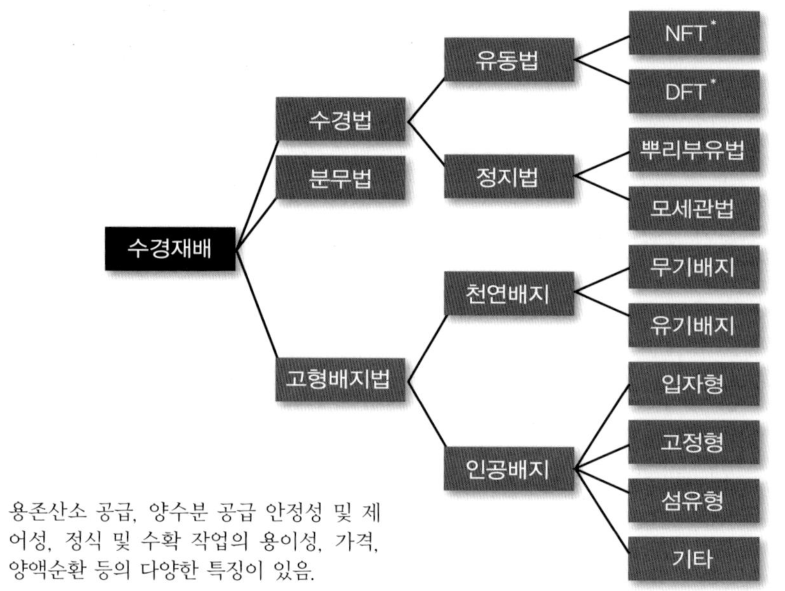


* NFT(박막흘림식, Nutrient Film Technique) DFT(담액식, Deep Flow Technique)(Ikeda, 2010)에서 작성

**그림 2.3** 다양한 수경재배 방식.

- 대상 식물

반밀폐형에서 생산에 적합한 식물은, 고도의 환경 제어로 품질과 수량이 대폭 향상될 수 있는 작물이다. 구체적으로는, (a) 토마토, 피망, 파프리카, 오이 등의 과채류, 기능성 성분을 많이 포함한 채소, 허브류, (b) 딸기, 블루베리 등의 베리류, 호접란 등의 고급 화훼류, 컨테이너 재배가 가능한

- 환경요인과 그 시공간 분포
  - 광강도와 광스펙트럼
  - 적외, 근적외, 원적 및 자외방사
  - $CO_2$ 농도
  - 공기의 수증기 포차 및 근권의 수분 포텐셜
  - 근권에서 무기양분 농도
  - 작물지상부, 근권 및 유리벽 구조재의 온도
  - 작물군락 내의 공기 및 근권에서의 확산계수
    - $CO_2$ 가스 및 수증기의 확산
    - 근권에서의 물, 산소 가스, 양분 등의 확산
  - $CO_2$ 농도와 근권에서의 용존산소 농도
- 작물/생물요인
  - 작물군락 구조와 그 광학 특성
    - 엽면적과 그 시공간적 분포
    - 엽 및 식물군락의 방사반사율, 흡수율 및 투과율
  - 생리요인
    - 기공저항 및 엽육저항
    - 기공 및 근의 수분 포텐셜
    - 광합성 산물의 전류에 관한 싱크의 강함
    - 광합성에 과한 효소 루비스코의 활성
    - 다른 효소, 호르몬, 생화학물질의 농도와 특성
  - 병충 및 천적 곤충
  - 병원균, 위생물, 바이러스, 작은 동물
- 인간요인 및 기타 요인

**그림 2.4** 자연광 식물공장에서 식물 생산속도에 영향을 주는 요인.

비파, 망고, 포도 등의 과수류, (c) 당귀, 약용 텐드로비움, 오타네닌진, 사프란, 센브리 등의 비목본성 또는 1년 초본성 약용식물이다.

• 자연광 이용의 문제점

자연광을 이용하는 개방형 시스템과 반밀폐형 시스템은 식물 생산시스템으로서 매우 유용하며, 대부분의 시설 식물 생산은 자연광을 이용하고 있다. 그러나 모든 식물 생산을 자연광 하에서 시행하는 것이 반드시 최선이 아닐 수도 있다. 즉, 식물이 성장하는 데 필요한 광에너지를 자연광으로 공급할 경우 다음과 같은 문제점이 있기 때문이다.

1) 지구상 위치, 계절, 시각에 따라서 일사강도(광도), 일장, 태양 고도, 태양 방위, 파장 조성 등이 다르다. 겨울은 여름에 비하여 일사강도가 낮고, 일장이 짧기 때문에 식물 성장에 제한 요인이 되기 쉽다. 동일한 시기에서도 기상 조건에 의하여 일사강도의 일변화 상황은 크게 다르다(그림 2.5).
2) 일사강도의 계절 변동에 의하여 식물 성장이 계절적으로 변동하게 된다. 또한 구름의 상황도 식물 성장의 변동 원인이 된다.
3) 엽채류, 육묘, 약광을 선호하는 식물에게는 여름철 맑은 날의 광도

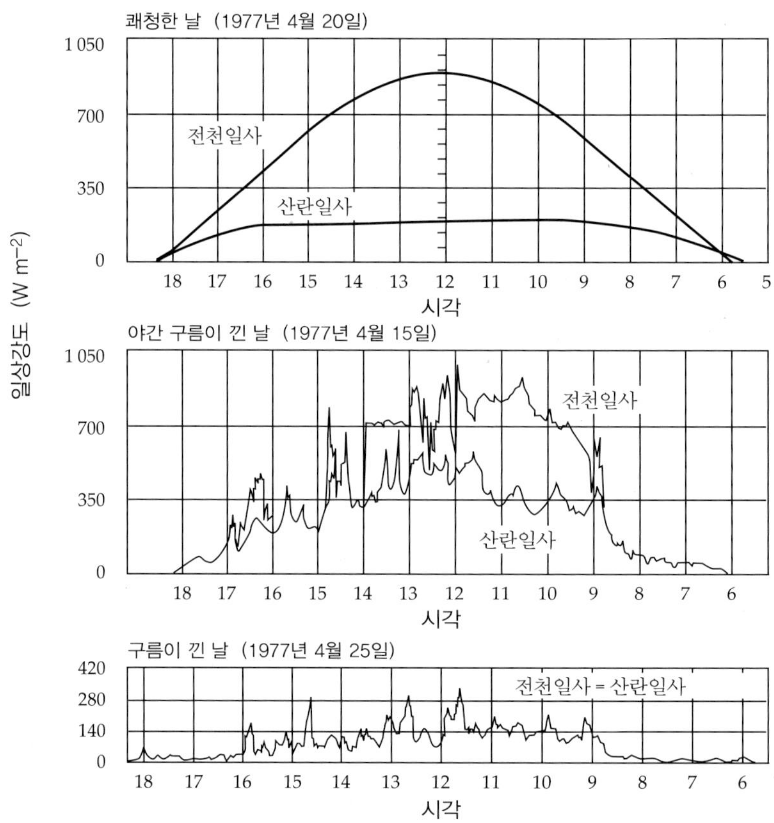


**그림 2.5** 기상 조건에 차이에 따른 전천일사 및 산란일사 강도의 변화(카가와현, **4**월).

출전: 태양에너지이용 핸드북(일본태양에너지학회, 1985)

는 매우 강하다.

4) 또한 아침, 구름이 낀 날의 일사강도는 엽채류를 재배하는 데 낮은 편이다.

5) 일사에너지의 약 50%는 광합성에 이용되지 않는 근적외 방사에너지와 적외 방사에너지이기 때문에, 일사강도가 강하면 이러한 파장대의 에너지에 의한 가열작용에 의하여 실내 기온과 엽온이 고온으로 되기 쉽다.

6) 자연광 식물공장에서는 차광 커튼, 보온 커튼, 난방장치, 환기장치, 관수장치, 방풍망 등을 설치할 필요가 있다(인공광 식물공장에서는 불필요하다). 즉, 무료의 자연광을 이용하기 위해서는 거기에 상응하는 설비투자와 운전비용(주로 전기요금과 겨울철 난방비)가 필요하다.

### (3) 밀폐형(인공광 식물공장)

• 환경의 특징

밀폐형에서는 주변과의 경계는 광이 투과되지 않는 단열재로 항상 분리되어 밀폐도가 높다. 따라서 실내 환경은 기상의 영향을 거의 받지 않고, 그림 2.4에 기술한 요인은 거의 원하는 대로 제어가 가능하다. 더욱이 품질, 수량은 환경관리기술 전반적 수준이 좋든 나쁘든 크게 영향을 받는다. 밀폐형에서는 수량과 품질의 변동을 기상의 영향으로 돌리기는 어렵다.

• 대상 식물

밀폐형에서 생산에 적합한 식물은 저광도, 15~30일 정도의 짧은 재배기간, 높은 재식밀도에서 생산이 가능하고 중량당 가격이 높은 작물이다. 구체적으로는 각종 접목묘, 삽목묘, 실생묘, 엽채류, 허브, 향초류, 초본성 약용작물(서양고추나물 등), 소형 근채류(20일 무우, 순무, 와사비 등), 고급 소형 화훼류(미니 장미, 난 등)이다. 밀폐형 식물 생산시스템의 개념과 방법은 인공광 식물공장의 기본이며 제3장에서 상세하게 기술한다.

• 비대상 식물

토마토, 피망, 파프리카, 가지 등의 과채류 재배에는 강광 조건하에서 수개월 이상의 재배 기간이 필요하다. 또한 재식밀도가 3~5주/m$^2$이다. 이러한 작물의 수량은 정식부터 수확까지 필요한 적산에너지가 규정되어 있으며, 이러한 과채류의 재배를 위하여 인공광을 사용하기에는 전기요금이 너무 많이 든다. 또한 과채류의 경우 수확 시 초장이 짧아도(저단밀식 재배) 1m 이상이며 통상은 2~5m이다. 다단식 재배를 이용하는 것을 전제로 하면, 인공광 식물공장에서 초장이 높은 식물의 재배하는 것은 경영적으로 불가능하다(경상수지를 무시하면 대부분의 식물은 인공광에서 재배 가능하다). 재배 기간이 수년이며 나무 높이가 수 m인 목본성 식물 또는 1m 이상의 지하부가 필요한 우엉, 무 등도 인공광 식물공장 재배에는 적합하지 않다.

- 초장의 제한

다단식 선반의 이용을 전제로 하는 인공광 식물공장에 적합한 대상 식물은 초장이 30cm 정도, 뿌리 선단까지의 깊이와 초장을 포함하여 길이가 약 40cm 정도 이하의 엽채류나 소형근채류(순무, 20일 무우, 작은 당근) 등의 초본성(복본성은 부적합함) 식물 또는 각 종의 육묘 등이다. 과채류나 수목의 육묘를 인공광 식물공장에서 생산하고, 이후 자연광 식물공장, 온실 또는 옥외에서 정식하여 재배하는 방법도 때때로 적용된다. 또한 가만히 두면 초장 100cm 정도가 되는 식물을 정기적으로 지상부의 잎을 수확하여 초장을 30cm 이하로 유지시킬 경우는 인공광 식물공장에 적합한 대상 식물이 될 수 있다.

그런데 초장이 15~20cm인 육묘를 처마높이 5~8m의 온실 또는 자연광 식물공장에서 생산할 경우, 높이 1m 정도 벤치로 재배하면 식물과 지붕 사이의 거리가 수 m가 된다. 따라서 육묘를 이러한 자연광 조건으로 재배하는 것이 좋은지 재검토할 필요가 있다.

떡잎이 전개되어 정식용 육묘가 될 때까지 약 15~30일이 걸린다. 육묘기간 중은 강한 광도는 불필요하고 해로운 경우도 많다. 엽채류나 허브류의 재배 기간 중의 강광은 나쁜 영향을 줄 경우가 많다. 이와 같은 경우에 인공광 식물공장에서의 생산을 검토할 필요가 있다.

한편, 인공광 식물공장에서는 조명 및 공조(주로 조명 시에 발생하는 열을 제거하기 위한 냉방)에 전기에너지가 필요하다. 재배실에 따른 조명과 공조의 소비전력비는 대체로 5:1 정도이다. 인공광 식물공장에 있어서의 조명과 공조를 위하여 초기 설비 비용 및 전기요금과 자연광 식물공장에 따른 환경제어기기 설비 비용 및 운전비를 비교하여, 전자의 경우가 저비용일 경우는 인공광 식물공장의 도입을 검토할 가치가 있다. 이에 관해서 제3장에서 기술하기로 한다.

### ▶▶▶ 요약 ◀◀◀

식물의 특성을 잘 반영한 3종류의 식물 생산시스템의 특징에 관하여 기술하고, 종래의 개방형 및 반밀폐형 식물 생산시스템에 밀폐형 시스템을 추가하여, 각각의 특징과 대상 식물을 기술하였다. 밀폐형 시스템의 개념과 방법은 인공광 식물공장의 개념과 방법의 기초가 되며, 제3장에서 상세하게 기술하기로 한다.

제 3 장

# 밀폐형 식물 생산시스템

## 3.1 서론

인공광 식물공장의 설계와 운영에 있어서 기본적인 개념과 방법이 되는 "밀폐형 식물 생산시스템"에 대해서 기술한다. 이러한 개념은 인공광 식물공장에 있어서 고품질, 고수량과 자원절약, 환경보전을 양립시키는 데 유효하다.

## 3.2 경과

밀폐형 식물 생산시스템(closed plant production system; 이하 밀폐형 시스템, closed system)의 개념은 Kozai(1999)에 의하여 제안되어 Ohyama와 Kozai가 1999년에 기본형(3단, 5 트레이/선반)을 제작한 바 있다(그림 3.1). 이 형태는 2003년에 신상품 "묘테라스"(4-5단, 16-20 트레이/선반, 2열)로 상품화되었다(그림 3.2~3.4; Kozai 등, 2005; Kozai 등, 2004; Kozai, 2005). 2011년 8월 현재 "묘테라스"는 100개소 이상에서 260 유닛이 사용되고 있다. 이러한 밀폐형 시스템은 육묘 생산용으로서 개발되었지만, 최근에는 엽채류나 약용작물의 생산에도 이용되기 시작했다.

한편, 밀폐형 시스템의 기본 개념과 수법을 전면적으로 채용한 밀폐형 식물 생산시설이 2000년에 치바대 원예학부에 설치되었다(그림 3.5~3.8, Chun 등, 2000; Kozai 등, 2004). 이 시설에서는 트레이의 자동 이송, 결로수의 순환 이용, 지적분산협조 환경 제어(Hoshi 등, 2000; Hoshi 등,

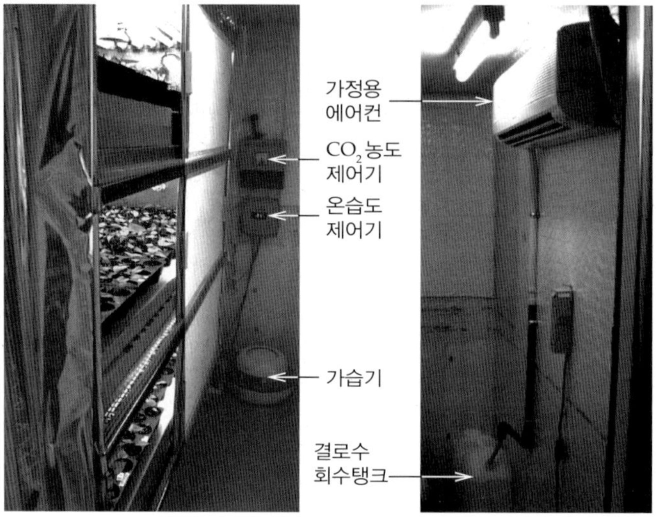


**그림 3.1** 치바대에 1998년에 제작된 밀폐형 육묘생산 시스템의 기본형.

농업조합법인 '아메라 구락부'(시즈오카현)의 고당도 토마토 생산용. 토마토 프러그묘(본엽 4매 전후)를 연간 40만주 생산하고, 2.5ha의 온실에 정식. 수납 트레이스 수 : 448(32,256주), 본체 : 폭 6.3m × 폭 3.6m × 4실(7단/실×4실=28단)

**그림 3.2** 밀폐형 식물 생산시스템 "묘테라스"의 이용 예.

토마토 육묘생산(시즈오카현 아메라구락부)

**그림 3.3** 밀폐형 식물 생산시스템 "묘테라스"의 실내.

(주)베르그스, MK드림(아이치현)

**그림 3.4** 밀폐형 식물 생산시스템 "묘테라스"의 설치 예.

7단 트레이 자동이송, 자동관수, 지적분산협조 제어로 되어 있음.

**그림 3.5** 치바대에서 개발된 밀폐형 식물 생산시스템(2000년).

트레이는 자동 이송되고 있음.

**그림 3.6** 치바대의 밀폐형 식물 생산시설에서 토마토 실생묘 생산.

그림 3.7 치바대의 밀폐형 식물 생산시스템에서 Virus-free 고구마 묘 생산(2000년).

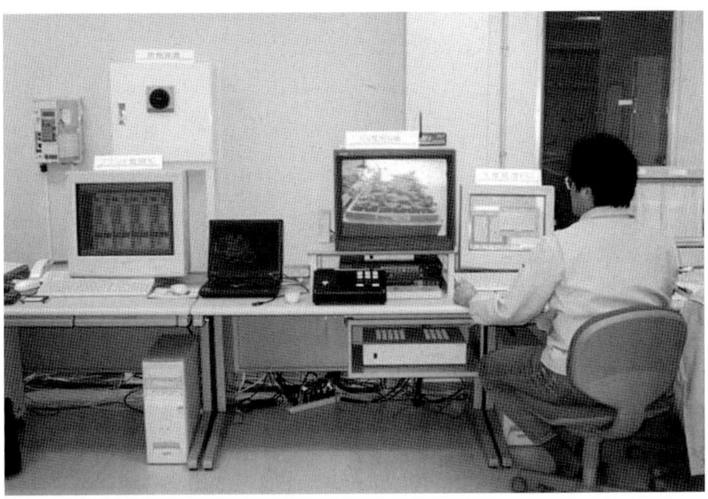

그림 3.8 치바대의 밀폐형 식물 생산시스템을 위한 분산협조 제어시스템의 개발(Hoshi, Hayashi 등).

2002), 정밀 저면관수(Ohyama 등, 2005), 입체 영상에 의한 초세 해석(He 등, 2002), 가정용 에어컨의 이용(Ohyama 등, 2002) 등 많은 연구개발이 시도되었다. 최근에는 밀폐형 시스템의 개념과 수법이 인공광 식물공장 일반에 적용되고 있다.

## 3.3 기본적 개념

밀폐형 시스템에는 투입 물질 자원과 생산물 이외의 물질에 대해서는 닫혀 있으며, 주위 환경과의 사이에는 에너지의 교환이 제어 또는 억제되어 있다(그림 3.9). 밀폐형 시스템에서는 개념적으로는 투입 물질 자원의 전부가 생산물로 변환되기 때문에 환경오염물질의 배출은 없다. 다시 말하면 밀폐형 시스템에 따른 투입물질 자원의 이용효율(생산물로의 변환 백분율)은 100%, 또는 가능한 최대치가 되기 때문에 단위 생산량의 획득에 필요한 자원량과 비용은 최고가 되고, 동시에 환경오염물질과 그 처리 비용은 0이 된다.

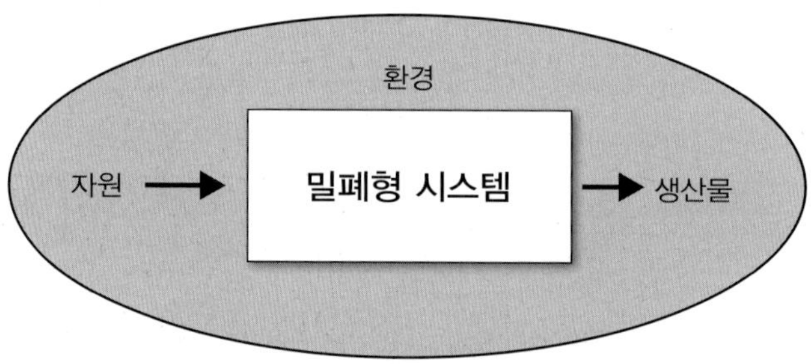


투입 물질 자원과 생산물 이외의 물질에 관해서는 닫혀 있고, 에너지에 관해서는 억제 또는 제어되고 있음. 이 책에서는 시스템 A에 대해서만 기술함.

● 밀폐형 시스템
- A : 시스템과 주위와의 경계가 불투명한 단열재 (인공광 식물공장)
- B : 시스템과 주위와의 경계가 투명한 벽 또는 막 (환기창이 닫혀 있는 상태의 자연광 식물공장 및 온실)

**그림 3.9** 밀폐형 식물 생산시스템의 모식도.

이상의 조건을 100% 만족시키는 밀폐형 시스템은 실제로 존재하지 않고, "100%"는 시스템의 개발과 운영의 목표이다. 즉, 위의 조건을 어느 정도 만족시키는 밀폐형 시스템은 존재하고 있기 때문에 이러한 시스템의 보급을 증가시키는 것이 목표이다. 이러한 밀폐형 시스템은 지속 가능을 목표로 하는 식물공장에 관한 내용(제1장, 1.5.2)의 요건 3)~9)를 만족시키도록 설계되고 운영된다.

## 3.4 구성요소

실제의 밀폐형 시스템은 기본적으로, 1) 단열되고 불투명한 창고 형태의 건물, 2) 조명장치가 있는 다단식 재배용 선반(선반의 상하 간격이 40cm 정도 또는 가변, 4~25단 정도), 3) 히트펌프(주로 냉방용 에어컨)과 송풍팬, 4) $CO_2$ 공급장치, 5) 양액 공급장치, 6) 환경 제어장치로 구성된다(그림 3.10). 현재는 형광등을 광원으로 하는 경우가 많고, 앞으로 LED (발광다이오드, light emitting diode)의 이용이 증가할 것으로 보인다.

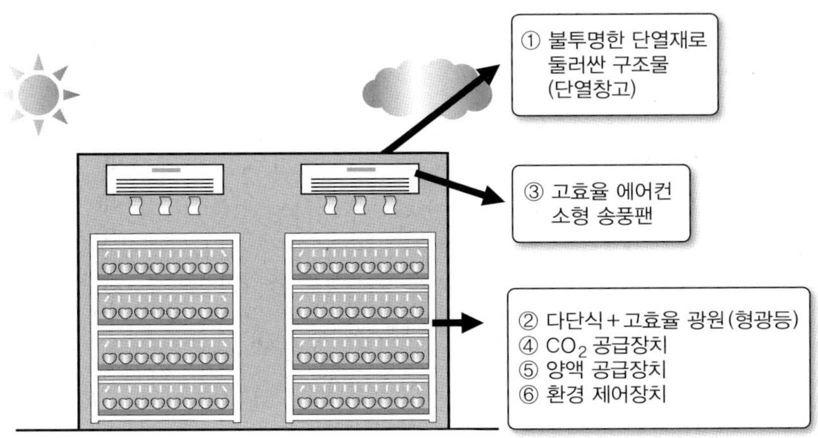


그림 3.10 밀폐형 식물 생산시스템의 기본 구성요소를 나타내는 모식도.

## 3.5 특징

여기에서는 밀폐형 시스템의 특징과 개요를 기술한다. 특히 일반 온실에 있어서 대표적인 수치에 대한 상대값으로 나타내고자 한다.

### 3.5.1 안전 및 안심

1) 엽채류의 경우, 수확 후 보전 기간이 약 2배가 된다. 또한 청정 공간에서 재배되기 때문에 상품에 잡균 부착이 약 1/100이다. 따라서 수돗물 등에 바로 씻어서 먹을 수 있다.
2) 무농약재배가 가능하다. 틈새가 거의 없어서 외부와의 환기가 거의 없고 출입구의 개폐 횟수가 적기 때문에 해충이나 병원균의 침입을 막기 쉽다. 단, 해충이나 병원균이 인간이나 배지를 통해서 실내로 들어오지 않도록 세심한 주의가 필요하다.
3) 위험 물질의 반입, 고의의 건물 파괴 및 도난을 막기 쉽다.

### 3.5.2 자원 절약 및 환경보전

1) 양액을 순환시키기 때문에 외부로의 양분 배출이 없고, 비료를 포함한 배액량(환경오염물질)과 시비량이 최소가 된다.
2) 엽채류의 경우, 수확물의 세정과 소독에 필요한 수분이 거의 필요 없다.
3) 관수에 필요한 물은 1/50이 된다. 식물의 증산량의 대부분이 에어컨의 냉각면에 결로되어 회수된 후에 재사용된다(그림 3.11). 이러한 물의 순환에 의하여 실내의 상대습도는 70% 전후로 유지되고, 병해가 잘 발생하지 않으며, 식물의 광합성 및 생육이 촉진된다.
4) 시비된 $CO_2$의 약 85~90%가 광합성으로 흡수된다(그림 3.12). 그 결과, $CO_2$ 이용효율(광합성에 의한 $CO_2$ 고정율/$CO_2$ 시비량)은 약 2배가 된다. 재배실의 환기횟수가 작기 때문에, 광합성을 촉진시키기 위해서 $CO_2$를 1500~2000ppm(외부 $CO_2$ 농도보다

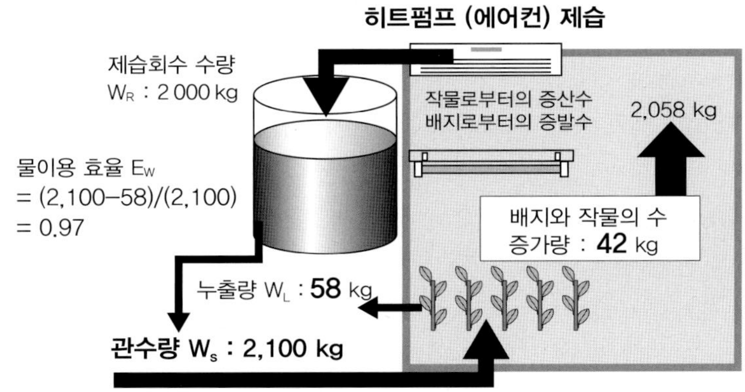


관수한 수량 2100kg의 97kg(2000kg)가 히트펌프 냉방시에 결로수로서 회수가능, 재이용된다. 증발산 수량 2058kg, 외부에 수증기로 누출한 물은 58kg, 배지와 작물에 함유된 물은 42kg이다. 한편 온실에서의 물이용 효율은 (2,100−2058)/2,100kg = 0.02이며, 0.97의 1/48임.

**그림 3.11** 밀폐형 식물 생산시스템의 수분 이용효율 실측 예(Ohyama, Kozai 등, 2000).

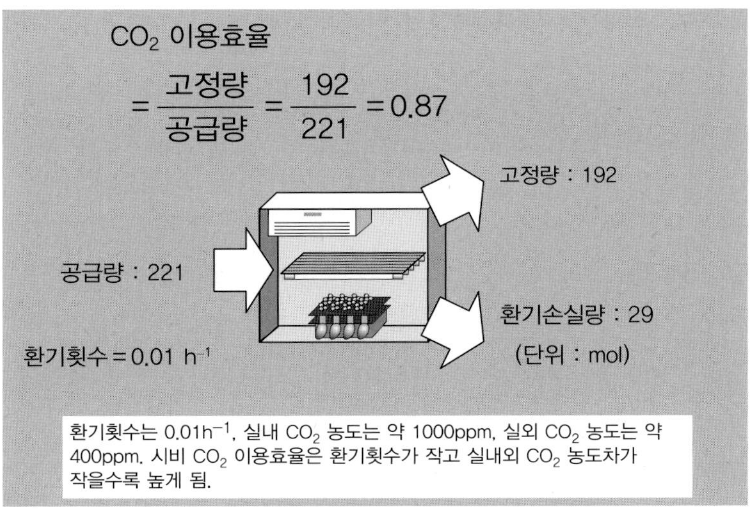


**그림 3.12** 밀폐형 식물 생산시스템의 시비 $CO_2$ 이용효율의 실측 예.

(Yoshinaga, Ohyama, Kozai, 2000)

1000~1500ppm 이상)으로 유지해도, 공급한 $CO_2$가 재배실 밖으로 유출되지 않는다.

5) 겨울철에 난방이 필요 없다. 조명 시에는 광원으로부터 발열 때문이며, 야간의 명기에도 냉방이 필요하다.
6) 야간을 명기로 설정할 수 있다. 명기를 야간으로 설정하고 암기를 주간으로 설정해도 식물의 생장에는 영향이 없다.
7) 작업자가 호흡으로 재배실 내에 방출하는 $CO_2$와 식물이 암기에 재배실로 방출하였던 $CO_2$의 85%가 식물의 광합성에 이용된다.

### 3.5.3 고품질 및 안정 생산

1) 고품질의 생산물을 얻을 수 있다. 기상 조건에 무관하게 광도, 명기, 광질, 온도, 습도, $CO_2$ 농도, 기류속도, 양액성분농도 등의 환경요인을 안정적으로 제어하는 것이 가능하다. 기류속도는 식물의 순광합성속도 및 증산속도에 큰 영향을 준다. 기류속도를 조절할 수 있는 것이 밀폐형 시스템의 장점 중의 하나이다.
2) 고부가가치 작물을 생산할 수 있다. 작물의 꽃눈 형성, 개화, 출엽 등의 시기의 조절이 가능하다. 무농약에서도 육묘, 재배가 가능하다.
3) 운송과 포장을 위한 자원이 절약되고, 운송 중의 손실 절감과 신선도 유지가 용이하다. 생산지와 소비지의 거리가 수십 m에서 수 km 정도이다.
4) 건실하고 생육이 균일한 육묘 생산이 가능하다(그림 3.13). 온실에서는 육묘 군락 내의 공기가 정체되어 상대습도가 90% 이상이 되기 쉽지만, 밀폐형 시스템에서는 기류속도가 크기 때문에 군락 내의 상대습도를 유지하는 것이 가능하다. 기후에 무관하게 최적의 광도와 기온을 유지할 수 있다.

생육이 균일하고 건실한 육묘. 온실에서 육묘에 걸리는 기간은 30~35일 정도이다. 수평기류가 토마토 육묘 군락 내를 통하여 지나가기 때문에 군락 내 온도가 낮아져 건실하게 됨.

**그림 3.13** 파종 후 20일째의 토마토 육묘.

### 3.5.4 고생산성, 안정성, 유연성 및 진화성

1) 재배기간을 1/2~2/3로 단축할 수 있다. 광에너지 이용효율을 최대로 하는 환경 제어에 의하여 광합성과 선장이 촉진된다(표 3.1, 표 3.2).
2) 생산 조정이 용이하다. 다양한 수요나 예상할 수 없는 계획 변동에 대하여도 환경 제어에 의한 생육 촉진과 생육 억제 등의 대응이 가능하다.
3) 토지당 연간 생산성은 재배 선방이 4단이면 약 10배, 20단이면 약 50배 또는 그 이상이 된다, 결과적으로 필요한 바닥 면적은 선반이 4단이 되면 약 1/10(표 3.1, 표 3.2), 선반이 20단이 되면 약 1/50이 된다. 천장의 높이가 3~6m일 경우, 건물 체적은 1/30~1/300이 된다. 바닥 면적이 1/10~1/50이 되면, 작업자의 보행거리 또는 운반거리가 대폭 감소하여 작업시간을 30% 이상 감소시킬 수 있는 경우가 많다.
4) 토지 생산성이 설치 장소의 수광량, 토양 비옥도, 기상 조건 등에 의존하지 않는다. 건물의 지하실에서도 재배 가능하다.

표 3.1 토마토의 하우스 육묘시설과 밀폐형 육묘시설에 따른 육묘 면적과 연간 육묘 횟수.

| | 밀폐형(A) | 하우스(B) | 비율(A/B) |
|---|---|---|---|
| 육묘 면적 | 100m² | 1250m² | 0.08 |
| 연간 육묘 횟수 | 19회 | 10회 | 1.9 |

(태양공업(주)의 제공에 따른 시즈오카현 아메라 구락부의 예. 육묘는 재배 온실의 면적이 2.5h이며 3단 밀식재배용에 주년 생산되고 있음. 밀폐형 시스템을 이용함으로써 필요한 바닥 면적은 약 1/2이 되고, 연간 육묘 횟수는 약 2배가 되었음. 필요한 바닥 면적이 약 1/2이 됨으로써 작업시간은 약 2/3으로 감소하게 되었음.)

표 3.2 시금치의 수경재배 용의 육묘를 밀폐형과 온실에서 육묘한 경우의 육묘 일수, 육묘 면적, 비용 등의 비교.

| 조사항목 | 밀폐형(A) | 하우스(B) | 비율(A/B) |
|---|---|---|---|
| 본포 면적 | 1500 | 1500 | 1.0 |
| 1년 필요주수(주) | 67500 | 67500 | 1.0 |
| 연간 묘생산 횟수(회) | 18 | 16 | 1.13 |
| 연간 묘생산 주수(주) | 1215000 | 1080000 | 1.13 |
| 사용 셀트레이(셀) | 288 | 144 | 2 |
| 육묘포 면적(m²) | 23.1 | 231 | 0.1 |
| 평균 육묘 일수(일) | 10 | 19 | 0.53 |
| 육묘포당 연간 육묘생산수/m² | 52597 | 4675 | 11.25 |
| 육묘 경비(자재, 설비, 인건비) | 3340591 | 3050586 | 1.10 |
| 육묘 1셀당 비용(엔) | 2.75 | 2.82 | 0.97 |

(Okabe의 조사에 근거, 2005)

## 3.5.5 기기의 고성능화

1) 조명을 위해 소요되는 전력은 조명 기술의 향상에 의하여 매년 감소하고 있다. 또한 언제나 엽채류와 육묘의 생산에 충분한 광도가 얻어진다. 최근의 형광등의 광원의 효율과 조명 기술이 현저하게

향상되고 있다.

2) 냉방을 위한 소비전력량은 매년 감소하고 있다. 이것은 에어컨의 성능(성적계수, COP)이 매년 향상되고 있기 때문이다(그림 3.14).

3) 공조(냉방)에 필요한 전력량은 조명에 필요한 전력량의 약 1/5 정도이다(그림 3.15, 표 3.3). 재배실의 연간 전력소비량에 대한 조명용 전력소비량의 비율은 약 80%이며, 공조용 소비전력량의 비율은 약 16%이다(표 3.3). 연간 전체 소비전력량과 공조용 소비전력량과의 비는 약 5~6 정도이다. 이 비율은 에어컨의 COP의 연간 평균과 거의 비슷하다. COP는 실온보다 외기온이 낮은 겨울철에 있어서 10 정도가 된다(그림 3.15). 육묘 1주에 필요한 조명과 공조용 전력 요금은 팬지의 경우 약 1엔 정도이다(표 3.4). 이러한 전력 요금은 재배 일수와 1일 조명 시간이 길수록, 재식밀도가 낮을수록, 광도가 높을수록 높게 된다.

4) 광원, 에어컨, 단열재, 선반 재료 등의 주요 구성 부품의 수명이

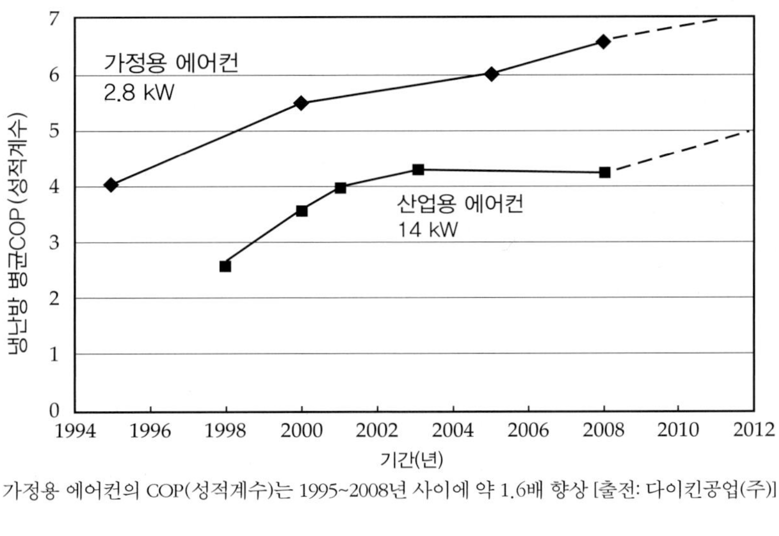


가정용 에어컨의 COP(성적계수)는 1995~2008년 사이에 약 1.6배 향상 [출전: 다이킨공업(주)]

**그림 3.14** 전기 히트펌프의 냉난방시 평균 COP의 연차별 향상.

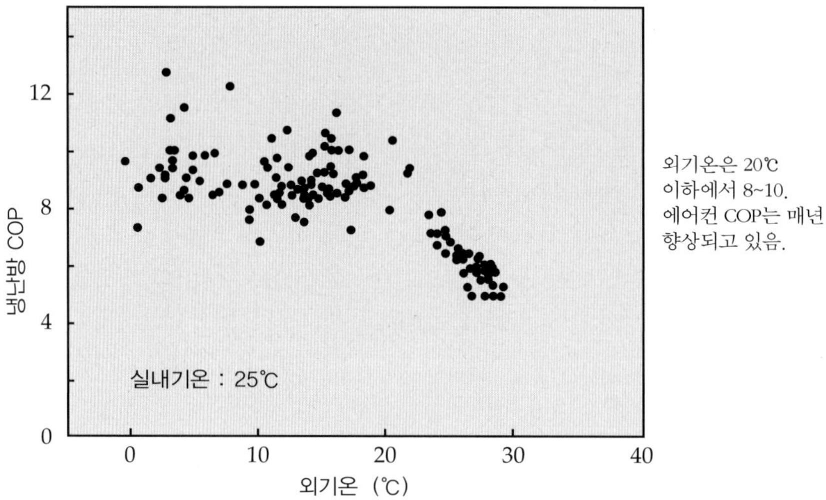


그림 3.15 인공광 식물공장에서 룸 에어컨 냉방시 COP에 미치는 외기온의 영향(Ohyama 등, 2002).

길어지고, 비용 대비 성능이 점진적으로 향상되고 있다. 또한 이러한 재료들의 재활용 시스템이 확립되어 있다.

### 3.5.6 쾌적한 노동

1) 작업환경이 쾌적하다. 재배 공간에는 항상 기온 20~25°C, 상대습도 70% 전후, 기류속도 0.5m/s, 바닥 조도가 천 몇 백 lx 정도이다.
2) 식물의 성장을 쉽게 실감하기 때문에 작업이 즐겁다. 환경과 식물 성장, 환경과 기능성 분성과의 관계를 비교적 단순화시킬 수 있기 때문에, 효과적인 환경 제어법을 만들기 쉽다. 또한 환경 제어시스템을 계속적으로 진화시키기 쉽다. 이러한 특징은 작업에 대한 동기 부여를 높일 수 있다.

표 3.3 밀폐형 식물 생산시스템에서의 연간 전력소비량의 내역 예

| 사용 목적 | 소비 비율 | 기기 |
|---|---|---|
| 조명 | 약 80% | 형광등 40W |
| 냉방 | 약 16% | 가정용 히트펌프 |
| 기타 | 약 4% | 양액순환펌프, 송풍팬 등 |

위의 경우, 가정용 히트펌프(에어컨)의 COP는 (80+4)/16=5.25이다.

표 3.4 밀폐형 육묘 1주당 전기요금의 예.

| 품목 | 셀 구멍수 | 육묘 일수 | 전기료(엔/주) |
|---|---|---|---|
| 토마토 접목묘 | 200 | 11 | 1.06 |
| 토마토 접목묘 | 288 | 11 | 0.74 |
| 오이 접수 | 200 | 5 | 0.48 |
| 오이 대목(호박) | 128 | 5 | 0.75 |
| 수경 시금치 | 288 | 9 | 0.61 |
| 토경 상추 | 288 | 13 | 0.87 |
| 팬지 | 406 | 20 | 0.95 |

(전기에너지/묘=300kJ=약 800Wh=석유 8mL)

### 3.5.7 고비용

1) 초기 설비가 많고, 초기 비용이 높다. 그러나 현재의 초기 비용의 수준은 과다한 초기 설비, 부적절한 설비의 선택에 의한 면도 있기 때문에, 추후 설계 최적화에 의하여 절감할 필요가 있다.
2) 식물종, 품종에 따라서 환경과 식물 성장과의 관계가 충분히 해명되어 있지 않다. 식물 성장 및 식물체 내의 성분은 환경 및 품종에 따라서 크게 변하지만, 인과 관계가 상세하게 규명되어 있지 않다. 최근 연구가 진행되고 있지만, 밀폐형 시스템의 장점을 최대한 살리지 못하고 있다.

3) 밀폐형 시스템이 경영적으로 유리한지 여부는 수년 간 가동률에 의존하기 때문에 주년 이용이 가능해야 한다.

▶▶▶ 요약 ◀◀◀

이후의 인공광 식물공장의 설계와 운영에 있어서 기본적인 개념과 방법의 하나인 "밀폐형 식물 생산시스템"에 관해서 기술하였다. 밀폐형 식물 생산시스템의 자원 이용효율은 개방형이나 반밀폐형에 비하여 현저하게 높았다. 또한 밀폐형 식물 생산시스템은 고품질 작물을 단기간 재배하고, 주년 생산을 계획적으로 할 수 있음을 보였다. 밀폐형 식물 생산시스템의 개념과 방법은 인공광 식물공장에서 고품질 · 고수량과 자원절약 · 환경보전을 양립시키기 위해서 유효하다.

제4장

# 통합환경제어

## 4.1 서론

인공광 식물공장의 최대 장점은 기상 조건과 무관하게 식물의 재배공간의 환경을 최적으로 제어할 수 있다는 것이다. 여기서의 최적은 식물에 있어서 최적이 아니라 식물 생산시스템에 있어서 최적을 의미한다. 즉, 식물 생산시스템에서의 최적은, 1) 지속가능한 생산시스템이고, 2) 고수량·고품질과 자원절약·환경보전을 양립시킬 수 있고, 3) 경상적으로 건전하며, 4) 작업자가 일하는 보람을 느끼게 해야 한다. 이러한 4가지의 조건을 동시에 만족시키는 통합환경제어의 관점과 방법에 대해서 기술하고자 한다.

## 4.2 투입 자원 이용효율과 자원절약·환경보전과의 관계

식물 생산시스템에의 투입 자원량 A에 대해서, 식물체의 생산량 또는 가치창출량 B의 비율(B/A)은 개념적으로 투입 자원 이용 효율(E)로 정의하였다(그림 4.1). 앞으로 투입 자원 A가 생산물 B(물질량 또는 에너지량)로 동화, 전환 또는 유지되는 비율을 A의 이용효율이라고 정의할 경우에 대해서 설명한다. 이 경우, 이용효율의 단위는 무차원이 된다. 한편 B가 금전가치 등의 경우에는 이에 상응한 단위로 한다.

양 자의 차이(A-B)는 식물 생산시스템 내의 잔류량 C와 시스템 밖으로 배출되는 환경오염물질량 D로 구분된다. 즉, (A-B) = (C+D)가 된다. 투입 자원으로서 필수적인 것은 광, 물, $CO_2$, 무기비료 및 종자 또는 육묘이다. 이와 같은 필수 투입 자원에 대한 이용효율이 정의될 수 있다. 또한

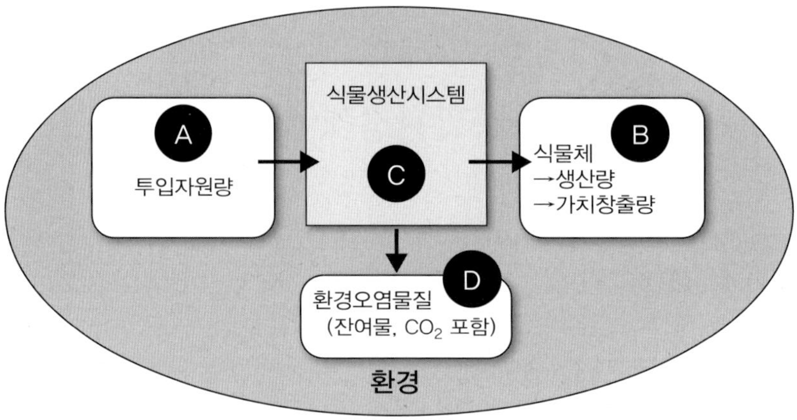


필수 투입자원의 이용효율 E의 최대값은 $CO_2$, 물, 비료에 대해서 1.0이며, 광 에너지에 대해서 0.1 정도임.

**그림 4.1** 식물 생산시스템에서의 투입 자원 이용효율 E=B/A.

- 광에너지 이용효율
- 시비 $CO_2$ 이용효율
- 수분 이용효율
- 무기비료 이용효율(질소, 인, 칼리 등)
- 종자 또는 육묘의 이용효율(생존율)
- 전기에너지 이용효율
  - 광원의 전기에너지 변환계수
  - 식물체, 생산물로 변환되는 화학에너지의 비율
  - 히트펌프(에어컨)의 성적계수

**그림 4.2** 투입 자원 이용효율의 구체적 예.

각 종 전기에너지의 이용효율을 정의할 수 있다(그림 4.2).

일정량 B를 생산하는 데 투입 자원 이용효율 E를 높이면, 투입 자원량 A와 잔류량과 오염물질량(C+D)이 동시에 절감되기 때문에, E의 향상은 자원절약과 환경보전에 기여한다. 또한 자원절약을 통하여 생산비용이 절감되며, 동시에 환경오염물질의 배출량의 절감은 환경보전 비용을 절감할 수 있다. 따라서 자원 이용 효율 E의 향상은 비용절감, 자원절약 및 환경보전에 동시에 공헌한다. (C+D) = 0일 경우(즉, A = B의 경우), 밀폐형 생산시스템이라고 한다.

## 4.3 통합환경제어에 의한 비용 대비 성능의 향상

비용 대비 성능(cost performance)은 비용에 대하여 가치창출량의 비로 정의된다(그림 4.3). 비용에는 투입 자원량에 관한 비용 이외에도, 환경오염물질, 식물잔여물 처리에 필요한 비용 및 안정성과 추적기능 확보에 필요한 비용 등이 포함된다. 또한 가치창출량에는 생산량, 생산액 이외에도, 취업기회, 노동의욕, 삶의 보람, 환경보전 기능의 증대가 포함된다.

식물공장에서의 환경제어의 주목적은 비용 대비 성능의 향상이다. 이러한 성능의 향상을 위해서는 비용 대비 성능을 최대로 하는 환경요인 설정치의 조합을 도출하는 방법론이 필요하다. 그림 4.4와 같이, 최소의 비

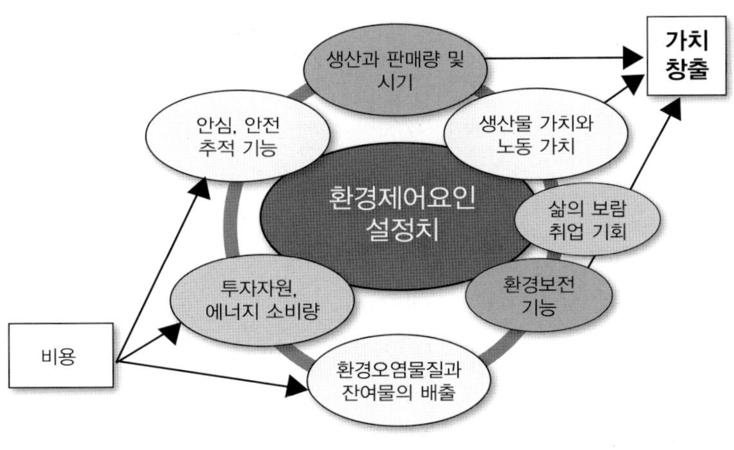


cost performance = 가치창출량 / (투입 자원, 안전, 환경보전 비용)

**그림 4.3** 통합제어의 의한 비용 대비 성능(cost performance)의 향상을 나타내는 모식도.

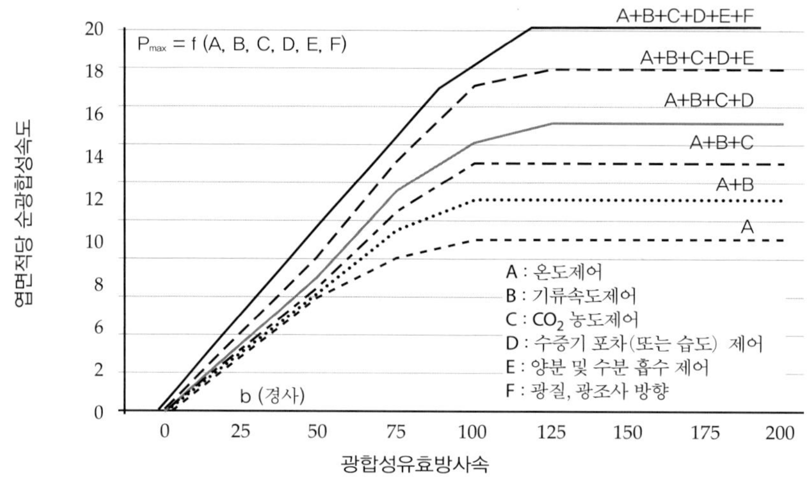


**그림 4.4** 제어 환경요인의 추가에 따른 순광합성속도의 단계적 증가를 나타내는 모식도.

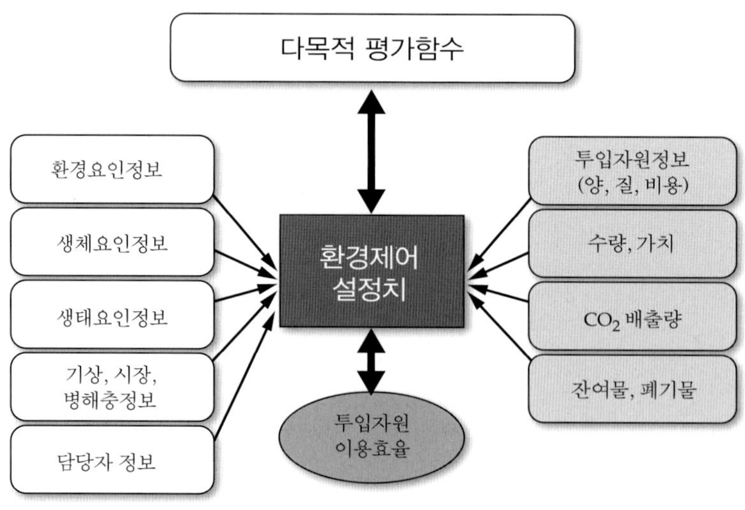


최대의 가치창조를 최소의 자원과 환경오염물질량으로 달성함.

**그림 4.5** 다목적 평가함수에 의한 통합환경제어 설정치의 결정.

용으로 x축의 순광합성속도를 최대로 하는 환경요인 설정치의 조합을 도출할 필요가 있다. 이러한 방법론은 아직 실용화되어 있지 않지만, 추후 다목적 평가함수를 이용하여 최적 조합을 결정할 수 있을 것이다(그림 4.5).

이 책에서는 이와 같은 방법론에 근거한 환경제어를 통합환경제어라고 부른다. 앞으로 통합환경제어시스템의 개발을 추진하기 위해서는, 1) 투입 자원 이용효율의 산정과 향상, 2) 생체정보 계측과 환경제어에의 응용, 3) 속도변수의 계측과 제어, 4) 데이터베이스 관리로의 진화가 중요하다. 지금부터는 특히 1)과 3)에 관하여 기술하기로 한다.

## 4.4 투입 자원 이용효율의 산정과 향상

보다 명확한 투입 자원 이용효율의 개념을 위하여, 식물의 광합성에 의한 생장만을 먼저 고려해 보자. 식물의 종자 또는 육묘가 광합성을 통한 생장에 필요한 자원은 광, 수분, $CO_2$, 무기비료(질소, 인, 칼리 등) 및 열(적절한 온도) 정도이다(그림 4.6).

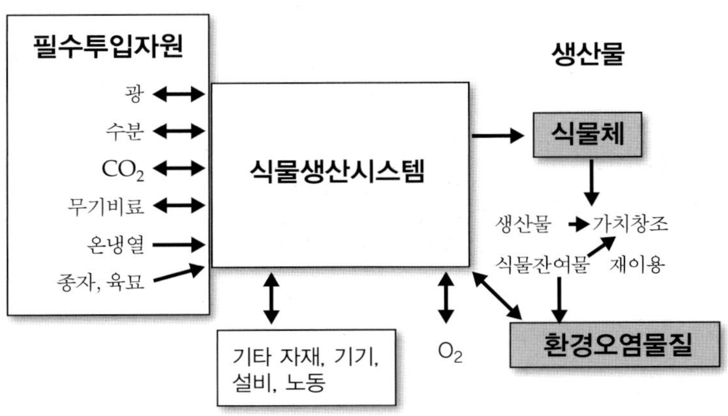


최소의 투입 자원량으로 최대의 가치를 안정적, 계획적으로 만들어 내면, 결과적으로 환경오염물질의 배출량을 최소화하게 됨.

**그림 4.6** 식물 생산시스템에서의 필수적인 투입 자원.

이러한 필수자원에 대해서 광에너지 이용효율 $E_L$, 수분이용효율 $E_w$, 시비 $CO_2$ 이용효율 $E_c$, 무기비료 이용효율 $E_f$가 정의될 수 있다. 무기비료에 관해서는 질소, 인, 칼리 등의 각 성분에 관한 이용효율이 정의될 수 있다. $E_w$, $E_c$ 및 $E_f$의 이용효율의 최대치는 1이며, $E_L$의 최대치는 0.1 정도이다. 이러한 이용효율의 수치에 관해서는 나중에 언급하기 한다.

이상의 필수자원 이외에 추가자원(농약, 지지재료, 기계, 기기, 수분용 곤충 등)은 병충해의 예방, 노동의 경감, 생장 제어 등에 유효한 경우에 한하여 투입된다. 이러한 추가자원에 대하여 이용효율은 개별적으로 논의할 필요가 있다.

실제로 식물공장의 환경제어에 포함된 재배관리에 있어서는 광합성뿐만 아니라 다양한 생리생태 작용을 고려해야 한다.

## 4.5 속도변수의 계측과 제어

### 4.5.1 속도변수와 상태변수

속도변수는 단위에 시간의 차원이 포함된 변수이다. 식물생태에 관한 속도변수로는, 순광합성속도, 암호흡 속도, 증산 속도, 수분흡수 속도, 양분흡수 속도, 출아 속도, 개화 속도, 줄기신장 속도가 포함된다. 시스템 특성에 관한 속도변수에는 환기횟수, 지중열류 속도, 벽면 열관류속도가 포함된다. 관리자가 제어할 수 있는 속도변수 또는 설정치에 근거하여 자동적으로 제어되는 속도변수에는, $CO_2$ 시비속도, 관수 및 양액공급 속도, 소비전력(전력소비 속도), 연료소비 속도가 포함된다. 물리환경 요인에 관한 속도변수에는 기류속도, 광도 및 방사속, 증발속도가 포함된다.

한편, 상태변수 단위에 시간의 차원이 포함되지 않은 변수를 말한다. 물리 환경요인에 관한 상태변수에는 기온, 수증기 포차(습도), $CO_2$ 농도, 양액의 pH, EC(전기전도도)가 포함된다. 생태에 관한 상태변수에는 초장, 엽면적, 색, 중량, 초장, 군락 구조가 포함된다. 생체정보에 관한 상태변수로는 엽온, 클로로필 형광, 함수율, 수분 포텐셜, 식물조직의 성분조성이 포함된다.

## 4.5.2 상태변수에 의존한 환경제어의 문제점

종래의 식물공장 환경제어에 있어서는 상태변수의 계측과 제어가 주류였다. 즉, 속도변수의 계측 또는 속도변수 값에 근거하여 설정치를 결정하는 경우는 매우 적었다. 예를 들면 상태변수인 기온, $CO_2$ 농도 또는 수증기포차의 설정치는 관리자가 과거 데이터, 경험, 또는 감에 근거하여 오프라인으로 결정하였다.

결과적으로 속도변수의 계측치를 환경 설정치의 결정에 거의 이용하지 않았고, 환경제어의 효과를 속도변수의 계측치로 평가하는 것은 것도 거의 없었다. 특히 속도변수 그 자체를 설정치로 활용하는 것은 거의 없었다. 순광합성속도 최대화에 관한 연구(Takakura, 1975)는 많지 않은 예외 중의 하나이지만 실용화에는 이어지지 않았다.

최근 생체계측 기술이 대폭 진전되어 환경제어에 응용하려는 연구 개발이 적극적으로 진행되고 있다. 이러한 생체계측의 결과를 환경계측의 결과와 함께 속도변수의 제어에 이용할 수 있고, 나아가서는 속도변수의 계측치와의 관계가 분석될 수 있다면 흥미로운 결과를 제시할 것이다,

또 하나의 문제는 "상태변수의 계측과 가시화"에 비해서, "속도변수의 계측과 가시화"가 충분히 진행되지 않고 있다는 것이다. 앞으로 속도변수의 계측과 가시화를 진행하고 그 결과를 환경요인 설정치의 결정에 적용한다면 비용 대비 성능을 향상시킬 수 있을 것이다.

## 4.5.3 속도변수의 계측 및 가시화와 제어에의 응용

위에서 언급한 속도변수 중에서 일반적인 원예시설에서는 비교적 계측이 어려운 것은 식물군락의 순광합성속도, 호흡속도, 증산속도, 수분흡수 속도, 양분흡수 속도이다. 한편 계측이 용이한 속도변수는 $CO_2$ 시비속도, 관수 및 양액공급 속도, 소비전력(전력소비 속도), 연료소비 속도이다. 또한 국부적으로는 계측이 용이하지만 공간적으로는 편차가 커서 평균치를 산정하기 어려운 속도변수는 지중열류속도, 벽면열관류속도, 기류속도, 광도(광합성유효 광양자속밀도) 등이다.

일반적으로 대부분의 식물공장은 수경재배시스템을 도입하고 있다. 따

라서 바닥면에서 토양미생물의 호흡에 의한 $CO_2$ 방출은 없다. 또한 거의 환기창을 닫고 있기 때문에 비교적 밀폐성이 높다(인공광 식물공장은 밀폐성이 높고 환기횟수가 작다). 또한 인공광 식물공장의 벽은 단열성이 높고 벽면을 관류하는 열류가 작다.

이러한 식물공장의 특징을 고려할 때, 속도변수의 계측과 제어가 비교적 용이하다. 속도변수의 계측치를 이용한 투입 자원 이용효율의 산정 및 가시화가 가능하고, 이러한 수치를 이용한 환경요인 설정치의 자동 결정이 비교적 용이하다. 다음으로 구체적인 예를 통하여 통합환경제어시스템의 개발의 방향성을 고찰하기로 하자.

## 4.6 순광합성속도 $P_n$과 시비 $CO_2$ 손실속도 $L_c$의 관계

### 4.6.1 $P_n$, $E_c$ 및 $CO_2$ 손실속도 $L_c$의 관계

인공광 식물공장에서는 식물의 광합성을 촉진시키기 위하여 명기에는 $CO_2$ 시비를 실시한다. 만약 실내의 $CO_2$ 농도 $C_{in}$이 실외 $CO_2$ 농도 $C_{out}$보다 높게 되면 $CO_2$ 손실(실외로 누출)이 발생한다(그림 4.7). 실내 $CO_2$ 농

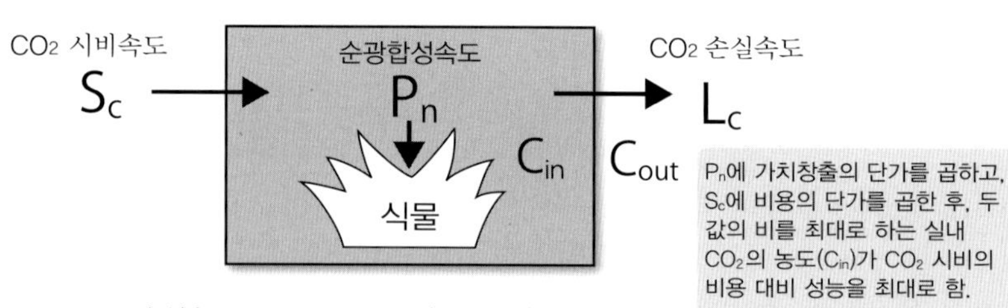


$CO_2$ 손실속도 $L_c = k \times N \times V \times (C_{in} - C_{out})$,
순광합성속도 $P_n = S_c - L_c$
시비 $CO_2$ 이용효율 $= P_n/S_c = (S_c - L_c) / S_c$

$S_c$, $P_n$, $L_c$의 단위는 〔kg $h^{-1}$〕
k : 변환계수, N : 환기횟수 (=시간당 환기량/공기체적), V : 공기체적
$C_{in}$ : 실내 $CO_2$ 농도, $C_{out}$ : 실외 $CO_2$ 농도

**그림 4.7** $CO_2$ 손실속도와 시비 $CO_2$의 이용효율.

도 $C_{in}$을 높이면 순광합성속도 $P_n$은 증가하지만, 동시에 $CO_2$ 시비속도 $S_c$와 $CO_2$ 손실속도 $L_c$가 증가한다. 액화 $CO_2$ 가스의 가격은 100엔/kg 정도이기 때문에 $S_c$의 증가는 비용 증가를 초래한다. 또한 $L_c$의 증가는 지구 온난화 가스를 대기로 방출시키기 때문에 환경보전 비용도 증가시키게 된다. 따라서 $P_n$, $E_c$, $S_c$, $L_c$를 최적화하는 $C_{in}$이 존재하게 마련이다.

그림 4.7와 같이 식물공장에서는 바닥면 또는 배지에 따른 $CO_2$ 교환속도를 무시할 수 있다. 따라서 정상상태를 가정하면, $P_n$은 식(1), 시비 $CO_2$ 이용효율 $E_c$는 식(2)와 같이 표시할 수 있다.

$$P_n = S_c - L_c \tag{1}$$

$$E_c = \frac{P_n}{S_c} = \frac{(S_c - L_c)}{S_c} \tag{2}$$

만약 $C_{in} < C_{out}$에서 $CO_2$를 시비하지 않을 경우에도, $C_{in}$이 $CO_2$ 보상점(약 100ppm) 이상이면 $P_n > 0$이 될 수 있다. $S_c = 0$일 경우에는 $E_c$는 정의되지 않는다. 또한 비정상상태의 경우는, 식(2)의 우변에 $V \times \Delta C_{in}$을 더하면 된다. $\Delta C_{in}$는 시간당 $C_{in}$의 변화량이다.

### 4.6.2 $CO_2$ 손실속도 $L_c$의 산정

일반적으로 $C_{in}$ ( > $C_{out}$)을 증가시키면 $P_n$과 $L_c$ 모두가 증가하며, $L_c$는 식(3)으로 산정할 수 있다.

$$L_c = k \times N \times V \times (C_{in} - C_{out})/10^6 \tag{3}$$

여기서, k는 $CO_2$의 체적을 질량으로 환산한 계수(1.96kg $m^{-3}$), N은 환기횟수($h^{-1}$), V는 식물공장의 체적($m^3$)이다. $C_{in}$과 $C_{out}$은 연속측정이 가능하고, N을 별도로 구할 수 있기 때문에 $L_c$을 산정할 수 있다. 따라서 $P_n$과 $E_c$도 연속적으로 산정할 수 있다. 또한 $S_c = 0$의 경우는 일반적으로 $C_{in} < C_{out}$가 되며, 이 경우의 $P_n$은 식(3)의 $L_c$의 절대치로 표시된다.

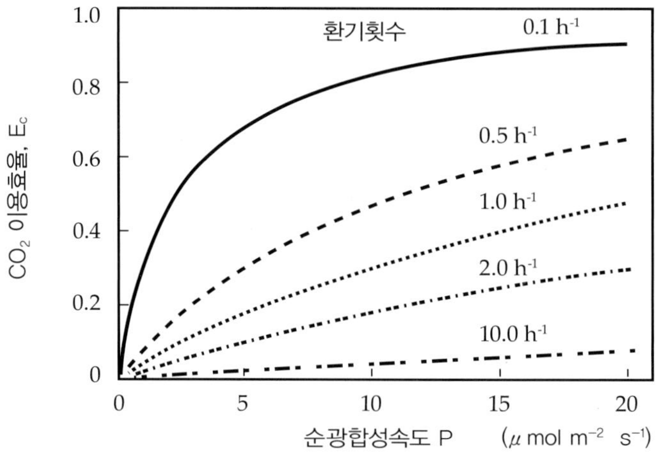


바닥면적: 1 000m², 공기체적: 3 000m³, 환기횟수: 0.1, 0.5, 1.0, 2.0, 10h⁻¹, $CO_2$ 농도: 실내 1 000, 실외 350μmol mol⁻¹ (ppm), 실내외기온: 27℃, 배지의 미생물 호흡속도는 무시함.

**그림 4.8** 순광합성속도 및 환기횟수와 시비 $CO_2$ 이용효율과의 관계 (Yokoi 등, 2005).

## 4.6.3 환기횟수 N과 $P_n$이 $E_c$에 미치는 영향

$E_c$는 N과 $P_n$에 크게 영향을 받는다(그림 4.8). 일반적인 원예시설 및 자연광 식물공장의 N은 환기창과 출입구가 밀폐된 상태에서 0.3~0.5 $h^{-1}$이기 때문에, $C_{in}$ = 1000ppm에서 $P_n$이 크다고 가정하더라도 $E_c$는 0.6~0.8이 된다.

육묘를 정식한 이후와 같이 등 $P_n$이 작은 시기에는, 시비한 $CO_2$의 상당 부분이 외부로 누출되어 $E_c$는 0.2 전후가 된다. 따라서 자연광 식물공장에서 재배 시에는 밀폐도를 높여서 $CO_2$ 시비 시의 N을 0.1 $h^{-1}$ 이하로 하는 것이 $E_c$를 높이는 지름길이다. 인공광 식물공장의 N은 0.01~0.02 $h^{-1}$이기 때문에 순광합성속도가 클 경우 $E_c$는 0.85~0.90 정도가 된다(제3장, 그림 3.12).

## 4.6.4 $CO_2$ 시비의 cost performance

$CO_2$ 시비의 광합성 촉진효과는 $S_c$에 의한 $P_n$의 증분을 $\Delta P_n$로 하면,

$\Delta P_n/S_c$가 된다. $CO_2$ 시비에 의한 광합성촉진 효과(비용 대비 성능)은 $\Delta P_n/(S_c + L_c)$의 각 변수에 상응하는 단가를 곱하면 얻어질 수 있다. $L_c$의 단가는 $CO_2$를 대기에 방출하는 것에 의한 벌금으로 나타낼 수 있다. 비정상상태의 경우에 대해서도 위의 방법을 확정하여 적용할 수 있다.

이러한 개념을 고려하면, 육묘의 정식 후에는 $C_{in}$을 비교적 낮게 하고 식물의 생육단계에 따라서 $C_{in}$을 높게 하는 $CO_2$ 시비법이 권장된다. 암기에 있어서도 식(3)을 이용하면 암호흡속도를 쉽게 구할 수 있다.

### 4.6.5 환기횟수 N의 연속 추정

일반적으로 $C_{in} > C_{ou}$의 경우, $CO_2$ 손실속도 $L_c$의 산정 정밀도는 환기횟수 N의 산정 정밀도에 크게 좌우된다. 인공광 식물공장의 N 값은 작으며 기상조건에 영향을 받지 않는다. 또한 $S_c$에 대한 $L_c$ 비율은 일반적으로 낮다. 그러나 자연광 식물공장의 N 값은 풍속, 풍향, 실내외 기온차(압력차)에 영향을 받는다. Dayan 등(2004)의 방법을 응용하여 식물공장의 수분수지와 $CO_2$ 수지에 근거하여 증발산 속도, 환기횟수 N 및 순광합성속도 $P_n$을 일정 간격으로 추정하는 방법을 아래와 같이 개발하였다(Kozai, 이, 전, 2011; 이, Kozai, 2011).

1) 1개 또는 복수의 재배 베드에서의 급액속도와 배액속도로부터 재배 베드에서의 증발산 속도를 산정한다. 이 값을 사용하여 식물공장 전체의 증발산 속도를 산정한다. 대부분의 경우, 증발속도는 무시 가능할 정도로 작다.
2) 증발산 속도와 실내외 수증기 농도차를 이용하여 식물공장의 환기속도를 산정한다.
3) 환기속도를 재배실의 공기체적과 환산계수로 나누어 환기횟수 N을 산정한다.
4) 식(3)을 이용하여 $CO_2$ 손실속도 $L_c$를 산정한다.
5) $CO_2$ 시비속도 $S_c$ 및 $CO_2$ 손실속도 $L_c$를 이용하여 순광합성속도 $P_n$을 산정한다.
6) 실내에 사람이 작업하고 있는 경우, 작업자의 호흡에 의한 $CO_2$ 발

생속도 $R_h$(약 50g $h^{-1}$)을 이용하여 보정한다.

이러한 N의 추정방법은 $CO_2$ 시비의 유무에 관계 없이 적용가능하다.

## 4.7 수분이용효율

온실에서는 공급한 수분이 회수되지 않기 때문에, 수분이용효율 $E_w$는 급수(관수)량 $W_s$에 대한 식물 또는 배지의 수분 증가량 $W_i$의 비율($W_i/W_s$)로 정의된다(제3장, 그림 3.11). 그러나 인공광 식물공장에서는 명기에 광원으로부터의 발열을 제거하기 위하여 히트펌프(에어컨)을 가동하여 냉방을 한다. 냉방을 시작하면 공기 중의 수증기가 냉각면에 결로되고 회수되어 관수용으로 재활용된다. 배수의 회수속도를 $W_R$, 환기에 의한 수분의 손실속도를 $W_L$ (식 4)라고 하면, 재배실에서의 순수분사용량은 ($W_s-W_R-W_L$)이 된다.

따라서 재배실에서의 수분이용 효율 $E_W$ = ($W_s-W_R-W_L$) / $W_s$로 표시할 수 있다. 통상적으로 재배실에서의 배수량은 0이다.

$$W_L = k \times N \times V \times (H_{in} - H_{out}) \quad (4)$$

여기서, N은 환기횟수, V는 공기 체적, $H_{in}$과 $H_{out}$은 각각 실내와 실외 공기의 수증기 밀도(g $m^{-3}$)이다.

$E_W$는 LAI(엽면적 지수) 및 N(환기횟수)에 크게 영향을 받는다(그림 4.9). 인공광 식물공장의 N은 통상 0.01~0.02 $h^{-1}$ 정도이기 때문에, LAI가 3 이상이 되면, $E_W$는 0.95 이상이 된다. 인공광 식물공장에서의 높은 수분이용효율은 물이 부족한 건조지역에서 큰 장점이 될 수 있다.

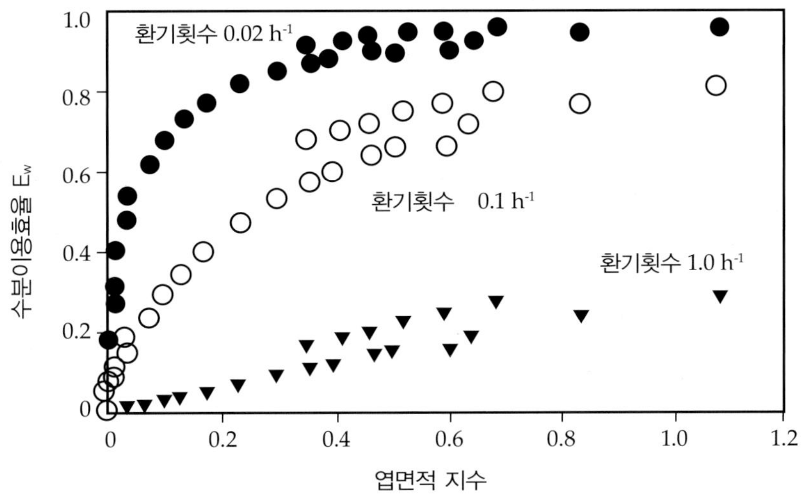


수분이용효율의 정의는 그림 3.11을 참조. 식물공장 실내 및 실외 공기의 수증기 밀도는 각각 16 g $m^{-3}$ 및 6 g $m^{-3}$로 가정하여 계산함(요코이 등, 2005).

**그림 4.9** 인공광 식물공장에서 엽면적 지수 및 환기횟수와 수분이용효율과의 관계(계산치).

## 4.8 질소 비료 및 인산 비료의 이용효율

식물공장에서는 수경재배가 기본이다. 수경재배는 배지를 사용하는 형태와 사용하지 않는 형태가 구분된다. 공급된 양액의 일부가 배액이 되는 경우도 있지만, 이러한 배액은 순환되어 다시 이용되는 것이 원칙이다. 한 작기가 끝나면 배액을 적절히 처리하여 하수로 폐기시키기도 한다. 이러한 경우를 고려하면 식물공장에서의 무기비료 이용효율은 1.0이 되지 않지만 거의 1.0에 근접하며, 평균적으로는 0.9 정도이다.

한편, 채소의 노지재배에 따른 질소 이용효율의 평균치는 0.52, 온실의 토경재배에서는 0.43이다(니시오, 2005). 노지재배에서의 인산의 이용효율은 0.15로 매우 낮다. 토지면적당 비료투입량을 증가시키면 이용효율은 더욱 저하된다. 이용효율의 계산을 위해서 유기비료에 포함된 질소 비료성분을 질산태질소로 환산하여 계산하였다. 이러한 결과로부터 식물공장에서의 질소비료 이용효율은 토양재배에서의 약 2배 정도가 된다.

## 4.9 광에너지 이용효율

광에너지 이용효율은 식물 생산시스템에 투입된 광(PAR, 광합성유효방사속)에너지에 대한 식물체의 구성물로 고정된 화학에너지의 비율로 정의된다. 식물체의 화학에너지로서 고정되지 않은 화학에너지는 열에너지로 변환된다. 식물체 건물에 포함된 화학에너지는 약 20MJ/kg DW이며, 여기에 건물중을 곱한 값이 식물에 고정된 화학에너지 양이 된다. 건물중으로는 식물체 전체, 수확물 또는 생산물로 이용 목적에 따라 선택하면 된다.

식물의 광합성 특성으로부터, 광에너지의 이용효율의 최대치는 1.0 전후이다. 광에너지의 이용효율 및 이에 영향을 주는 요인에 관해서는 제8장에서 기술하기로 한다.

고도의 환경제어를 수행하는 자연광 식물공장에서의 연평균 광에너지 이용효율은 논밭의 약 10배 정도이고, 통상적인 온실의 몇 배 정도가 된다.

## 4.10 전기 히트펌프(에어컨)의 성적계수

히트펌프는 열매체를 이용하여 임의 장소의 열에너지를 다른 장소로 운반하는 장치로, 압축기, 증발기, 응축기, 팽창 밸브, 4방향 밸브, 냉매 배관 등으로 구성되어 있다(그림 4.10). 전기에너지를 사용하여 압축기를 구동하는 것을 전기 히트펌프라고 한다. 주로 실내 냉난방에 사용하는 히트펌프를 에어컨(air conditioner)이라고 부른다. 냉장고, 제빙기도 히트펌프의 일종이며, 음료 자동판매기에도 히트펌프가 사용된다. 최근에는 세탁물의 건조기에도 사용되고 있다.

히트펌프를 사용하면 소비 전기에너지의 5~10배의 열에너지를 증발기로 흡수하고 응축기에서 방출할 수 있다. 소비 전기에너지에 대한 흡수 열에너지의 비를 냉방 시의 성적계수($COP_r$: Coefficient Of Performance), 발생에너지의 비를 난방 시의 성적계수($COP_h$)라고 부른다(그림 4.10). 최근 가정용 에어컨의 COP가 크게 향상되었기 때문에 식물공장에 사용해 볼만하다. 성적계수는 소비에너지 효율이라고 불리기도 한다.

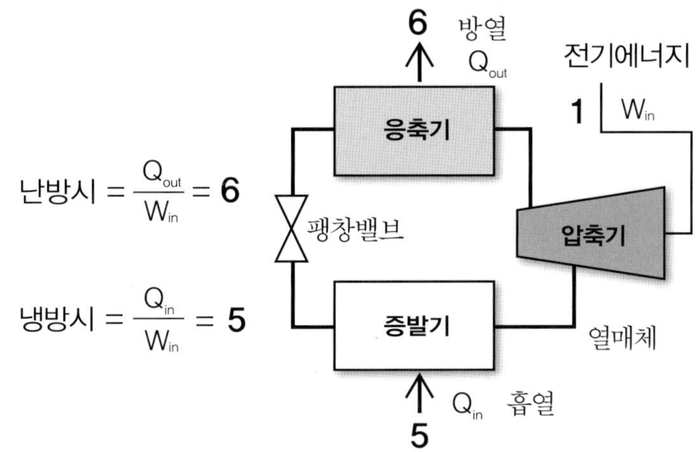


**그림 4.10** 히트펌프의 구성 개요 및 성적계수 COP의 정의.

## ▶▶▶ 요약 ◀◀◀

식물생장의 생리와 환경조절의 기본을 검토하였고, 식물공장의 환경제어를 위해서 속도변수, 통합환경제어, 투입 자원 이용효율, 비용 대비 성능(cost performance), 다목적 평가함수, 히트펌프의 개념과 그 응용에 대하여 기술하였다. 특히, 여기서 강조한 것은, 1) 식물의 기본적 기능과 생장의 다양한 측면에 관한 이해가 중요 2) 생체, 환경정보와 투입 자원 이용효율, 속도변수를 가시화하고 이에 근거한 제어가 필요 3) 통합환경제어와 비용 대비 성능의 개념 및 수법의 도입이 필요 4) 히트펌프의 이용은 자원절약 및 환경보전적 환경제어에 필수적임 등의 4가지이다.

제 5 장

# 인공광 식물공장에 관한 정의, 사회적 배경 및 세계 각국의 연구 개발 상황

## 5.1 서언

이번 장에서는 식물공장의 정의에 관하여 설명한 후에 인공광 식물공장에 관한 관심이 세계적으로 높아지는 배경에 관하여 기술한다. 또한 인공광 식물공장과 관련한 중국, 한국, 대만 등의 국가에서의 연구 개발 상황을 2012년 초반을 기준으로 하여 설명하도록 한다. 일본 공공기관에서의 연구개발 성과는 제6장에서 설명한다.

인공광 식물공장과 관련한 일본의 연구 개발 및 기술·경험의 과거 35년 간의 축적 수준은 세계 어느 다른 국가보다 상당히 앞서 있다고 할 수 있다. 그러나 최근, 특히 2009년 이후, 한국, 대만, 중국에서의 관련 분야 연구개발이 상당 부분 진행되고 있어 그 차이는 좁혀지고 있다고 말할 수 있다.

## 5.2 정의

### 5.2.1 종래의 정의

'식물공장'은 인공광 식물공장(artificial light plant factory, 혹은 plant factory with artificial light)과 자연광 식물공장(solar light plant factory, 혹은 plant factory with solar light)로 구분된다. 자연광 식물공장에서 인공광을 이용하여 보광하는 것은 광합성 촉진, 개화 조절, 형태 조절(초장 조절 등) 혹은 2차 대사성분(비타민 C, 약효성분, 색소성분 등) 생산을 촉진하는 것을 목표로 한다.

'식물공장'이라는 용어는 Takatsuji Masamoto 저서의 '식물공장'(코단샤 블루백스, 1979)이 발행된 이후, 일본의 대중매체에서 사용하게 되었다. 당초에는 인공광 식물공장의 뜻을 강하게 가졌으나, 최근에는 자연광 식물공장을 포함하는 넓은 개념의 용어로서 사용되고 있다.

식물공장에 대한 최근의 정의로서 '생육 환경을 제어하며 식물을 재배하는 원예 시설의 중 환경 및 생육 모니터링을 기본적으로 수행하여 높은 수준의 환경 조절과 생육 예측을 통한 채소 등의 식물을 주년 · 계획 생산할 수 있는 재배시설'이 있다(농상공연계연구회보고서, 2009). 이 정의에 의하면 '자동화 · 무인화'는 식물공장의 필요 요건이 되지 않는다.

위에서 설명한 정의에서 '생육의 모니터링'이란 엽온, 광합성 활성 등의 생체 정보를 계측하고 이들을 토대로 하여 수행되는 감시를 의미한다. 이에 관한 수준 높은 학술(연구 사례)은 많이 있으나 식물공장에 현장 적용되고 있는 사례는 많지 않다. '생육 예측'에 관하여서도 환경과 식물 생육의 관계를 나타내는 수리 모델을 개발하고 이를 활용한 생육 시뮬레이션을 수행하는 수준 높은 연구 사례는 많이 있으나 이 기술이 식물공장에 널리 적용되고 있지는 않다. 즉, 위에서 설명한 식물공장의 정의는 마땅히 갖추었으면 하는 양식을 정의한 것이지 현재의 식물공장의 양식을 기준으로 정의한 것은 아니라는 뜻이다. 식물공장이 발전하는 시기에는 이러한 '마땅히 갖추어야 할 양식'의 정의는 어느 정도의 중요성을 갖는다.

2009년경부터는 한국, 중국, 대만 등 한자 문화권 국가의 시설원예 관계자들 사이에서 식물공장에 관한 관심이 높아지면서 '식물공장'이라는 용어가 자주 사용되었다. 수년 전부터 유럽과 미주의 많은 시설원예 관계자들이 일본식 영어인 'plant factory'라는 용어의 실질적 의미를 이해할 수 있게 되면서 지금은 학술 용어로서 세계적으로 인정되어 가고 있다. 또한 동남아시아의 식물공장 관계자들은 네덜란드의 높은 수준의 환경제어 장치를 갖춘 대규모 온실 컴플렉스를 '전형적인 자연광 식물공장'으로 이해하고 있다.

### 5.2.2 자연광 식물공장

일반적으로 자연광 식물공장이 갖추어야 할 환경제어 기기를 표 5.1에 정리하였다. 식물 생산 시설은 그림 5.1과 같이 분류되나 간이 피복 시설은 표 5.1에서의 기본 기기만을 갖춘다. 환경제어 토경 시설은 표 5.1에서의 기본 기기와 중급 기기를 갖춘다. 그리고 환경제어 수경재배 시설은 기본 기기, 중급 기기, 상급 기기의 거의 모든 것을 갖춘다. 또한 일정 규모 이상이면서 상당한 기술 수준의 환경제어 수경재배 시설을 자연광 식물공장이라고 하는 것이다. 단, 환경제어 수경재배 시설과 자연광 식물공장을 명확하게 구별할 수 있는 규모와 기술 수준이 꼭 하나만 존재한다는 의미는 아니다. 또한 자연광 식물공장에서는 파종, 정식, 운반, 봉지 포장, 상자 포장 등의 작업이 자동화되어 있는 경우가 많다.

한 기업체가 운영하는 자연광 식물공장의 바닥 면적은 5~100ha 정도인 경우가 많다. 100ha 규모의 자연광 식물공장은 미국 아리조나주와 텍사스주 등에서 볼 수 있다. 네덜란드의 자연광 식물공장은 바닥 면적이 2~10ha 정도인 경우가 많은데 네덜란드의 자연광 식물공장의 바닥 면적 합계는 10,000ha를 넘어 전 세계의 자연광 식물공장 산업을 견인하고 있다고 말할 수 있다. 미국, 캐나다, 호주, 중동 및 동남아시아 각국에 설치되어 있는 자연광 식물공장들도 네덜란드에서 수입한 것이거나 네덜란드식 시설이 대부분이다.

**표 5.1 식물 생산 시설이 갖추어야 할 환경제어 기기의 예**

| 기본 기기 | 중급 기기 | 상급 기기 |
|---|---|---|
| 환기 장치 | 공기 순환 팬 | 수경재배 장치 |
| 보온 커튼 장치 | 차광 커튼 장치 | $CO_2$ 시용기 |
| 난방 장치 | 관수 장치 | 기화 냉방 장치 |
| | | 히트펌프 |
| | | 보광 램프 장치 |

*자연광 식물공장에서는 기본 기기뿐 아니라 중급 · 상급 기기의 대부분이 설치되어 있음

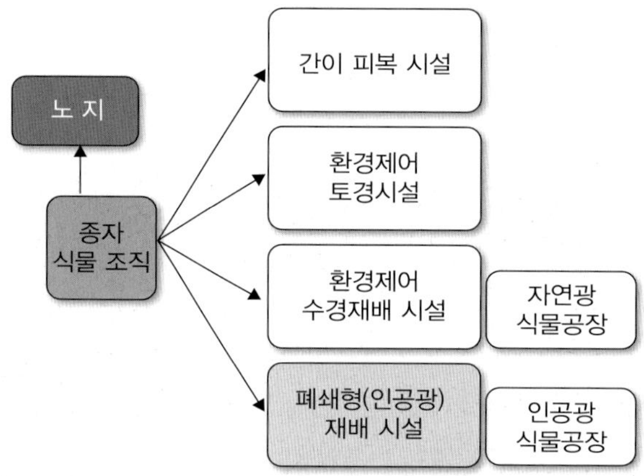


식물 생산 시설 중, 고도의 환경제어 수경재배 시설 및 충분한 규모를 갖고 있는 것을 자연광형 식물공장이라 하고, 폐쇄형(인공광) 재배 시설 중 일부가 인공광 식물공장이 됨.

**그림 5.1** 식물 생산에 이용되는 시설.

반면, 한국의 농촌진흥청에서는 일본 등으로의 과채류 수출을 염두에 두고 바닥 면적 150ha 규모의 자연광 식물공장 사업 계획을 새만금 및 화옹 지구 등을 대상으로 검토하고 있다. 일본에서는 1~5ha 정도의 시설이 대부분으로 최대 10ha 규모이며 자연광 식물공장이라고 부를 수 있는 시설의 바닥 면적을 모두 합해도 수백 ha 정도에 지나지 않는다.

중국 베이징시 북쪽 교외의 샤오탕샨 지역에는 모두 합쳐 1,000ha를 넘는 대규모 연동온실 및 일광온실이 설치되어 있어 딸기와 호접란을 위주로 한 채소류 및 화훼류가 생산되고 있다(그림 5.2, 그림 5.3, 그림 5.4). 2012년 2월에 이곳에서 개최된 세계딸기학술대회를 계기로 재배의 자동화 및 고도화를 위한 정비와 증설 사업이 진행되고 있다. 중국에서는 현재 수십 개소의 대형 원예시설이 설치되어 운영되고 있다.

베트남, 말레이시아 등에는 대만, 프랑스, 태국 등의 기업이 출자하여 바닥 면적 10~20ha 규모의 네덜란드식 혹은 프랑스식(반 원통형의 연동 플라스틱 하우스)의 자연광 식물공장이 가동되고 있다. 현재는 자연광 식

대부분이 딸기 생산 온실. 최근 일광 온실이 점차 대형화되어 폭 15m 이상, 길이 100m 이상인 온실도 있음. 한 농장에 수십 동의 일광온실이 설치되어 있기도 함.

**그림 5.2** 베이징시 북부 샤오탕샨 지구의 일광온실 단지.

수정 벌을 이용하여 수분하고 있음. 묘 증식을 위한 온실과 고설 재배 베드를 설치한 딸기 재배 시설도 있음. 일본인 전문가로부터 딸기 재배 지도를 받는 농가들도 있음.

**그림 5.3** 베이징시 북부 샤오탕샨 지구의 일광온실에서의 딸기 재배.

그림 5.4 베이징시 북부 샤오탕샨 지구의 대형 연동 유리 온실에서의 관엽식물 재배.

물공장은 네덜란드식이 압도적으로 많다. 자연광 식물공장에 관해서는 일본이 네덜란드를 꾸준히 따라 잡으려는 노력을 하여도 10년 이상은 걸릴 것으로 생각된다. 따라서 앞으로 일본이 이 분야에서 주도적으로 공헌하려면 소프트웨어, 하드웨어 및 시설 규모 면에서 네덜란드의 자연광 식물공장과는 다른 접근 방식이 필요할 것이다(Kozai, 2009; 2010; 2011).

### 5.2.3 인공광 식물공장

인공광 식물공장의 정의는 단어의 의미를 중시한다면 '인공광을 사용하는 식물공장'이라고 할 수 있다. 전시용이 아니고 생산물을 판매할 목적으로 하는 인공광 식물공장의 규모는 바닥 면적 300~3,000m$^2$ 정도의 것들이 많으며 일본 인공광 식물공장의 바닥 면적 합계는 3ha 정도로 추산된다(2011년말 기준).

바닥 면적이 1,000m$^2$의 인공광 식물공장에 10단의 재배 모듈을 설치하였다고 하면 잎상추가 하루에 7,500주, 연간 250만 주 생산 가능하다.

이 수치는 같은 면적의 노지에서의 잎상추 연간 생산 능력의 100배 이상이 되는 것이며, 이 배율은 앞으로 더욱 커질 것이다.

현재의 인공광 식물공장 총 바닥 면적(3ha)이 100배로 늘어났을 때의 연간 수량은, 지금과 같이 노지재배의 100배의 연간 수량을 얻을 수 있다고 가정하면, 노지 면적 30,000(=3×100×100)ha에서의 생산량에 상당하게 된다. 이 수량은 일본의 노지 채소 연간 총수량의 수 %을 점하게 되는 정도로서, 인공광 식물공장에서의 생산액이 농업 총생산액의 10%를 넘기는 일은 쉽지 않을 것이며, 만약에 가능하게 된다고 하여도 이는 꽤나 먼 미래의 일일 것이다.

인공광 식물공장의 광원으로 일본에서는 형광등을 사용하는 경우가 많으나 LED를 광원으로 하는 인공광 식물공장의 수가 점차 늘고 있다(Takatsuji, 2011). 앞으로 LED가 더욱 늘어날 것으로 예상된다.

## 5.2.4 자연광 식물공장과 인공광 식물공장의 차이점

인공광 식물공장(이하, 인공광으로 줄여 표기하는 경우 있음)과 자연광 식물공장(이하, 자연광으로 줄여 표기하는 경우 있음)의 주된 차이점을 표 5.2에 정리하였다. 인공광 식물공장에서는 자연광 식물공장과 비교하여 ① 인공광만을 사용함, ② 단열벽으로 폐쇄된 공간 내에서 정밀도 높은 환경 제어가 가능함, ③ 조명에 사용되는 전력 소비가 많음, ④ 여러 단으로 구성된 재배 모듈을 사용하기 때문에 대상 작물은 초장이 낮은 식물로 한정됨, ⑤ 기상 변동에 상관 없이 바닥 면적당 연간 생산성이 높음, ⑥ 생산물이 청결하므로 수확 후의 세척이 필요 없음 등의 기본적인 차이점이 있다.

## 5.2.5 인공광 식물공장과 자연광 식물공장의 병용

2005년 이후 일본에서는, 육묘는 인공광 폐쇄형에서 하고 정식 후 재배는 자연광에서 실시하는 재배 방식이 토마토, 피망(파프리카), 가지, 오이 등 의 과채류와 시금치, 소송채 등의 엽채류 수경재배에서 늘어나고 있

**표 5.2 자연광 식물공장과 인공광 식물공장의 특징**

| 항목 | 자연광 식물공장 | 인공광 식물공장 |
|---|---|---|
| 광원 | 자연광(+보광 램프) | LED, 형광등 등 |
| 주요 재배작물 | 토마토 등 과채류, 엽채류 | 엽채류, 묘, 약초 |
| 야간 전력소비 | 적음(히트펌프 이용시 큼) | 큼(조명 및 냉방) |
| 난방용 석유소비 | 히트펌프 미사용시 큼 | 없음 |
| 환경제어 | 비교적 용이함 | 용이함 |
| 병해충 위험성 | 비교적 적음 | 적음 |
| 입지 | 교외 | 시가지, 건물 내, 채광 불량지 |
| 토지면적당 초기 비용 | 적음(3~5억 엔/ha) | 큼((3~4억 엔/1,000m$^2$) |
| 생산 능력당 비용 | 적음 | 적음 |
| 노지재배 대비 면적당 생산액 | 50~100배 | 500~1,000배 |
| 기상 | 약간 영향 받음 | 영향 받지 않음 |
| 토양 | 영향 받지 않음 | 영향 받지 않음 |
| 자원 이용 효율 · 환경보전성 | 노지재배 대비 높음 | 높음 |
| 직접 고용 | 20인/ha | 200인/ha |
| 주요 판매처 | 유통 · 식품 · 직판 · 외식 | 도시락/반찬 · 외식 · 유통 · 직판 |

다. 토마토 저단 밀식 재배 및 엽채류 수경재배에서는 대량의 고품질 모종이 연중 요구되기 때문에 인공광과 자연광을 조합하는 이러한 재배 방식이 효과적이라 할 수 있다.

예를 들어, 토마토 1단 밀식 재배 방식에서의 재식 밀도는 1m$^2$당 10주인데 이는 1m$^2$당 2주인 고단 장기 재배 방식에서 필요로 하는 모종 수의 5배이다. 또한, 전자에서는 1년에 4작 이상을 하기 때문에 연간 1작만 하는 후자에 비해 20(=5×4)배의 모종이 필요하게 된다.

인공광 폐쇄형에서의 묘생산이 널리 보급되고 있는 곳은 일본뿐이기 때문에 인공광과 자연광을 조합하는 재배 방식은 일본 이외의 국가에서는 거의 보급되어 있지 않다. 단, 중국 윈난성에서 담배 육묘에 인공광 폐쇄형이 사용되기 시작하였다.

### 5.2.6 작업 자동화 및 로봇화

인공광 식물공장에서의 작업의 자동화는 거의 진척되지 않고 있다. 정식, 수확, 조정, 재배판 세척, 포장 등은 보조 기계 혹은 보조 도구를 사용하여 수작업 혹은 반자동화 작업으로 이루어지는 것이 대부분이다. 그 주된 이유로서 ① 자연광 식물공장과 비교하여 생산 규모가 매우 작기 때문에 자동화 기계를 도입하는 이점이 상대적으로 적음, ② 고령자, 시간제 근로자 고용을 자동화보다도 우선시하고 있음, ③ 자동화하기 어려운 작업이 비교적 많음 등을 들 수 있다. 앞으로 대규모의 인공광 식물공장이 보급된다면 작업의 자동화가 진척될 것으로 생각된다. 작업의 전자동이 아닌, 작업자 지원형 자동화 혹은 위험 작업 혹은 심야 작업 배제를 위한 자동화 등의 방향성을 갖고 발전할 것이라 생각된다.

### 5.2.7 이 책에서의 식물공장 정의

#### (1) 정의 방식

식물공장의 정의에는 ① 자연광 식물공장과 인공광 식물공장 모두를 포함하는 정의, ② 자연광 식물공장의 정의, ③ 인공광 식물공장의 정의와 같이 3종류가 있다. 또한 ① 현재의 식물공장을 포괄적으로 기술하는 정의 방식과 ② 앞으로 크게 발전할 신기술인 식물공장의 미래 발전 지향적 정의 방식이 있을 수 있다.

이후 인공광 식물공장의 '미래 발전 지향적 방식'의 정의(안)를 소개하고, 이어서 자연광 식물공장 및 식물공장 일반의 정의(안)를 소개한다. 단, 이러한 정의(안)는 필자가 갖고 있는 하나의 제안이며 아직 미숙한 점이 있기에 앞으로 많은 관계자 및 관계 단체들이 충분한 의논을 거쳐 더 좋은 정의로 수정되어지길 바란다.

#### (2) 인공광 식물공장

제1장의 표 1.1에 나타낸 '지속 가능한 식물공장 시스템이 갖추어야 할 요건'은 식물공장이 목표로 해야만 하는 요건이기도 하다. 이 요건은 자

원 절약, 환경 보전, 높은 투입 자원 이용효율, 안전·고품질·고수량 등으로 요약할 수 있다. 이들은 표 5.2에 나타낸 '자연광 식물공장과 인공광 식물공장의 특징'을 감안하면 인공광 식물공장은 다음과 같이 정의될 수 있다.

'인공광 식물공장은 기상 조건에 영향을 받지 않고, 안전하며 부가가치가 높은 식물을, 계획적으로 무농약 주년 생산하기 위한, 자원 절약적이며 환경 보전적인, 인공광원만을 광원으로 하는, 밀폐성이 높은(환기횟수가 작은) 폐쇄형의 환경제어 시설이다. 광에 불투명한 단열벽으로 된 시설 내에 설치되는 주요 구성 요소로는 광원이 부착된 다단의 재배 모듈, 양액 공급 장치, $CO_2$ 공급 장치, 공조 장치(히트펌프와 송풍기), 공기 정화기(에어 필터, 자외선 살균기) 등과 이들 기기를 통합적으로 제어하는 시스템 등이 있다'.

### (3) 자연광 식물공장

이 책에서 자연광 식물공장은 다음과 같이 정의된다. 일사 이외의 기상 조건에는 대부분 영향을 받지 않고, 안전하며 부가가치가 높은 식물을 계획적으로 주년 생산하기 위하여, 자원 절약적이며 환경 보전적인, 환기횟수가 가변적인 반폐쇄형의 환경제어 시설이다. 광에 투명한 피복재로 둘러 쌓여 자연광을 광원으로 하지만 보조적으로 인공광을 이용하는 경우가 있다. 시설 내에 설치되는 주요 구성 요소로는 환기 장치(기화 냉방 장치 포함), 재배 베드, 양액 공급 장치, $CO_2$ 공급 장치, 냉난방 장치(히트펌프 혹은 다른 냉난방 장치와 송풍기 포함), 차광·보온 커튼, 작업의 자동화/반자동화 장치 등과 이들 기기를 통합적으로 제어하는 시스템 등이 있다'.

### (4) 식물공장

식물공장(plant factory)이란 기상 조건에 거의 영향 받지 않고, 안전하며 부가가치가 높은 식물을, 계획적으로 주년 생산하기 위한, 자원 절약적이며 환경 보전적인, 폐쇄형 혹은 환경제어 시설로서, 시설은 광에 투명하거나 불투명한 피복재로 둘러 쌓여 있다. 시설 내에는 최소한 재배 모듈 혹은 재배 베드, 양액 공급 장치, $CO_2$ 공급 장치, 냉난방 장치(히트펌프 혹은 다른 냉난방 장치와 송풍기 포함) 등과 이들 기기를 통합적으로 제어하는 시스템 등의 장치가 설치되어 있다.

### 5.2.8 공장 – 생산공장과 제조공장

'식물공장'이라는 명칭에는 찬반양론이 있다. 반대론의 많은 부분은 '공장'의 이미지가 밝지 않고, 청결하지 않고, 즐거울 것 같지 않을 것 같다는 것에 있다. 그러나 제조업 분야의 공장의 작업 환경은 최근 크게 개선되었으며, 식물공장 역시 밝고 깨끗하며 즐거운 것이 일반적이다. 앞으로 보다 긍정적인 이미지가 강한 식물공장이 보급된다면 다른 제조업 분야의 공장에 대한 이미지도 더욱 좋아질 것이라고 생각된다. 이미지뿐 아니라 실상에서도 보다 많은 제조공장이 더욱 밝고 깨끗하며 즐거워진다면 더욱 좋을 것이다.

식물공장에서는 식물이라고 하는 생명체를 키운다는 점에서 무기물을 제조하는 공장과는 다르다. 앞으로 제조공장이 식물공장의 장점을 취하고, 역으로 식물공장이 제조공장의 장점을 취한다면 양자 모두에게 발전적인 방향이 될 것이다. '생산(生産)'은 원래 '산다(生), 낳다(産)'를 의미한다. '생산'은 식물공장에서도 제조공장에서도 하지만 '제조'는 식물공장에서 하지 않는다. 생산공장과 제조공장의 공통점과 차이점을 명확하게 할 수 있는 인공광 식물공장으로 발전하기를 기대한다.

## 5.3 인공광 식물공장이 세계적으로 주목 받는 이유

이상 기상, 지구 온난화, 환경 파괴, 물・석유・바이오매스 자원의 부족, 식량의 안전・안정적 공급에 대한 불안 및 이들 문제에 따른 시민의 생활 스타일의 변화를 배경으로 하여 인공광 식물공장에 관한 관심이 세계적으로 높아지고 있다. 보다 구체적으로는 아래와 같은 배경과 변화가 있다.

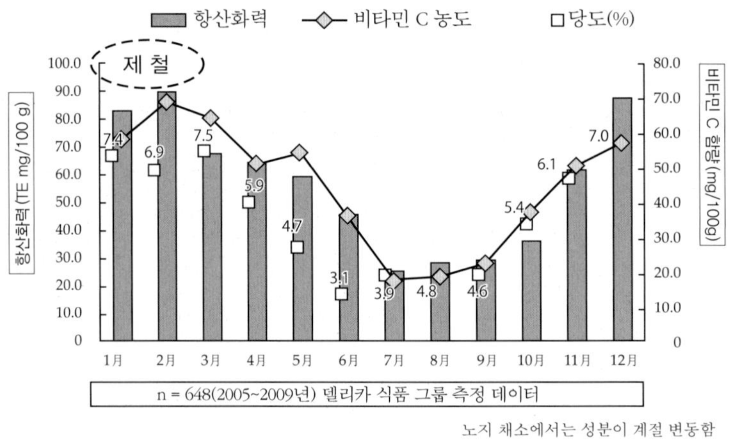


출전: 베지마루쉐 통신 Vol 2(2011년 3월 1일) http://www.vege-marche.jp/pdf/couleus02.pdf

**그림 5.5** 노지재배 시금치의 항산화력, 비탄민 C 농도 및 당도의 월별 변화.

## 5.3.1 사회적 배경

① 안전 · 안심 · 고품질 및 가격 안정에 관한 소비자 관심이 높아지고 있음.

② 노지 채소의 식물 체내 성분은 계절에 따라 변동하지만(그림 5.5), 인공광 식물공장에서는 1년 내내 품질이 일정한 채소를 생산할 수 있음.

③ 건강과 생활의 질 향상에 관한 높은 관심과 관련하여 기능성이 높으면서 신선한 채소의 수요가 증대되고 있음. 비타민 C와 폴리페놀 농도가 높은 고기능성 채소의 생산이 재배 환경제어를 통해 가능해 짐.

④ 식물공장의 작업 환경은 쾌적하고 안전하기 때문에 고령자, 장애자, 실업자의 취업 기회 증대 요구에 대응할 수 있음.

⑤ 외식 업체, 도시락/ 반찬 가게 등이 매입하는 채소의 물량과 품질 확보 면에서 인공광 식물공장에 대한 평가가 높아짐.

앞쪽 오른쪽의 작업자는 휠체어 이용자. 신체 장애자 혹은 지적 장애자들이 안전하게 가벼운 작업의 업무를 담당하는 것이 가능함. 이와미사와시 코스모플랜트사 (Maruo 교수 촬영)

**그림 5.6** 인공광 식물공장 내의 조정 및 포장 작업장의 모습.

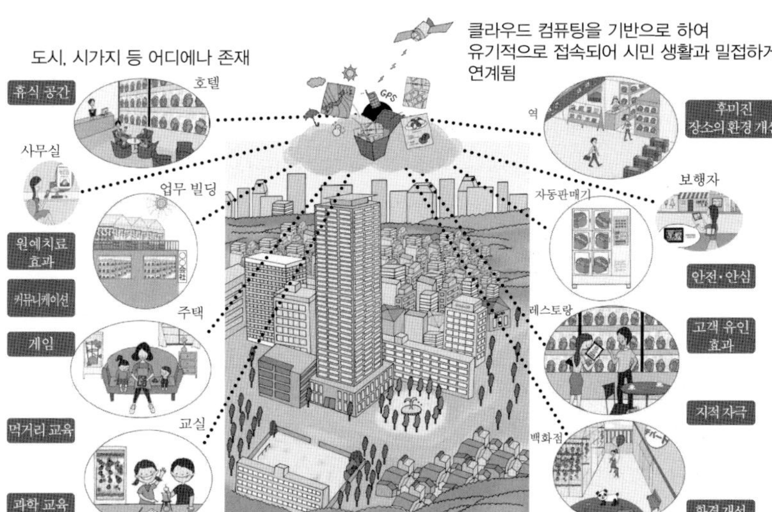


**그림 5.7** 도시형 식물공장의 개념을 표시한 모식도.

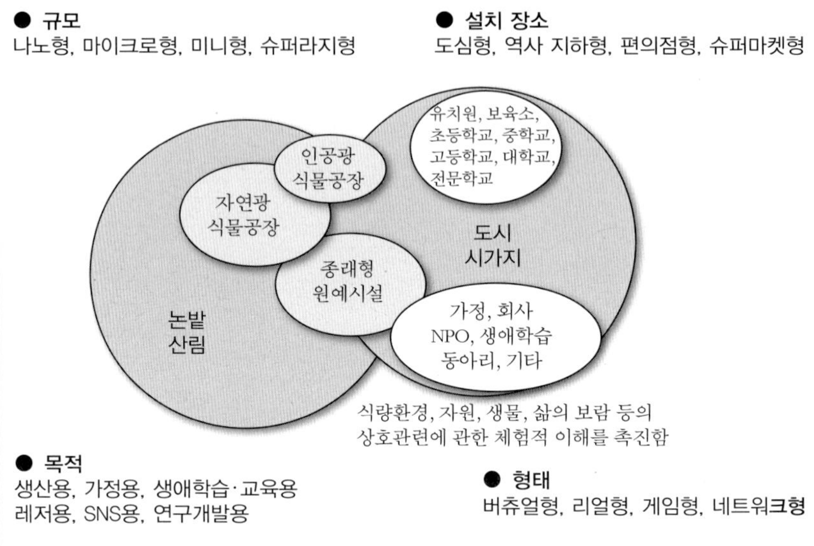


**그림 5.8** 유비쿼터스(ubiquitous) 식물공장에 의한 라이프스타일 이노베이션.

⑥ 한랭, 열대, 건조 지역에서의 주년 안정적 식물 생산 수요 및 신선 채소의 자급률 증대가 요구되고 있음.

⑦ 인공광 식물공장에서는 노지재배와 비교하여 관수 필요량이 1/50 정도이기 때문에 건조 지역에서 물 절약 재배 수요에 대응할 수 있음.

⑧ 광원, 공조, 단열, 정보 설비의 비용 대 성능 비율이 과거 15년 간 2배 이상 향상되어, 인공광 식물공장의 자원 절약 및 환경 보전적 특징이 더욱 강조됨.

⑨ 여러 업종의 연계에 의한 신산업 창출에 의한 경제 불황으로의 탈출 요구가 있음. 농상공 연계, 6차 산업화, 지역 활성, 도시 재생의 중심적 요소로서 인공광 식물공장이 유효하다고 판단됨.

⑩ 라이프 스타일 변화와 함께 편의점, 슈퍼마켓, 레스토랑, 병원, 호텔 등에 설치된 도시형 식물공장에 대한 수요가 증대되고 있으며, 특히 유비쿼터스(ubiquitous) 개념이 쉽게 도입될 수 있다는 면에서 인공광 식물공장에 대한 관심이 더욱 커지고 있음.

⑪ 임대가 되지 않아 사용되지 않는 건물, 창고, 사무실, 혹은 공터,

사진제공: ㈜ 미라이, 오즈산업㈜, Maruo 교수 촬영

**그림 5.9** 빈 창고를 이용한 다단식 인공광 식물공장(토쿄도 후추시).

지하실, 옥상, 그늘진 땅, 황무지 등에도 인공광 식물공장을 건설할 수 있어 이들 유휴 공간의 효과적 이용이 가능해 짐.

⑫ 생산지와 소비지의 거리가 짧아지면 생산물 운송에 소요되는 에너지 및 포장 비용이 절감되기 때문에, 지산지소(地産地消, 역자 주: 지역 생산 농산물은 지역에서 소비한다는 뜻) 운동 및 푸드 마일리지(food mileage)에 대한 사회적 관심이 증대는 인공광 식물공장의 도시 지역 설치에 대한 관심으로 이어짐.

### 5.3.2 생산자의 이점

① 계획적이며 안정적으로 주년 생산을 할 수 있게 됨으로써, 계획경영, 안정고용 등이 용이해 짐.

② 계약재배를 통해 연중 일정 가격으로 판매할 수 있게 됨

③ 수확 시의 미생물 부착이 거의 없기 때문에 수확 후 변질이 적고 오래 보존할 수 있음. 수확 후의 살균과 그 후의 세척이 필요 없거

포장 봉투에는 '농약을 사용하지 않았습니다. 씻지 말고 바로 드세요'라고 기재되어 있음.

**그림 5.10** 인공광 식물공장에서 생산된 잎상추(큐피㈜).

나 간이화가 가능해 짐. 이물질 부착도 거의 없기 때문에 판매 전의 검수 시간을 대폭 줄일 수 있음. 인공광 식물공장에서의 엽채류의 생균(生菌)수는 1g당 100~1000개로 알려져 있는데 이는 시설재배 엽채류와 비교하여 약 1/100 정도임.

④ 무농약으로 재배하기 때문에 비용 절감뿐 아니라 부가가치를 높일 수 있음. 조리하기 전에 따로 세척하지 않아도 되기 때문에 주방에서의 업무를 줄일 수 있고 소요되는 물의 양도 절약할 수 있음(그림 5-10).

⑤ 결구 상추 등을 수확한 후, 혹은 판매하기 전에 외엽을 제거할 필요가 없으며, 심(줄기)가 작기 때문에 중량 손실을 줄일 수 있음(그림 5-11).

⑥ 노지재배에서와는 달리 경수채(미즈나), 청경채, 쑥갓과 같은 소형(잎 길이 15cm 정도)의 엽채류의 밀식 재배가 가능해 짐.

⑦ 채소 수확에서부터 소비자에게 배달될 때까지의 시간과 자원을 크게 단축시킬 수 있으므로 운송, 포장, 저장 중의 손실 및 품질 저하가 줄어 들게 됨(그림 5-13, 5-14).

| 30~40% | 5% 이하 |
|---|---|
| 수확 후 외엽 3~5매를 제거. 심이 굵고 길. | 수확 후 외엽 제거가 필요 없음. 작고 짧음. |

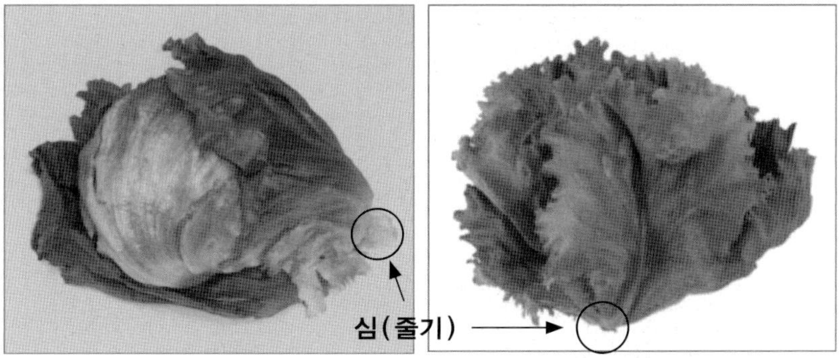


| 노지재배 | 인공광 식물공장 |
|---|---|

인공광 식물공장에서 재배한 결구 상추는 수확 후 외엽을 제거할 필요가 없으며 심(줄기)이 작고 짧기 때문에 중량 손실이 5% 이하임. 우측 사진은 결구가 완전히 진행되기 전에 수확한 것임.

**그림 5.11** 결구 상추의 수확 후 중량 손실의 차이.

앞쪽: 삼엽채, 쑥갓, 경수채(미즈나), 뒤쪽: 치마상추, 바질, 자소(시소) (사진제공: ㈜미라이. Maruo 교수 촬영).

**그림 5.12** 인공광 식물공장에서 생산한 소형 채소.

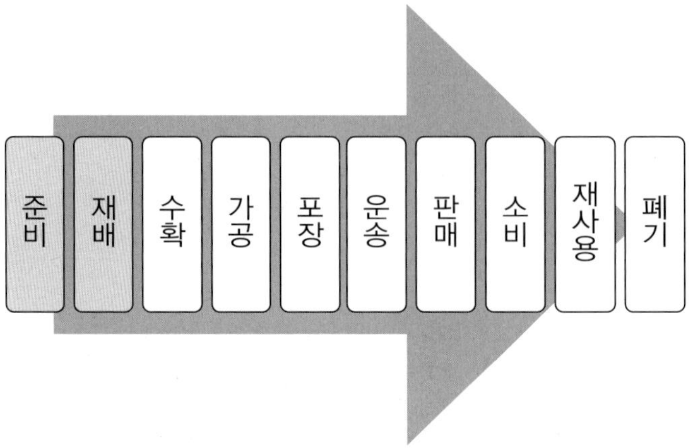


재배 중의 자원 소비 뿐 아니라 농산물의 생산부터 소비까지의 모든 과정에서의 자원소비 총량의 절감이 요구되고 있다. 신선 채소에서는 수확부터 판매까지의 시간 절감도 요구됨.

그림 5.13 농산물 생산부터 소비까지의 공정.

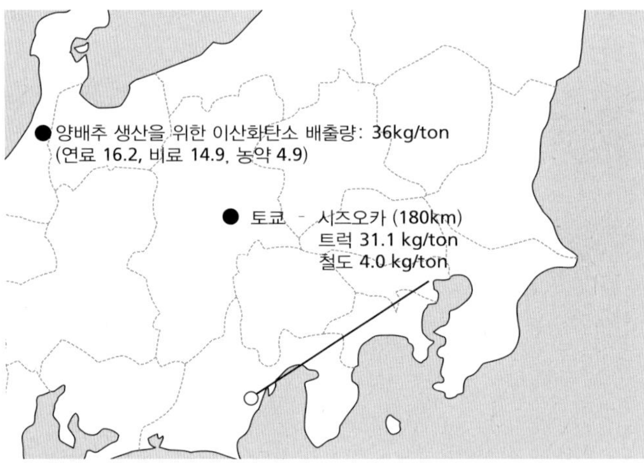


$CO_2$ 배출량이 많을수록 석유 소비량이 많음. 시즈오카에서 양배추를 생산한 후 트럭을 이용해서 토쿄로 운송할 경우, $CO_2$ 배출량은 생산에 36kg/ton, 운송에 31.1kg/ton임.

그림 5.14 양배추 생산 및 운송에 따른 $CO_2$ 배출량 비교(Ohyama 등, 2008).

## 5.3.3 문제점

위에서 기술한 이점은 '원리적으로는 그럴 것임에 틀림 없다'라는 성격의 것이 많고 실험적 혹은 실천적으로 증명되지 못한 점이 많다. 특히 비용 대비 효과에 관해서는 정량적 데이터에 근거한 실험적 증명이 되지 못한 사항이 많다. 앞으로 이러한 점에 관한 검토가 중요할 것이다.

## 5.3.4 절단 채소 가공 공장

많은 엽채류는 외식산업, 반찬 · 도시락산업, 가공식품산업 등에 이용된다. 결구 상추 생산량의 약 60%는 산업용으로 소비된다. 이러한 경우 안전 · 안심성을 제고하기 위한 여러 공정을 포함시켜 관리 수준을 높이고 있다(그림 5.15).

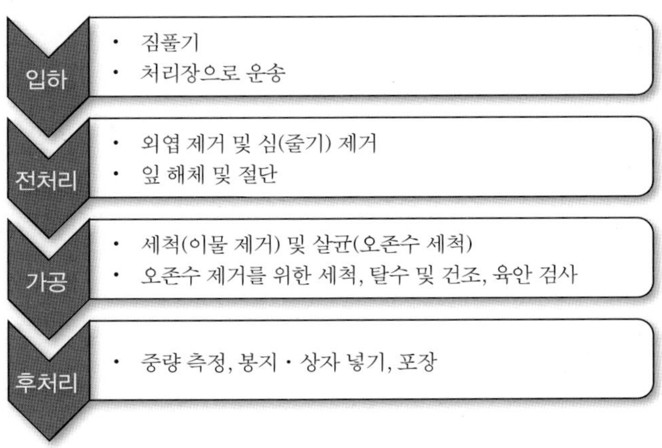


인공광 식물공장에서 생산한 엽채류에서는 위의 공정을 대폭 생략할 수 있음.

**그림 5.15** 채소의 절단 가공 공정.

이러한 공정에 필요한 비용은 엽채류 구입 가격에 필적할 정도이다. 그러나 인공광 식물공장에서는 그림 5.15에서 보는 바와 같이 외엽 제거, 살균, 세척, 육안 검사 등의 공정이 불필요하기 때문에 이에 소요되는 비용을 대폭 삭감할 수 있다.

## 5.4 중국에서의 연구 개발 상황

중국에서의 인공광 식물공장 개발 연구의 진전은 매우 빠르다. 베이징 시내에서만도 다음과 같은 움직임이 있다. 인공광 식물공장 건설은 소형의 연구용을 제외하고는 2009년부터 시작하여 현재 바닥 면적 100m$^2$ 이상의 인공광 식물공장이 6개소(표 5.3), 바닥 면적 100m$^2$ 이하의 인공광 식물공장이 8개소이다(Chen, 2011, 2011년 11월 기준).

표 5.3 바닥 면적 100m$^2$ 이상의 중국의 인공광 식물공장

| 설치년 | 소재지 | 형태 | 바닥 면적 (m$^2$) | 작물 | 제조자 |
|---|---|---|---|---|---|
| 2008 | 샨동성 서우광시 | 인공광 | 200 | 엽채 | AgriGarden (中环易达) |
| 2009 | 지린성 창춘시 | 인공광 | 200 | 엽채 | AgriGarden |
| 2010 | 베이징시 | 인공광, 자연광 | 2900 | 과채 | AgriGarden |
| 2010 | 베이징시 | 인공광, 자연광 | 1289 | 엽채, 과채 | Jingpen |
| 2011 | 베이징시 | 인공광 | 100 | 엽채 | AgriGarden |
| 2011 | 장쭈성 난징시 | 인공광 | 300 | 엽채 | AgriGarden |

Chen(2011)의 보고 내용 일부 발췌.

### 5.4.1 농업과학원

중국농업과학원(Chinese Academy of Agricultural Sciences, CAAS) 농업환경 및 지속가능성발전연구소(다른 명칭, 중일농업기술발전연구중심)은 베이징시 서북부 하이디안구에 위치한다(Zhen, 2011). 동 연구소에는 Yang Qichang 박사를 중심으로 2009년 연구소 내에 LED를 광원으로 하는 인공광 식물공장 모델을 설치하였다(그림 5.16). 이들 연구 그룹 주도로 2010년 4월 산동성 서우광시에 인공광 식물공장을 메인으로 하는 전시용 식물공장이 설치되었다(Kozai · Tong, 2011). 또한 2009년 9월 지린성 창춘시에도 인공광 식물공장을 중심으로한 전시용 식물공장이 설치되어(그림 5.17), 생산물 일부가 시험 판매되고 있다. 그러나 중국에는 생산판매용으로 특화된 인공광 식물공장은 아직 존재하지 않는다(2011년 가을 시점). 2010년 10월에 폐막한 상하이국제박람회에서는 중국이 자랑하는 선진 기술의 예로서 소형 인공광 모델 시설이 가정형 식물공장로서 전시되었다(그림 5.18)

중국농업과학원 농업환경 및 지속가능성발전연구소 캠퍼스 내에는 2012년 6월에 바닥 면적 4ha의 자연광 식물공장(그림 5.19)과 바닥 면적

그림 5.16 중국농업과학원(베이징시)에 2009년에 Yang Qichang 박사 등이 설치한 바닥 면적 100m²의 인공광(LED) 식물공장.

사진제공: Wei Lingling 박사(AgriGarden), Yang Qichang 박사(중국농업과학원)

그림 5.17 중국 지린성 창춘시에 2009년 9월에 설치된 전시 및 생산용 인공광 식물공장.

사진제공: Wei Lingling 박사(AgriGarden), Yang Qichang 박사(중국농업과학원)

그림 5.18 중국 상하이국제박람회(2010년)의 천하일가(天下一家)관에 설치된 가정용 식물공장.

$800m^2$의 인공광 식물공장이 건설되었다. 냉난방은 지중열교환형의 히트펌프를 전면적으로 도입하여 석유계 연료의 냉난방기는 설치되어 있지 않다. 이러한 국가 차원의 시설은 중국농업과기전시원(National Agricultural Demonstration Park)이라고 불리는데, 연구 성과의 보급 및 전시, 시민 과학 교육, 시내 관광지 등의 역할을 겸하는 시설로서 유료로 일반 시민에게 공개되고 있다(그림 5.20, 그림 5.21; Yang, 2011).

시설 운영은 농업과학원과 연계하여 관련 기업(Beijing IEDA Protected Horticulture Co. Ltd., 약칭: AgriGarden)이 맡고 있다(Wei,

바닥 면적 4ha에 달하는 자연광 식물공장. 고층 빌딩이 즐비한 베이징 시내의 서부에 위치하고 있음.

그림 5.19 중국농업과학원(베이징시) 캠퍼스 내에 설치된 중국농업과기전시원.

그림 5.20 중국농업과기전시원 입구 부근의 전시 코너.

사진 오른쪽은 Yang Qichang 박사, 왼쪽은 Wei Lingling 박사

**그림 5.21** 중국농업과기전시원 내의 Eco office 전시 코너(왼쪽)와 가정용 식물공장 (오른쪽).

2011). 이 자연광 식물공장의 시설은 '홈 센터'(역자 주: 주거 공간을 자기 손으로 꾸밀 수 있는 소재나 도구를 파는 상점을 말함) 개념을 도입하였다. 시설 내에는 각종 엽채류 및 과채류의 수경시설 재배시설뿐 아니라, eco office, eco home, eco garden, LED 이용형 가정용 식물공장 등이 전시되어 있다(그림 5.22).

전시원에 인접하여 설치된 바닥 면적 800m$^2$의 인공광 식물공장(광원은 LED)은 엽채류 생산 구역과 버섯 생산 구역으로 나뉘어져, 버섯의 호흡을 통해 배출되는 $CO_2$를 엽채류 생산에 활용하고 있다. 이 인공광 식물공장에 사용되는 LED는 Philip 사가 제공하였다. 이 전시 시설의 기획, 설계, 건설 및 운영의 책임자는 AgrigGarden 총경리인 Wei Lingling 박사이다.

그림 5.22 중국농업과기전시원 내의 엽채류 입체 재배 코너.

## 5.4.2 징펜식물공장 · 베이징시농업기계연구소

국가급 연구소인 베이징시농업기계연구소의 관련 기업인 징펜은 2010년 6월 바닥 면적 약 1,300m$^2$ 식물공장을 설치하였다(Zhen, 2011, 그림 5.23). 이 시설은 조직배양 번식실, 인공광 재배실, 자연광 수경 온실, 자연광 발전 · 축전 장치, 자동화 장치, 포장 · 저장실 등으로 구성되어 있으며 자동화 · 로봇화 연구 개발이 주된 설치 목적이다(Zhen, 2011). 이 연구 개발의 책임자는 Zhou Zhengchan씨이며, Zhou Zhanji씨 등 10여 명의 연구자가 연구 개발에 참여하고 있다.

## 5.4.3 중국농업대학교

중국농업대학교(China Agricultural University)에는 Huang Zhidong 퇴임 교수, Ma Chengwei 교수, He Dongxian 교수, Zhou Qing 교수 그룹 등 복수의 식물공장 연구 그룹이 있다. 그들은 폐쇄형 식물 생산시스

바닥 면적 1,300m²

건물 상부에 중국어로 '식물공장'이라고 쓰여 있음.

**그림 5.23** 베이징시 농업기계연구소의 관련 기업인 징펜이 2010년 6월에 설비한 식물공장 연구시설.

템을 대학 캠퍼스 내에 설치하여 실용화를 목표로 하는 개량과 연구를 수행하고 있다(그림 5.24). 이 대학교에는 일광온실 등 원예시설 연구와 함께 식물공장 연구를 수행하는 Zhen Qingyun 교수와 오이 수확용 로봇 연구를 수행하는 Li Wei 교수 등이 근무하고 있다.

### 5.4.4 국가농업신식화공정기술중심

베이징 시내에 위치한 국가농업신식화공정기술중심(National Engineering Research Center for Information Technology in Agriculture. NERCITA)에서는 2011년 상대적으로 소규모인 식물공장 연구 프로젝트가 시작되었다. 프로젝트 책임자는 Zhao Chunjiang 주임연구원이며 연구 멤버로는 Quan Qiu 박사 등이 있다. 2011년 10월에는 Zhao 박사가 중심이 되어 이 기술중심이 주최한 관련 분야의 국제 심포지엄이 개최되었다.

연구 그룹의 주요 멤버는 Huang Zhidong 교수, He Dongxian 교수, Ma Chengwei 교수, Zhou Qing 교수. 사진은 Huang Zhidong(오른쪽)과 He Dongxian 교수(왼쪽)

그림 5.24 2011년 중국농업대학에 설치된 인공광 식물공장 모델.

### 5.4.5 기타

2012년 5월에는 상하이시에서 국제원예학회 부회, 중국원예학회 및 상하이시농업과학원 주최로 도시에서의 식물공장 및 수경재배의 역할에 관한 국제 심포지엄이 개최되었다. 산둥농업대학, 난징농업대학 및 상하이 부근의 원예 분야 연구소에서도 식물공장 관련 연구 개발에 관한 관심이 높아지고 있다. 상하이 시내의 통지대학 현대농업과학원 채소화훼연구소에도 인공광 식물공장 건설이 계획되어 있다. 2011년 5월에는 기업에 의한 인공광 식물공장(바닥 면적 300m$^2$)이 난징 시내에 설치되었다.

## 5.5 한국에서의 연구 개발 상황

2009년 이후 한국에서의 식물공상 개발 연구의 진전 속도는 일본과 비교하여 매우 빠르다. 기업의 연구 개발용 LED 식물공장 모델의 설치 수는 2010년 가을을 기준으로 약 20개소이다(Son, 2010; Hwang, 2010; Lee, 2011; Chun, 2011). 인공광 식물공장의 광원으로서는 LED만을 대상으로 하며 형광등은 거의 고려하지 않고 있다. 단, 2011년 시점에서는 모든 인공광 식물공장의 바닥 면적은 300m$^2$ 이하로서 시험 단계 혹은 연구 단계에 있다고 할 수 있다.

2009년 인공광 식물공장에 관한 관심이 급속하게 높아진 것은 저탄소 녹색성장(그린 비즈니스)이라고 하는 국가적 어젠다가 채택되었으며, 그 일환으로 식물공장의 수출상품화, 식물성장촉진용 LED 조명 기술의 개발, 무농약 채소 재배기술 개발 등이 개발 과제로서 수행된 것이 영향을 미치고 있다(Chun, 2011).

### 5.5.1 서울대학교

서울대학교(Seoul National University) 손정익 교수는 한국뿐 아니라 동남아시아에서의 식물공장 연구의 리더로 알려져 있다. 손교수의 연구 그룹은 바닥 면적 300m$^2$의 인공광 식물공장을 대학 내에 설치하고 식물공장에서의 자동화, 광질이 기능성 물질 생성에 미치는 영향, 양액 관리 시스템, 재배 시스템의 최적화 등을 연구하고 있다(Son, 2011). 서울대학교에서는 이식기, 수확기, 광원 기술 개발 등의 연구도 수행하고 있다.

서울대학교에서는 전창후 교수가 폐쇄형 식물 생산시스템을 이용하여 딸기 모종의 증식, 채소 생산, 광질 반응, 마이크로 버블 기술을 활용한 종자 소독, 명기 및 광도의 최적 조절, 환경 조절을 통한 기능성 성분 강화 등에 관한 연구를 진행하고 있다.

### 5.5.2 전북대학교, 경상대학교

전북대학교(Chonbuk National University) 김용현 교수 그룹과 경상대학교(Gyeongsang National University) 정병룡 교수 그룹 등은 지방자치단체 및 기업들과 연계하여 2010년 이후 인공광 식물공장 프로젝트를 시작하였다.

### 5.5.3 농촌진흥청 국립농업과학원. 국립원예특작과학원, 경기도농업기술원

한국 농촌진흥청의 국립농업과학원(National Academy of Agricultural Science, NAAS) 농업공학부에서는 이공인 박사 등이 식물공장 연구 프로젝트를 이끌고 있다. 농업과학원에서는 자연광 발전 장치를 설치한 수직형 식물공장 연구시설(지상 3층, 지하 2층)을 건설하였다(그림 5.25). 이는 파종부터 재배까지의 재배 자동화 시스템 등 과거 농업과학원에서 연구개발해 왔던 성과를 활용한 연구 시설이다.

국립원예특작과학원(National Institute of Horticultural & Herbal Science, NIHHS)에서는 광질이 2차 대사물질 생산에 미치는 영향, 팁번 발생 기작 구명 및 방지, 기능성 식물 생산, 고려인삼(ginseng) 수경재배(김용범 박사 그룹) 관련 연구를 수행하고 있다. 남극 세종기지의 인공광 식물공장 개발도 이 기관의 실적 중 하나이다.

경기도농업기술원(Gyenggi-do Agricultural Research & Extrnsion Service)에서는 3축 리니어 방식의 자동이송장치 연구 및 재생 에너지 이

**그림 5.25** 한국 농촌진흥청 농업과학원의 수직형 식물공장의 외관(오른쪽)과 건물 내부의 재배 설비(왼쪽).

표 5.4 한국 기업에 의한 인공광 식물공장 개발의 몇 가지 사례

| | 기업명 | 재배사례 |
|---|---|---|
| 1 | 전주생물소재연구소 | 고려인삼 등 약용식물의 재배 |
| 2 | ㈜ 인성테크 | 롯데마트에 인공광 식물공장 설치 |
| 3 | ㈜ 카스트 엔지니어링 | – |
| 4 | 파루스㈜ | – |
| 5 | 태연이엔지 | – |
| 6 | 와이즈산전㈜ | 고려인삼 재배 |

용형 식물공장 개발을 진행하고 있다.

### 5.5.4 민간기업

2010년 7월 서울의 대표적 슈퍼마켓인 롯데마트의 채소 판매 매장에 인공광 식물공장을 설치하여 화제가 되었다. LED를 광원으로 하는 식물공장의 연구 개발은 LG전자 등 대기업과 연계한 국책 연구 프로젝트로 수행되었다.

그 외의 민간기업은 (재)전주생물소재연구소, (주)인성테크, (주)와이즈산전, 파루스(주), (주)미라이코리아, (주)카스트친환경농업기술 외에 10여 사가 있으나(2011년 기준) 그 대부분이 시험 연구 개발 단계이다(표 5.4). LG그룹((주)LG전자, (주)LG)), 롯데그룹(롯데물산(주), (롯데삼강 (주)), (주)정식품 및 포스코그룹 등도 인공광 식물공장 사업에 관심을 갖고 있다.

## 5.6 대만의 연구 개발 상황

국립대만대학교(National Taiwan University)가 총장 직할의 식물공장 프로젝트를 2010년에 시작하여 대학 캠퍼스 내에 인공광 모델 시설

을 설치하였는데(Fang, 2011, 그림 5.26, 그림 5.27) 연구 리더는 Fang Wei 교수이다. 2011년 3월말 국립대만대학교에서 '동남아시아 식물공장의 현상과 발전'을 주제로 한 심포지엄이 개최되어 약 250명이 참가하였다. Fang 교수는 자연광 식물공장과 인공광 식물공장에 관한 다수의 연구 업적을 갖고 있으며 대만 이외의 국가에서도 영향력이 있다. 2010년 7월에는 20개사를 회원기업으로 하는 대만 식물공장 산업 발전 협회가 발족하였다.

대만에는 기업 및 지방자치단체에서도 인공광 식물공장의 개발과 이용에 높은 관심을 보이고 있어, 2011년 현재 Jinbao전자, Genesis, Ever Light전자, Risecare, Vegetables Plant, Rijing 등의 기업이 인공광 식물공장 사업에 참여하고 있다. 경승지의 강가에 인공광 식물공장이 커피숍과 함께 설치되어 있기도 하다(그림 5.28). 식물공장에 대한 민간기업의 관심이 높은 곳은 동남아시아 국가에서 대만이 유일한 것 같다. 지방자치단체장, 기업의 사장, 투자회사 직원, 대학교수 등이 식물공장 시찰을 위해 일본, 중국, 한국 등을 방문하는 경우가 많다.

오래된 온실의 외벽을 불투명한 자재로 단열 시공하고, 그 내부를 인공광 식물공장 연구 시설로 개조하였음.

그림 5.26 국립대만대학 농과대학 건물 옥상에 설치된 인공광 식물공장 연구 시설.

그림 5.27 국립대만대학 농과대학 건물 옥상에 설치된 식물공장용 풍력 발전 장치 (왼쪽)와 인공광 식물공장 연구 시설 내부의 식물 재배 모듈(오른쪽).

1층은 인공광 식물공장(Nano Bio사), 2층은 커피숍. 산으로 둘러 싸인 강의 제방 옆에 설치되었음.

그림 5.28 대만 타이베이시 교외의 경승지에 설치된 주변 자연에 둘러 싸인 인공광 식물공장.

## 5.7 네덜란드 및 미국의 연구 개발 상황

### 5.7.1 네덜란드

인공광 식물공장에 관심을 보이지 않았던 네덜란드의 기업과 대학 연구자들이었으나, 네덜란드 기업인 PlantLab사가 2010년 여름 포르투갈 리스본시에서 개최된 국제원예학회에서 인공광 식물공장 분야에 진출할 것을 표명하였다. PlantLab사는 상당한 규모의 투자를 하면서 LED 조명의 인공광 식물공장의 실용화 개발을 진행하고 있다. 그 외에도 상추, 칼랑코에, 풀고사리를 다단 재배하는 인공광 식물공장이 운영 중에 있다고 전해진다.

Philip사는 종래부터 시설원예 분야에서 보광용 고압 나트륨등을 시판하고 있다. LED 램프는 식물에 근접 조명할 수 있기 때문에 수직 방향으로 움직일 수 있는 보광 램프를 적용시키기 시작하였다. 동사는 최근 인공광 식물공장용 LED 램프를 개발하여 중국, 대만, 일본 등에서 영업을 하고 있다.

### 5.7.2 미국과 그 외 국가

미국은 1960년대에 고압 나트륨등을 이용한 인공광 식물공장을 세계에서 처음으로 상업화한 인공광 식물공장의 파이어니어다. 그러나 1980년대 이후 인공광 식물공장 사업화는 없었다. 2009년 이후 아시아에서의 인공광 식물공장 분야의 활발한 움직임에 관심을 보인 몇몇 연구자와 기업인들이 인공광 식물공장에 관심을 갖기 시작하여 일본과 다른 지역을 시찰하였다. 접목묘 보급과 관련하여 인공광 식물공장에서 묘 생산을 하고 있으며, 2010년에는 Despommier 박사의 저서 '수직농장(The vertical farm)이 출판되어 화제가 되었다.

태국, 싱가포르, 중동 국가 등의 정부 관계자와 민간기업 등이 네덜란드, 일본 등으로 시찰을 나오는 경우가 많아지면서 식물공장 도입이 검토되고 있다.

### ▶▶▶ 요약 ◀◀◀

인공광 식물공장에 관한 연구 개발은 상당부분 진행되었으나 종합적이면서 다면적인 대형 연구 개발은 이제부터 진행될 것으로 판단된다. 이번 장에서 설명하였던 것과 같이, 2009년 이후 중국, 한국, 대만, 네덜란드 등에서 비교적 대교모의 연구 프로젝트가 진행되고 있기에 앞으로의 발전이 기대된다.

(1) 인공광 식물공장의 산업화에 관해서는 다음과 같은 몇 가지의 과제가 남아 있다.

(2) 현재 상황에서는 초기 투자가 크다. 그러나 이 문제는 기술적으로 해결할 수 있다.

(3) 자원 이용 효율이 아직도 낮은 수준이다. 운전 경비가 크다. 이 문제도 앞으로 해결할 수 있다.

(4) 광원의 효과적 이용법이 아직 확립되어 있지 않다. 이 문제 역시 앞으로 대폭적인 개선이 가능하다.

(5) 재배법이 확립되어 있지 못하다. 현재의 재배법은 자연광을 이용한 수경재배 방법의 영향을 크게 받고 있다.

(6) 적절한 품종이 적다. 앞으로 인공광 식물공장 전용의 품종이 개발되면 인공광 식물공장의 채산성이 크게 개선될 것이다.

(7) 환경 재배에 대한 노하우가 적다. 비용 대비 효과 측면에서의 종합 환경제어법(제4장)의 개발은 앞으로의 중요한 과제이다.

제 6 장

# 일본의 공적 기관에서의 인공광 식물공장 연구 및 개발 현황

## 6.1 서언

일본에서의 인공광 식물공장 연구 개발은 1970년대 중반부터 시작되었다. 1990년대 이후는 일본생물환경조절학회와 일본식물공장학회(두 학회는 2008년 일본생물환경공학회로 통합되었음), 일본양액재배연구회, 원예학회 등의 회원을 중심으로 연구 개발이 진행되어 왔다. 이러한 성과를 기반으로 하고 2009년 말에 시작된 농림수산성 및 경제산업성에 의한 식물공장 보조사업을 통해 인공광 식물공장 관련 연구 개발이 진행 중이다.

농림수산성과 경제산업성의 식물공장 보조 사업을 전후로 하여 일본학술회의의 농업환경공학연구연락위원회와 농업정보시스템학분과회, 일본생물환경공학회 등의 관련 학회 및 두 정부 부처에 설치된 관련 위원회 활동 상황은 Nishina 등(2010), Murase(2011), Hashimoto 등(2011), Noguchi 등(2012)에 기술되어 있다.

이번 장에서는 위 두 정부 부처의 식물공장 보조 사업 이후의 일본의 대학과 농림수산 분야의 공적 연구 기관에서의 인공광 식물공장에 관한 연구 개발 상황을 개략적으로 설명한다. 그 다음 치바대학(Chiba University)에서의 농림수산성 보조 사업의 예를 간단히 설명하고 현재 검토 중인 연구 개발 과제의 몇 가지 예를 소개한다.

## 6.2 농림수산성 및 경제산업성의 식물공장 보조 사업

2009년 9월 농림수산성은 '모델하우스형 식물공장 실증 · 전시 · 연수 사업'을 실시하였다. 같은 시기에 경제산업성은 '식물공장 기반 기술 연구 거점 사업'을 실시하였다. 농림수산성의 사업의 특징은 식물공장 기술의 실증·전시·연수라는 점에 있는 반면 경제산업성 사업의 특징은 5~10년 앞의 실용화를 염두에 둔 기반 기술 개발에 있다. 또한 두 부처 사업에서는 관련 분야의 인재 육성도 요구하고 있다.

2009년 교부가 결정된 농림수산성의 예산 규모는 약 37억 엔, 경제산업성의 예산 규모는 약 40억 엔이다. 농림수산성은 이 사업 이외에도 식물공장에 투자하는 경우에는 건설비의 1/2을 보조하는 식물공장 보급 확대 지원 사업과 식물공장 리스 지원 사업을 진행하고 있다. 반면 경제산업성은 식물공장의 계몽·보급을 목적으로 한 식물공장 모델 설치 사업(예산 약 3억 엔)을 실시하였다. 결국 두 부처에 의한 식물공장 관련 사업의 총 예산 규모는 약 150억 엔에 이른다.

두 부처의 사업의 목표는 단위 생산량당 생산 비용을 30% 이상 절감하는 것에 있다. 이 목표를 초기 경비 및 운전 경비를 절감하는 것을 통해 달성할 것인지 아니면 생산량 및 생산액을 증가시켜서 달성할 것인지는 연구 거점 기관에 따라 달라진다.

두 부처의 거점 사업에 관해서는 공모가 실시되었고 경제산업성의 사업에는 8개의 거점 기관(표 6.1), 농림수산성의 사업에는 5개의 거점 기관(표 6.2)이 채택되었다. 채택된 13개의 거점 기관 중, 에히메대학(Ehime University), 오사카부립대학(Osaka Prefecture University) 및 치바대학은 2개 부처의 사업 모두 채택되었기 때문에 실질적으로는 10개 거점이 채택된 것이다.

에히메대학은 자연광 식물공장, 오사카부립대학은 인공광 식물공장, 치바대학은 자연광 식물공장과 인공광 식물공장 모두를 대상으로 하고 있다. 경제산업성 사업에는 메이지대학(Meiji University), 시마네대학(Shimane University) 및 신슈대학(Shinshu University)이 인공광 식물공장을 주 대상으로 하고 있다. 각 거점 기관에서의 사업 내용의 특징을 표 6.3에 정리하였다.

채택 후 식물공장 건설 예정지 결정 및 설계 등에 시간을 필요로 하였기 때문에 예산 집행은 2010년으로 이월되었고 많은 거점 기관의 식물공장은 2011년 3월에 준공되었으며, 작물 재배는 같은 해 4월 이후에 개시되었다. 두 부처의 보조 사업은 예산상으로는 2012년 3월말로 종료되지만 대부분의 거점 기관에서는 2012년 4월 이후에도 유사한 사업을 계속 할 것으로 예상된다.

**표 6.1 경제산업성 2009년도 선진적 식물공장 기반 기술 연구 거점 정비 사업**

| | 실시 기관 | 사업 거점 명칭 | 비고 |
|---|---|---|---|
| 1 | 아오모리현 산업기술센터 농림종합연구소 | 한냉지 대응형 식물공장 기반 연구거점 | 자연광, 인공광 |
| 2 | 치바대학 | 식물공장 연구센터 | 인공광, 자연광 |
| 3 | 토쿄농공대학 | 블루베리 캠퍼스 팩토리 | 인공광, 자연광 |
| 4 | 메이지대학 | 식물공장 기반기술 연구센터 | 인공광 |
| 5 | 신슈대학 | 자연광 이용 냉동컨테이너 식물공장 | 주로 인공광 |
| 6 | 오사카부립대학 | 식물공장 기반기술 연구센터 | 인공광 |
| 7 | 시마네대학 | 인공광 식물공장을 위한 재배품목 고추냉이 재배시스템 구축 | 인공광 |
| 8 | 에히메대학 | SPA기술과 지식기반의 지적 식물공장 연구개발 거점 (지적식물공장 기반기술 연구센터) | 주로 자연광 |

**표 6.2 농림수산성 2009년도 모델하우스형 식물공장 실증 · 전시 · 연수 사업**

| | 실시 기관 | 사업 거점 명칭 | 주요 대상 작물 | 광원 |
|---|---|---|---|---|
| 1-1 | 농연기구 야채차업연구소 | 자연광 식물공장 쯔쿠바 실증 거점 | 오이, 파프리카 토마토 | 자연광 |
| 1-2 | 농연기구 큐슈오키나와농업연구센터 | 식물공장 큐슈 실증 거점 | 딸기, 상추, 새싹채소 | 자연광, 인공광 |
| 2 | 미에현 농업연구소 | 식물공장 미에 실증 거점 | 토마토, 딸기 | 자연광 |

(계속)

| | 실시 기관 | 사업 거점 명칭 | 주요 대상 작물 | 광원 |
|---|---|---|---|---|
| 3 | 오사카부립대학 | 식물공장 연수센터 | 허브류, 상추, 이끼류, 아이스 플랜트 | 인공광 |
| 4 | 에히메대학 | 식물공장 실증·전시·연수센터(미나미레이크 아그리파크) | 토마토, 엽채류, 오이 | 자연광 |
| 5 | 치바대학 | 치바대학 거점 식물공장 | 토마토, 상추 | 자연광, 인공광 |

## 6.3 기타 식물공장 프로젝트

두 부처의 사업 개시를 전후로 하여 산업기술종합연구소 홋카이도센터, 타마가와대학(Tamagawa University), 토요하시기술과학대학(Toyohashi University of Technology), 야마구치대학(Yamaguchi University), 류큐대학(University of the Ryukyus), 시즈오카대학(Shizuoka University) 등이 중심 실시 기관이 되어 위에서 설명한 사업과는 별도의 예산으로 식물공장 프로젝트가 실시되었다. 또한 연구실 단위로는 토카이대학(Tokai University), 쿄토대학(Kyoto University), 코베대학(Kobe University), 미야자키대학(University of Miyazaki), 큐슈대학(Kushu University), 미에대학(Mie University), 오카야마대학(Okayama University), 토쿄대학(The University of Tokyo), 카가와대학(Kagawa university), 코치대학(Kochi University) 등, 그리고 원예산업이 발전한 지방자치단체의 시험장 등에서 개별적인 연구가 진행되고 있다.

## 6.4 인공광 식물공장의 보급 상황

2009년 4월의 조사에서 따르면 전국적으로 인공광 식물공장 34개소, 보광시설이 있는 자연광 식물공장 16개소가 상업 생산을 목적으로 하여 가

표 6.3 일본에서의 식물공장 관련 공적 연구 개발 기관과 사업 내용의 개요

| 기관명 | 주[1] | 거점 사업의 특징 |
|---|---|---|
| 아오모리현 산업기술센터 농림종합연구소 | 경 | 한냉지를 위한 식물공장 개발. 자연 에너지 · 바이오매스 이용. 한냉지를 위한 품종 선정과 주년 재배 기술 개발. 시뮬레이션 · 모델 개발. |
| 에히메대학 11), 13) | 경 | 생체정보 계측 · SPA(Speaking Plant Approach)와 지식 기반 구축을 통한 지적 식물공장 개발과 이용. 로봇 기술. |
| | 농 | 자연광 이용형의 기초 연구부터 실용화 기술까지 연결. SPA에 의한 진단과 환경 제어를 통한 재배기술 고도화와 자동화. |
| 오사카부립대학 4), 13), 17) | 경 | 공조 · 환경 제어, 조명, 자동화, 센서, 잔사 없애기, 에너지 고도 이용 기술 개발과 종합기술화. |
| | 농 | 인공광 식물공장에 적합한 식물 재배와 육묘에 관련한 환경 · 작업 · 생산 계획의 최적화 기술의 실증과 보급. |
| 시마네대학 13) | 경 | 고추냉이 등의 기능성 식물의 인공광 육묘와 재배 기술 개발. 환경 제어에 자연광 발전 이용 검토. |
| 신슈대학 2), 3), 13), 15) | 경 | 자연광 도광 및 LED 보광 하이브리드 조명 시스템. 광질 · 광량 · $CO_2$ 시용 최적화 재배 기술 등을 통한 에너지 절약형 컨테이너 식물공장 개발. |
| 타마가와대학 | - | 고광출력 LED 이용. 광질 제어를 통한 이차 대사 성분(약효 성분, 항산화 물질, 함암 물질 등)의 농도 제어. |
| 치바대학 8), 9), 13) | 경 | 자연광에서는 에너지 절약, 자원 절약, 성장 촉진 기술, 고기능 피복 자재의 개발 등. 인공광에서는 새로운 광원, 조명 시스템, 광질에 의한 생육 제어, 재배 시스템, 고품질화 기술 개발. 원예학연구과가 위치한 마쯔도 캠퍼스에서 실시. |
| | 농 | 히트펌프의 다목적 이용, 빗물 순환 이용, 데이터 수집 · 진단 · 해석 시스템 이용. 식물공장 전용 품종 개발. 토마토 저단 밀식과 장기 재배 비교. 물질 · 에너지 수지 해석에 근거한 투입 자원 이용 효율 향상. 환경건강필드과학센터가 위치한 카시와노하 캠퍼스에서 실시. |
| 토쿄농공대학 5), 6), 13) | 경 | 블루베리 고품질 · 고수량 · 주년 재배. 식물의 건강화와 IC 태그에 의한 개별 관리. 자율 식물 포트에 의한 지능화 · 자동화 |
| 농연기구 야채차업연구소 | 농 | 수경재배에 적합한 품종 · 재배법 개발. 저탄소형 시스템 개발, 작업 환경의 쾌적화, 자동화, 고도 정보 이용. |

(계속)

| 기관명 | 주[1] | 거점 사업의 특징 |
|---|---|---|
| 농연기구 큐슈오키나와농업연구센터 | 농 | 자연광을 이용한 딸기 주년 다수확 생산. 인공광을 이용한 상추, 새싹채소 생산. |
| 미에현 농업연구소 | 농 | 토마토 저단 밀식. 딸기 주년 재배, 국소 냉각, 자동 수확기. 종자 번식형 품종의 실용화. |
| 메이지대학 1), 13) | 경 | 농상공 연계를 통한 종합적 식물공장 연구, 냉음극 형광광/저휘도 LED 광원 이용. 나노 버블 살균법. 풍력 · 자연광 발전. |
| 야마구치대학 | - | 산학연계를 통한 식물공장 기술 개발과 식물공장을 테마로 한 교육 프로그램 · e 러닝 프로그램 개발 · 실천 |
| 류큐대학 7), 10) | - | 태양열 · 흡착식 냉동기, 광 덕트, LED, 바이오매스 에너지, ICT를 고도 이용한 아열대형 식물공장 개발. 지역 연계 시스템. |

주 1) '경'은 경제산업성 사업, '농'은 농림수산성 사업을 의미함.
주 2) 기관명 아래에 표시한 번호는 이 책 마지막의 인용문헌 번호에 대응함. 각 대학 또는 기관의 웹사이트에는 식물공장 거점 사업에 관한 정보가 게재되어 있으므로 참고하기 바람.

동 중에 있다(미쯔비시 종합연구소 조사 보고서). 인공광 식물공장의 생산 품목은 반결구형(버터헤드) 상추 등 상추류를 중심으로 한 엽채류와 허브류, 토마토 묘, 딸기 묘 등이 있다. 이 조사에는 보광설비가 없는 10여 개소의 자연광 식물공장이 포함되어 있지 않다.

농림수산성의 실증 · 전시 · 연수 사업의 추진에 따라 2011년도 말까지 인공광 식물공장과 자연광 식물공장의 설치수의 합계를 150개소 이상으로 목표하였는데, 이 목표치는 이미 달성되었다.

## 6.5 2012년 이후의 식물공장 관련 사업

위에서 설명한 사업은 2011년도 '동일본 대진재 부흥 사업'의 일부인 '식물공장 보급 추진'에 관한 사업으로 이어져 오고 있다. 또한 2012년 이후의 보다 대규모의 신산업 창출 관련 농림수산성의 보조사업이 계속적으로 전개되고 있다.

또한 2011년 가을 TPP(환태평양경제협정, Trans Pacific Partnership) 참가 검토 개시에 관한 일본 정부의 의사 표명에 따라 수출 산업으로서의 식물공장 및 일본의 농업 경쟁력 강화를 위한 식물공장의 위상에 대한 기대가 점차 커지고 있다. 예를 들면, 농림수산성 식료산업국의 '식물과 수자원 환경 기술 혁명 프로젝트 사업', 농림수산기술회의의 '신식량 공급 기지 건설을 위한 선도 기술 전개 사업' 등이 있는데, 이들 정부 사업에 맞추어 지방자치단체 및 관련 기업의 식물공장 비즈니스에 관심 또한 커지고 있다.

## 6.6 농림수산성 사업의 일례 - 치바대학의 경우-

### 6.6.1 개요

치바대학에서의 농림수산성 식물공장 거점 사업은 카시와노하 캠퍼스(카시와시)에서 수행되고 있다. 이 사업에는 민간 기업 60개 사가 컨소시엄 멤버 사로서 참가하고 있다. 각 멤버 사는 8개의 컨소시엄 중 하나에 속해 있는데 그중 5개는 자연광 식물공장에 관련된 컨소시엄이며 3개는 인공광 식물공장과 관련된 컨소시엄이다. 이와는 별도로 멤버 사가 중복 가입되어 있는 컨소시엄 횡단형 '효율 개선 컨소시엄'이 있으므로 총 9개의 컨소시엄이 존재한다.

본 보조 사업의 예산 규모는 약 12억 엔으로 그 예산의 대부분이 자연광 식물공장(총 바닥 면적 1ha)을 포함하는 식물공장 건축물, 선과장, 육묘 시설, 연수 시설, 식물 잔사 처리 시설, 전기・급수・배수 시설, 토지 기반 공사 및 기초적 환경 제어 설비(히트펌프 냉난방 장치, 환기 장치 등)에 지출되었다. 건축물 내부의 수경 재배 시설, $CO_2$ 시용 시설, 컴퓨터 환경 제어 시설 등의 비용은 참가 컨소시엄 멤버 사가 부담하였다. 이들 건축물과 설비의 운영 경비 및 인건비 역시 멤버 사가 부담한다. 각 컨소시엄에서 생산한 산물은 시장으로 출하되어 그 매상이 위에서 기술한 운영

유지비로 충당되고 있다.

세 인공광 식물공장 관련 컨소시엄 중 하나는 '시내 식물공장' 컨소시엄인데 그 리더 기업은 파나소닉㈜이다. 다른 두 컨소시엄의 리더 기업은 ㈜미라이와 ㈜와고이다. 단, 2012년 4월 보조 사업이 종료된 이후에는 상기 컨소시엄의 멤버 사가 변경될 수 있다.

치바대학이 조직하고 운영하는 이들 컨소시엄들의 활동의 일부는 비영리 활동 특정 법인(NPO) 식물공장연구회에 의해 지원된다. NPO 식물공장연구회는 치바대학과 협력하면서 학습회, 견학회, 연구회, 국제 심포지엄, 연수 등을 수시 개최하여 식물공장 사업에 관한 폭 넓은 활동을 하고 있다.

또한 카시와노하 캠퍼스에서는 상기 농림수산성 사업 이외에도 경제산업성의 '선진적 식물공장 시설 정비 사업'의 일부, 문부과학성의 '식물공장 등에 관한 고도 직업인 육성과 국제화 거점 사업' 등을 병행하여 수행하고 있다.

## 6.6.2 인공광 식물공장과 관련한 컨소시엄

### (1) 파나소닉㈜ 그룹(시내 식물공장 그룹)

소형 혹은 초소형의 인공광 식물공장을 주 대상으로 하며, 오피스 건물, 호텔, 병원, 고층 주택, 학교, 공공 시설, 레스토랑, 슈퍼마켓, 편의점 등의 내부에, 혹은 그들과 인접한 장소에의 설치를 목적으로 하고 있다. 이 그룹은 치바대학 공학연구과 디자인 공학 그룹과 연계하고 있는데 공학연구과는 디자인의 측면에서의 식물공장 교육・연구를 수행하고 있다.

### (2) ㈜미라이 그룹

시설의 총 바닥 면적은 406m$^2$으로 재배실은 326m$^2$이다. 그 외 출하실, 샤워실, 라커룸, 출하 조정실 등이 있다(그림 6.1, 그림 6.2). 재배 모듈은 10단으로, 길이 11.6m의 재배 모듈이 9열 설치되어 있다. 로메인 상추(cos 상추라고도 불림) 등을 생산하고 있다. 생산 능력은 하루 약

총 바닥 면적은 406m$^2$으로 재배실은 326m$^2$임. 그외 출하실, 샤워실, 라커룸, 출하 조정실 등이 있음. 재배 모듈은 10단으로 9열 설치됨.

**그림 6.1** 치바대학 거점의 ㈜미라이 그룹의 인공광 식물공장의 외관.

사진은 로메인 상추. 사진 왼쪽 끝에서 정식되고 오른쪽에서 수확됨. 재배 베드 안쪽의 양액에 발포 스티로폼 판이 떠 있음. 정식·수확 후에는 왼쪽에서 오른쪽으로 스티로폼 판이 밀려 이동됨. 파종부터 수확까지 약 35일 소요됨.

**그림 6.2** 치바대학 거점의 ㈜미라이 그룹의 인공광 식물공장 내부의 일부.

3,000주, 연간 약 90만주다. 즉, 재배실 바닥 면적당 연간 생산 능력은 약 3,000주/년이다. 주 광원은 형광등이나 일부는 LED를 사용하고 있다.

### (3) ㈜와고 그룹

시설의 총 바닥 면적은 207m$^2$으로 3단의 재배 모듈이 2열 설치되어 있으며, 2012년 현재 결구 상추(iceberg 상추 또는 crisphead 상추)를 주로 생산하고 있다(그림 6.3). 형광등 상부에는 광 반사율이 높은 곡면의 반사판을 설치하여 재배 베드에서의 광합성유효광자속을 높임으로써 설치하는 형광등 수와 전력소비량을 절감하고 있다. 결구 상추 이외의 엽채류 생산도 가능하다. 결구 상추는 잎 상추와 비교할 때 수요량이 약 6배 많고 그 60%가 외식 산업 혹은 가공식 산업 기업에 판매되므로 결구 상추의 저비용 양산화가 가능해 지면 엽채류 유통 분야에 미치는 영향은 크다.

결구 상추를 재배함. 왼쪽: 3단의 재배 모듈. 광 반사율이 높은 반사판을 장착함. 파종부터 2개월 이내에 수확 가능함. 오른쪽: 결구한 상추. 맛에 대한 평가는 높은 편임.

**그림 6.3** 치바대학 거점의 ㈜와고 그룹의 인공광 식물공장 내부의 일부.

### 6.6.3 연구 과제 예

위에서 기술한 컨소시엄 멤버 사와 담당 교수가 공동으로 검토하는 연구 개발 과제와 추후 검토가 필요하다고 생각되는 과제에는 다음과 같은 것들이 있다. 아래에 기술하는 내용 중에는 치바대학 거점 사업 동료 연구자인 Maruo, Ikeda, Sekiyama 교수 등이 도움을 준 부분이 있다.

#### (1) 명기와 암기의 최적 배분

인공광 식물공장에서 모든 광원을 동시에 점등 혹은 소등하는 것은 좋은 방법이 아니다. 왜냐하면 그 만큼 큰 전기 설비 용량이 필요하기 때문이다. 그러면 전기 설비의 설치를 위한 초기 경비가 커지게 되는 것뿐 아니라 최대소비전력을 결정하는 전력 기본 요금이 커진다. 따라서 언제나 재배실의 광원이 반 정도 점등하고 나머지 광원은 소등하여 전력소비량의 시간 별 변화를 평균화 시키는 것이 바람직하다.

일본에서는 심야 전력 요금이 주간의 전력 요금의 반액 정도인 점을 고려할 필요가 있다. 또한 야간은 주간보다 외기 기온이 낮기 때문에 야간에 조명하면 히트펌프(에어컨) 냉방시의 성적 계수가 높아져서 냉방을 위한 전력소비량을 절감할 수 있다. 또한 추운 지역에서의 야간에도 조명에 의한 발열로서 실내 기온이 상승하므로 난방이 필요 없게 된다.

위와 같이 인공광 식물공장에서는 광도와 광질(광원의 파장 조성)뿐 아니라 각 광원의 점멸 시각 및 명기/암기의 최적화가 필요하게 된다.

#### (2) 생육 단계별 환경 조건과 재식 밀도의 최적화

인공광 식물공장에서는 많은 경우 거의 매일 수확・출하하기 때문에 원칙적으로 주 5~6회 파종한다. 따라서 재배실에는 생육 단계가 다른 식물이 언제나 혼재한다. 또한 일반적으로는 생산 비용을 고려한 최적 생육 환경 조건은 생육 단계별로 다르기 때문에 재배실 전체의 환경 최적화는 복잡한 문제가 된다.

최적 광도는 생육 단계가 진행될수록 커지며 그 정도는 재식밀도에 영향 받는다. 재식밀도가 높아지면 인근 식물체의 잎이 겹치는 정도가 커지므로 통상의 조명 방법으로는 더욱 강한 광도가 필요하기 때문이다.

일반적으로 파종부터 본엽이 몇 장 전개할 때까지의 육묘 단계와 그 후의 재배 단계로 나누어진다. 육묘 단계가 종료하게 되면 묘는 육묘 트레이에서 재배 판으로 이식된다. 이식 작업은 사람 손으로 하든 기계 작업을 통해 하든 모두 비용이 발생한다. 이식 직후에는 재배 판 위의 식물 사이에 큰 간격이 생기기 때문에 필요 없는 공간과 조명 비용이 발생한다. 이를 개선하기 위해서는 재배 단계의 전반과 후반 사이에 이식을 한 번 더 하면 좋지만 이럴 경우 더 많은 이식 비용이 발생한다. 궁극적으로는 광원으로부터의 광 에너지를 모두 식물 잎에 조사하며, 식물체의 모든 잎에서의 광도가 동일한 것이 바람직할 것이다.

위와 같이 이식 시기, 이식 횟수, 생육 단계별 재식밀도와 환경 조건에는 최적화가 필요하다. 일반적으로 육묘 단계와 재배 단계에서는 공간을 나누어 각 단계별로 독립적인 환경 제어가 가능하게끔 하는 것이 좋다. 단, 각 공간의 최적 면적 배분 비율은 재배 조건에서 달라질 수 있기 때문에 변경이 가능하게 설계되는 것이 바람직하다.

### (3) 인공광 식물공장용 전용 품종 개발

원예식물의 품종은 종래 노지 재배 혹은 간이 원예 시설에서의 재배를 상정하고 개발되어 온 것이다. 그 이유는 노지 재배 면적과 간이 시설 재배 면적이 식물공장과 같은 고도 환경 제어 시설 면적과 비교할 때 압도적으로 크며 전자의 종자 수요량이 많기 때문이다. 반대로 인공광 식물공장의 면적은 현재 매우 적기 때문에 인공광 식물공장 전용의 품종 개발은 거의 이루어지고 있지 않다.

- 내병성, 환경 스트레스 내성이 필요 없는 품종 개발

노지 재배용 채소의 육종에는 병원균, 해충, 저온, 고온, 건조, 습윤 등에 대한 저항성을 대상 식물에 부여하는 것이 중요하다. 각종 스트레스에 대한 저항성을 부여하면서도 수량, 맛, 식감, 형태, 색 등 품질 특성이 좋은 품종 육성해야 한다.

반면 인공광 식물공장에서의 식물 1g당 생균 수(미생물 수)는 통상

300 이하로서 온실 식물의 1/100 이하, 노지 식물의 1/500 이하이다. 특히 식물 병원균의 수는 종자에 병원균이 포함되어 있지 않다면 거의 제로에 가깝다. 이는 식물 병원균이 주로 토양(배지) 혹은 매개 곤충을 통해 도입되기 때문이다. 매개 곤충은 환기구, 출입구 및 작업자의 의복, 신발, 머리털 등을 통해 시스템 내에 침입될 수 있다. 따라서 수경(무토양) 장치로 재배되는 인공광 식물공장에서는 작업자의 재배실 출입을 엄중하게 관리한다면 이들 병원균의 침입 기회를 거의 저지할 수 있기 때문에 병원균 밀도가 극단적으로 낮을 것이다.

인공광 식물공장 전용의 식물 육성에 관해서는 수량, 맛 식감, 형태 식 등의 특성을 육종의 주요 목표로 하는 것이 가능하다. 결과적으로 각종 스트레스에는 약하지만, 스트레스가 없는 조건에서는 수량과 품질이 높은 품종의 경우에는 인공광 식물공장의 전용 품종으로 개발할 수 있다. 이 품종은 노지나 원예 시설에서는 병원균 감염에 의해 금새 고사할 것이다.

인류는 지금까지 내병성과 환경 스트레스 내성이 불필요한 품종을 경험해 본 적이 없기 때문에 이러한 품종 육성은 큰 도전이 될 것이다. 그리고 이러한 도전은 인공광 식물공장 비즈니스의 혁신이 될 가능성이 크다.

- 생리 증상에 관한 품종 개발

병원균에 기인하는 식물병에 관해서는 위에서 설명한 바와 같으나 식물의 생리 증상에 관한 상황은 다르다. 예를 들면, 인공광 식물공장에서 상추 같은 엽채류를 재배할 때 자주 문제가 되는 팁번(잎 주변과 선단 부분의 갈색화, tip burn)은 잎의 성장이 급속하게 진행될 때 생기며 이는 잎 주변과 선단 부분에서의 칼슘 부족이 원인이다. 이러한 종류의 생리 증상은 환경 제어에 의해 어느 정도 제어가 가능하지만 유전적 성질에도 크게 영향을 받는다. 팁번이 잘 발생하지 않는 품종 개발은 인공광 식물공장에서는 중요하다.

- 기능성 부여

앞으로 인공광 식물공장에서는 성장 촉진, 높은 수량뿐 아니라 비타민 C, 폴리페놀, 기타 약효 성분 등 각종 기능성 물질을 많이 함유하는 품종의 개발 및 그 품종의 고부가가치 식물로서 생산할 수 있는 저비용 환경

제어 방법 및 생산 기술 개발이 필요하다.

• 결구 채소

결구 상추의 결구 조건은 자연광 조건에서는 비교적 잘 알려져 있으나 환경 조건과 재배 시스템의 자유도가 높은 인공광 식물공장에서는 자연광 조건에서의 결구 환경조건을 재현할 필요가 없다.

전개 엽수가 일정 치에 도달하면 새로운 잎의 외측에 옥신 농도가 높아지고 그 결과 잎이 안쪽으로 굽어지면서 결구하는 것이 사실이라고 하여도 결구의 인과 관계를 생리학의 지견을 통해 명확하게 한다면 인공광 식물공장에서만 실현 가능한 결구 조건을 찾아낼 수 있을 것이다.

결구 상추의 결구 개시부터 성장한 십 수매의 외엽은 상품화 되지 못하고 폐기되는 경우가 많다. 이렇게 폐기되는 외엽을 별도 용도로 사용할 수 있는 방법이 검토되어야 할 것이다. 또한 결구 상추가 결구하기 전에 수확하여 이용하는 것도 생각해 볼 만하며 적은 매수의 외엽으로 결구가 시작되는 품종 개발, 결구 촉진 재배법 및 환경 제어 방법 개발이 기대된다.

• 소형 엽채류

최근 배추, 청경채, 경수채 등이 자연광 조건에서 수경 혹은 노지 재배되고 있다. 초장이 10~15cm인 '손바닥 크기' 엽채류 시장 유통량이 동아시아 지역에서 증가하고 있다(그림 6.4). 이런 소형 엽채류는 찌게 요리나 샐러드에 사용되며 젊은 층을 중심으로 인기가 높아지고 있으며 앞으로의 수요도 늘어날 것으로 기대되고 있다. 또한 절임용으로의 수요가 앞으로 늘어날 것으로 예상된다.

이들 소형 엽채류는 초장이 작고 밀식이 가능한 특징이 있기 때문에 인공광 식물공장의 주요한 생산품이 될 가능성이 높으며 인공광 식물공장에 적합한 품종 및 재배 시스템 개발이 기대된다.

• 소형 근채류

소형 순무, 이십일무 등의 소형 근채류에 노지 재배로서는 얻기 어려운 기능성과 맛 등의 높은 가치를 부가시킬 수 있다면 인공광 식물공장에

이 소형 배추 2주의 가격은 10.75 중국 위안. 일본에서도 유사한 소형 채소가 판매되고 있음.

**그림 6.4** 중국 상하이의 슈퍼마켓에서 판매되고 있는 소형 배추(길이는 15cm 이내).

서의 생산 대상 품목이 될 수 있다.

근채류의 뿌리는 잎에서의 동화 산물의 흡수원(sink)가 된다. 따라서 $CO_2$ 시용과 송풍 등 광합성을 촉진시키는 방법을 통해 뿌리 비대를 더욱 촉진시킬 수 있기 때문에 앞으로 인공광 식물공장의 중요한 품목이 될 수 있다.

### (4) 인공광 식물공장에서의 채종과 육종의 가능성

일본의 종묘 회사는 판매용 종자의 채종을 대부분 외국에서 하고 있다. 연간 강우량이 많은 등 기상 조건이 채종에 적절하지 않은 점과 높은 인건비로 인해 채종 비용이 높은 점 등이 그 이유이다.

반면, 현재는 인건비가 낮은 개발 도상국에서는 사회적 기반이 정비되어 있지 못하고 정치 경제적으로 불안정하며 인건비가 상승하는 경향에 있으며 지구 온난화와 이상 기상 때문에 양질의 종자를 안정적으로 확보하는 것이 쉽지 않다.

그래서 장래에는 식물공장 내에서 효율적이며 안정적으로 채종하는 방법을 생각할 수 있다. 이러한 시도는 현재 거의 실시되고 있지 않으나 앞으로의 개발 과제로 상정 가능할 것이다. 식물공장에서 낮은 비용으로 채종할 수 있는 방법이 확립된다면 세계적으로도 가치가 인정되는 지적 재산이 될 것이다.

반면, 파종부터 채종까지 6개월 이내에 끝낼 수 있는 원예식물의 육종 작업을 인공광 식물공장 내에서 실시한다면 통상 5~7년 소요되는 육종 연수를 절반 정도로 단축시킬 수 있을 것이다. 특히 파종-개화-결실-채종의 사이클이 연간 수 차례 반복할 수 있는 엽채류는 육종 연수를 더욱 단축할 수 있다.

### (5) 약용식물

약용식물의 인공광 식물공장에서의 생산에 관해서는 제11장에서 설명한다.

**▶▶▶ 요약 ◀◀◀**

이번 장에서 소개한 농림수산성 및 경제산업성의 식물공장 보조 사업으로 건설된 식물공장이 실제 가동하기 시작한 것은 2011년 4월을 전후해서다. 따라서 사업의 본격적 성과가 나타나기 시작한 것은 2013년 이후다. 반면 제5장에서 설명하였듯이 중국, 한국, 대만, 네덜란드, 미국에서는 2009년 이후 인공광 식물공장의 연구 개발이 빠르게 진행되고 있다. 일본의 인공광 식물공장 연구 개발이 가일층 진전하기를 기대한다. 약용식물에 관해서는 제11장에서 설명한다.

제 7 장

# 광 및 인공광원

## 7.1 서론

이번 장에서는 인공광 식물공장을 설계 및 운영하기 위한 기초라고 할 수 있는 광 및 인공광원(램프)에 관한 사항에 대해서 기술한다. 인공광원, 특히 LED에 관하여 급속한 기술적 발전이 이루어졌다. 여기에서 LED의 현상과 이후 기술적 발전에 관하여 형광등과 비교하고, 그 전망에 대해서 논하고자 한다. 또한 광 및 인공광원에 대해 오해하기 쉬운 점에 대해서 언급하고자 한다.

## 7.2 단위

이번 장에서는 원칙적으로 SI(국제) 단위를 사용한다. SI의 기초단위는 m(미터: 길이), kg(킬로그램, 질량), s(초, 시간), A(암페아, 전류), K(켈빈, 열역학 온도), mol(몰, 물질량) 및 cd(칸델라, 광도)이다. 단지 s를 대신하여 h(3600s), K를 대신하여 ℃(0℃는 273.15K)도 사용할 수 있다.

기초단위에서 유도된 조립단위인 J(주울, 에너지, 일, 열량), W(와트 = J $s^{-1}$, 효율), Wh(와트 아워 = 3600J, 1h = 3600s)도 이번 장에서 이용한다. 1Wh는 1W의 전력을 1시간 동안 소비할 때의 전력량(전기에너지량)이다. 열량을 표시하는 cal(칼로리)는 SI 단위가 아니므로 이번 장에서는 사용하지 않는다(1J = 0.239cal).

또한 SI 단위에는 예를 들면, 풍속은 m/s로 표시하지 않고 m $s^{-1}$과 같이 표현한다. 단지 두 가지 모두 같은 의미라고 볼 수 있지만, 원칙적으로는 후자가 정확한 표현이고, 전자와 같은 표현을 사용한 경우도 있음을 밝힌다.

## 7.3 광

### 7.3.1 방사(광)의 파장 범위와 분류

광은 방사의 일부분으로, 방사는 전자파의 일종이다. 전자파는 파장의 성질과 양자(입자)의 성질을 가지고 있다. 광의 양자를 광자(photon)라 부른다. (원예학 분야에서는 광양자라고 부른다).

파장 범위 300~800nm의 방사를 식물의 생리적 유효방사(physiologically active radiation)라고 부른다. 또한 파장 범위가 400~700nm인 방사를 광합성유효방사(PAR: photosynthetically active radiation)라고 부른다(그림 7.1).

생리적 유효방사이면서 광합성유효방사가 아닌 파장영역, 즉 근자외방사(near ultraviolet radiation, 파장은 315~400nm)와 원적외방사(far-red radiation, 파장 700~800nm)는 광형태형성(photomorphogenesis)과 2차 대사물질 생산(secondary metabolite production)에 관여한다(Kozai, 1980).

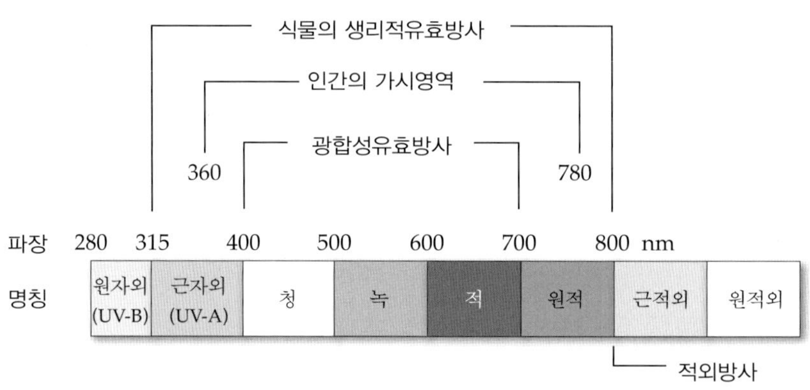


그림 7.1 식물 생육에 관여하는 방사 파장의 분류.

## 7.3.2 가시광방사

인간의 눈의 망막이 느끼는 방사(파장영역 360~780nm)을 가시광(visible light) 또는 가시방사라고 부른다. 인간의 분광비시감도는 녹색광(파장 555nm)에서 가장 높고, 청색광과 적색광에서 낮다(그림 7.2). 특히 400nm 이하와 700nm 이상에서는 감도가 낮으며, 파장 555nm의 감도를 1.0이라고 할 때, 파장 430nm와 720nm에서의 감도는 0.001이다. 또한 가시광과 식물의 생리적 유효방사의 파장역은 거의 겹친다(그림 7.1과 7.2). 한편, 식물 엽의 광수용기관의 분광감도는 그림 7.2의 인간 망막의 분광비시감도와는 매우 다르다(제 9장).

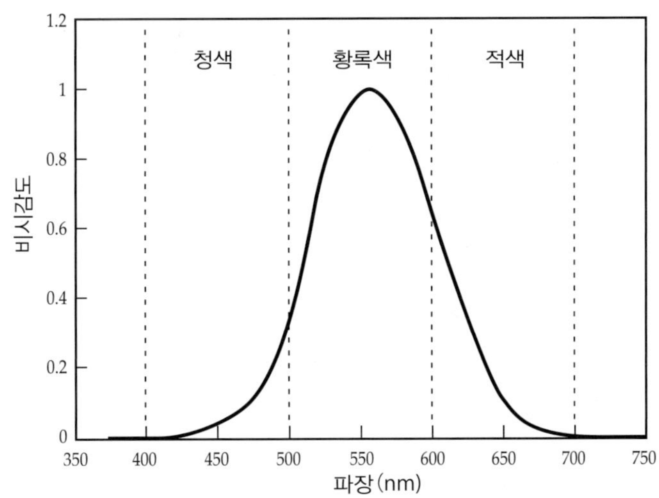


**그림 7.2** 인간 눈의 분광비시감도 곡선.

## 7.3.3 태양방사의 분광분포

태양방사(solar radiation, 일사)의 파장 범위는 약 300~3200nm이며 파장 550nm(황록색) 부근에서 분광방사 강도의 최대치가 있다(그림 7.3). 파장 550nm는 가시광에 대한 인간의 시감도가 최대가 되는 파장과 거의 일치한다(그림 7.2).

그림 7.3의 부드러운 선으로 표시되어 있는 분광분포는 대기권 외의 태양방사에 관한 것이고, 다른 하나의 분광분포는 지구 해상에서의 태양방사에 관한 것이다. 후자의 선에서 보이는 특정 파장에서 분광방사 강도의 국소적 저하는 대기권에 존재하는 수증기($H_2O$), 오존($O_3$), 산소($O_2$), 이산화탄소($CO_2$)에 의한 파장 선택적인 방사흡수 때문이다. 후자의 분광분포는 태양 고도와 대기의 투과율에 의해 다소 변화한다.

파장 800nm 이상의 근적외(near infrared) 방사 및 적외(infrared) 방사는 광합성을 포함한 식물생리작용에 관여하지 않는다. 다만, 식물에 흡수된 근적외 및 적외방사 에너지(infrared radiation energy)는 열에너지(heat energy)로 변환되기 때문에, 가열작용이 존재한다. 해상 태양방사를 점유하는 광합성유효방사의 부분은 45~50% 정도이다(그림 7.3).

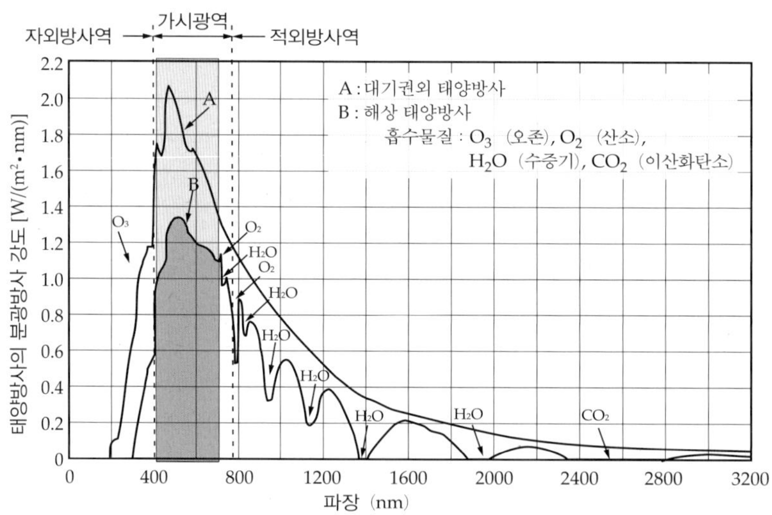


**그림 7.3** 태양방사의 분광분포.

표 7.1 광합성유효 방사역에서 파장, 주파수 및 광자 1mol당의 보유 에너지

| 색 | 파장(nm) | 주파수 ($10^6$ $m^{-1}$) | 광자 1mol당 보유 에너지(kJ) | 보유 에너지 상대치 |
|---|---|---|---|---|
| 청 | 400 | 2.5 | 299 | 1.00 |
| | 450 | 2.22 | 266 | 0.89 |
| 녹 | 500 | 2.0 | 239 | 0.80 |
| 황 | 550 | 1.82 | 217 | 0.73 |
| | 600 | 1.67 | 199 | 0.67 |
| 적 | 650 | 1.54 | 184 | 0.62 |
| | 700 | 1.42 | 170 | 0.57 |

## 7.3.4 광자의 보유 에너지와 주파수

광합성반응은 광화학반응의 한 종류이다. 광화학반응에서 광은 에너지가 아닌 광자(광자)로 작용한다. 광자의 특성은 파장이 아닌, 파장의 역수인 주파수(진동수, 파수, wave number)로 표현된다. 광자의 보유 에너지는 주파수(길이 1m당 파의 수)에 비례한다. 파장 400nm($400 \times 10^{-9}$ m)의 광은 진동수는 $1/(400 \times 10^{-9}) = (1000/400) \times 10^6 = 2.5 \times 10^6 m^{-1}$이 된다. 이와 같이 계산하면, 파장 450, 500, 600, 650, 700nm 광의 주파수는 각각 $2.22 \times 10^6$ $m^{-1}$, $2.0 \times 10^6$ $m^{-1}$, $1.67 \times 10^6$ $m^{-1}$, $1.54 \times 10^6$ $m^{-1}$, $1.42 \times 10^6$ $m^{-1}$가 된다(표 7.1).

광자수는 일반적으로 몰(1mol = $6.02 \times 10^{23}$, 아보가드로 수)로 표시된다. 주파수는 $2.5 \times 10^6$ $m^{-1}$(파장 400nm, 청색광)의 광자 1mol이 보유하는 에너지(299kJ $mol^{-1}$)는, 주파수 $1.54 \times 10^6$ $m^{-1}$(파장 650nm, 적색광)의 광자가 보유하는 에너지(184kJ $mol^{-1}$)의 1.625(650/400)배이다. 이와 같이 파장 500nm, 600nm, 700nm에 대응하는 광자 1mol이 가지는 에너지는 각각 240kJ, 200kJ, 170kJ이다.

한편, 광합성반응은 광자가 보유하는 에너지량과는 상관 없이 광자수에 의존하기 때문에 적색광(파장 650nm)은 청색광(파장 400nm)의

0.61(1/1.625)배의 에너지량으로 같은 광합성 작용을 한다. 이것이 적색광을 많이 포함한 램프가 청색광을 많이 포함한 램프보다 적은 전력량으로 식물의 광합성을 촉진시키는 것이 가능한 이유이다. 그러나 광원으로서 적합성은 광합성에 관한 특성만으로 결정할 수 없고, 청색광을 적정량 포함한 램프가 식물의 정상적인 생육에 필요한 경우가 많다(제9장).

### 7.3.5 플럭스 밀도와 플럭스

광화학반응에서 분자수는 몰(1mol = $6.02 \times 10^{23}$, 아보가드로수)로 표현된다. 이것으로부터 광자수도 몰(1mol = $6.02 \times 10^{23}$ 광자)로 표현할 수 있다. 그렇다면 단위면적당, 초당, 광합성유효광자의 플럭스(flux 속도)의 단위는 mol $m^{-2}$ $s^{-1}$(많은 경우 μmol $m^{-2}$ $s^{-1}$)이며, 광합성유효광자플럭스 밀도, 또는 광합성유효광자속밀도(photosynthetic photon flux density ; PPFD)라고 부른다. 한편, 광합성유효방사플럭스 또는 광합성유효방사속밀도(photosynthetically active radiation flux density) ; PARD)의 단위는 W $m^{-2}$(= J $s^{-1}$ $m^{-2}$)이다.

실제는 편리상 PPFD를 PPF이라고 부르는 경우가 많다. 또한 광합성유효방사속밀도를 광합성유효방사 또는 광합성유효방사속이라고 부르는 경우가 많다. 이 책에서는 PPFD를 PPF 그리고 PARD를 PAR로 표시한다.

### 7.3.6 광속과 조도

광속(luminous flux)은 인간의 시감도를 기준으로 한 경우 가시광의 양을 표시한 것이며, 단위는 lm(lumen)이다. 램프의 상품 카탈로그에는 램프로부터 발산되는 광속의 값을 lm 단위로 표시하고 있다. 광속의 크고 작음은 파장 별 가시광역 에너지량과 시감도를 곱한 값의 적산치와 비례한다고 할 수 있다. 이런 광속을 소비전력으로 나눈 것이 램프의 효율(luminous efficacy, 단위는 lm $W^{-1}$)이다.

점광원에서, 특정 방향을 향하여 단위입체각(단위 : steradian) 당 발산하는 광속을 광도(luminous intensity)라고 부른다. 광도의 단위는 cd (칸델라)이고, SI 단위이다. 조도(illuminance)는 광속을 면적으로 나눈 것이기 때문에, 단위는 lx(lux)이며, 인간의 눈을 기준으로 한 밝기로 표시한다. 1lm의 광속이 $1m^2$에 입사하면, 그 면의 조도가 1lx(룩스)가 된다. 조도의 단위 lx를 PPF 또는 PAR로 변환하는 계수는 광원의 종류(분광분포) 별로 구할 필요가 있다. 백색 형광등에 대해서 PAR과 PPF의 사이에 다음과 같은 관계가 있다. 1W = 4.59μmol $s^{-1}$, 1lm = 0.0135μmol $s^{-1}$ = 2.94mW의 관계가 있다(Takatsuji 2011).

## 7.3.7 PPF, PAR 및 조도 센서

광합성유효방사(PAR), 광합성유효광자속(PPF) 및 조도(illuminance)를 계측하기 위한 센서의 파장별 감도를 그림 7.4에 표시한다. 종축은 에너지로 표시한 상대감도이다.

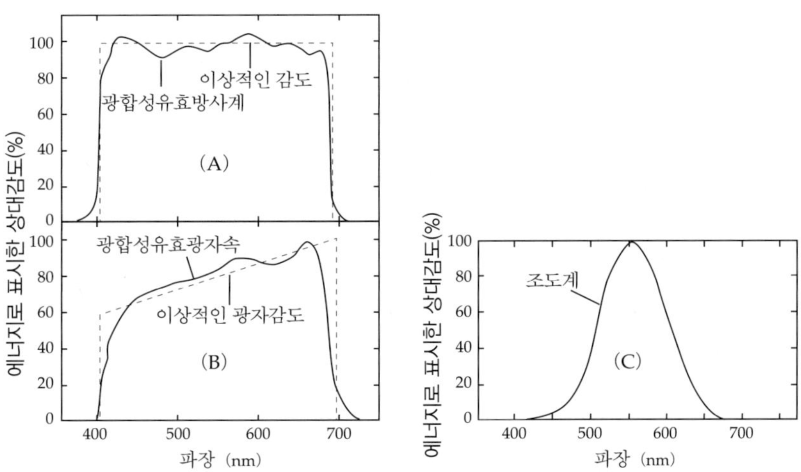


(Li-cor 제품 카탈로그에서 인용)

**그림 7.4** (A) 광합성유효방사(RAR) 측정기, (B) 광합성유효광자속(PPF) 측정기 및 (C) 조도계의 상대파장감도곡선.

PAR 계측기는 파장 400~700nm 범위의 에너지 감도를 일정하게 감지한다. 한편 PPF 측정기는 파장 700nm의 적색광의 상대감도를 100이라고 할 때, 파장 400nm의 청색광의 상대감도는 57(400/7)이다. 이러한 결과 광자가 보유하는 에너지와 상관 없이 PPF를 계측하는 것이 가능하다.

그림 7.4의 (B)는 개별 엽의 광합성 작용 스펙트럼 곡선(제9장, 그림 9.4)에 거의 일치하고 있다. 그림 7.4에서는 녹색광에서 상대감도의 저하(제9장에서 설명함)가 고려되지 않았지만, PPF 측정기는 개별 엽이 아닌 식물 군락에서의 광합성 환경을 계측하기 위한 것이고 PPF가 같다면 녹색광도 청색광 또는 적색광과 등등한 광합성을 이행한다고 생각하면 납득할 수 있다(제9장).

조도계는 본장의 그림 7.2의 시감도곡선과 같은 감도를 가지는 센서이다. 녹색 램프와 적색 램프 아래에서 PPF를 같게 하고, 조도를 계측하면, 녹색 램프 아래의 조도가 적색 램프 아래의 조도의 수배 정도된다. 조도계는 그림 7.2의 파장감도를 가지고 있기 때문이다. 반대로, 조도를 같게 하고, PPF를 계측하면 녹색 램프 아래의 PPF가 적색 램프 아래의 PPF의 수분의 1 정도 밖에 되지 않는다.

### 7.3.8 PPF와 PAR

앞에서 이야기한 바와 같이, 광합성은 광화학반응이기 때문에 광합성 속도는 PAR보다도 PPF가 직접적으로 관련한다. 한편, 다음 장에서 살펴볼 광에너지 이용효율(LUE ; light energy use efficiency)은 PPF가 아닌 PAR과 관련된 것이다. 식물공장의 에너지 수지에 관한 해석을 수행하는 경우에도 PAR를 이용한다. 결국, 목적에 맞게 PPF와 PAR의 사용을 구분할 수밖에 없다. 이럴 경우, PPF와 PAR에 비례관계가 성립하는 것은 광의 스펙트럼 분포(파장조성)가 같은 경우에만 해당한다는 것에 주의할 필요가 있다.

## 7.4 인공광원

### 7.4.1 광자효율, 방사효율 및 램프효율

인공광원(램프)의 소비전력에 대한 램프로부터 광합성유효광자의 출력 및 광합성유효방사의 출력을 각각 광합성유효광자효율(PPE ; photosynthetic photon efficacy, 단위 : μmol $W^{-1}$), 광합성유효방사효율(PRE ; photosynthetically active radiation efficacy, 단위 : W $W^{-1}$)이라고 부른다. 이후에는 광자효율(PPE), 방사효율(PRE)로 표시한다.

인간의 시감도에 관여하는 램프의 효율은 램프의 광효율(luminous efficacy) 또는 램프효율, 에너지 소비효율 또는 발광효율이라고 부르며, 단위는 lm $W^{-1}$이다. 통상의 조명기구 설명서에서는 램프의 효율만을 기재하고 있으며, PPE와 PRE는 기재하고 있지 않다.

또한, 광자효율, 방사효율, 램프효율 간의 환산은 앞에서 언급한 PAR 측정기, PPF 측정기 및 조도계에서 논의한 바와 같이, 램프의 분광분포를 고려해야 한다. 형광등에 관한 PPF(μmol $m^{-2}$ $s^{-1}$)를 조도(lx)로 변환하기 위한 환산계수는 87lx $\mu mol^{-1}$ $m^2s$(=87.8lm $\mu mol^{-1}$ s)이다.

### 7.4.2 램프효율 산정에서의 소비전력

램프효율, 방사효율, 광자효율의 수치를 비교할 경우, 분모의 소비전력에 어떤 값을 사용하고 있는 가가 중요하다. 형광등은 형광관과 안정기로 구성되어 있으나, 소비전력으로써 형광관만의 경우와 안정기(전자회로)의 소비전력을 포함하는 경우가 있다. 통상의 조명기구 설명서에 기재되어 있는 램프의 효율은 전자회로의 소비전력을 포함한 값을 분모로 하고 있다.

한편, LED 제조사가 제시하고 있는 LED의 램프의 효율은 교류-직류 변환 회로와 안정기 회로의 소비전력을 포함하지 않은 채로 표시하고 있는 경우가 있기 때문에 형광등의 램프효율과 비교할 경우 주의가 필요하다.

### 7.4.3 광원의 종류

인공광 식물공장에서의 광원으로 이용할 수 있는 것은 형광등(fluorescent lamp), LED(light emitting diode, 발광다이오드), CCFL(cold catode fluorescent lamp, 냉음극형광등), 고압나트륨램프(high pressure sodium lamp)가 있다. CCFL은 HEFL(hybrid electrode fluorescent lamp, 하이브리드 전극형광관)이라고도 부르고 있다. 형광등이 매우 넓게 이용되고 있지만, 1990년 전후에 설치된 1단 재배의 인공광 식물공장에서는 광출력과 램프효율이 다른 광원과 비교하여 높은 고압나트륨램프가 이용되었다.

그러나 고압나트륨램프의 램프 표면온도는 150~200℃가 되기 때문에 식물에 근접시킬 수 없어 다단재배에는 이용할 수 없었다. 형광등의 램프효율이 90lm $W^{-1}$을 초과하게 되어 형광등에서 식물이 정상적으로 생육할 수 있게 되었던 1990년대부터 형광등을 이용한 다단재배의 식물공장이 주류가 되었다.

이후에는 발광원리가 LED와 같은 유기 EL(organic electro luminescence)이 면발광체로서 이용될 가능성이 있다. 이런 발광체는 플라스틱과 같은 유기물이며 장래에는 레이저도 광원이 될 수 있다.

과거 수년 동안 LED의 코스트 효율이 현저히 향상되었기 때문에 인공광 식물공장에서 LED의 실용화가 현실적이 되고 있다. LED를 광원으로 하는 인공광 식물공장이 2010년대 후반 이후에는 증가될 것으로 예상된다.

### 7.4.4 형광등과 LED 램프의 효율과 가격

형광등과 LED 램프의 2011년 기준 램프효율과 가격의 대표적인 예를 표 7.2에 기술하였다. 램프효율은 형광등과 LED 램프는 차이가 크지 않다. 한편 형광등에서는 전자안정기의 소비전력을 포함한 소비전력에 대하여 램프효율이 표시되어 있지만, LED 램프는 LED 모듈의 소비전력에 대한 램프의 효율이지만, 회로 부분의 소비전력은 포함되어 있지 않다. 회로의 소비전력을 포함한 전체 소비전력에 대해서 LED 램프의 효율은 표 7.2

표 7.2 직관형 형광등 및 각종 LED의 사양 사례

| 명칭 | 관경 (mm) | 길이 (mm) | 정격전력 (W) | 전광속 (lm) | 램프효율 (lm/W) | 정격수명 (h) | 희망소매 가격(엔) | 루멘당 가격(엔) |
|---|---|---|---|---|---|---|---|---|
| 형광등 | 28 | 1198 | 37 | 3560 | 96.2 | 15000 | 1575 | 0.44 |
| G-hf 형광등 (직관형) | 25.5 | 1178 | 63 | 6560 | 104.1 | 20000 | 2415 | 0.37 |
| Hf 형광등 (직관형) | 25.5 | 1198 | 32 | 3520 | 110.0 | 12000 | 1470 | 0.42 |
| LED (직관형) | 25.5 | 1198 | 27.2 | 2400 | 88.2 | 40000 | 16000 | 6.67 |
| LED (부착형) | 폭 55 | 362 | 11.1 | 810 | 73.0 | 40000 | 35000 | 43.2 |
| LED (주입식) | 폭 220 | 1115 | 64 | 6700 | 106.3 | 40000 | 192000 | 28.7 |

주) 명기가 16시간/일 일 경우 수명은 12,000 및 20,000 시간 램프는 평균 750일, 1250일 이용가능함. 다만, 수명시간의 전광속은 초기 전광속의 70% 정도로 저하되는 시점임.

에 표시된 값보다 약 10% 정도 낮다고 할 수 있다.

한편, 루멘 당의 가격은 형광등이 LED와 비교하여 1/10 이하이다. 그러나 LED 램프의 루멘 당 가격은 매년 낮아지고 있으며, 광속 2500lm의 직관형 LED 조명장치가 가격 1만엔 정도에서 시판되기 시작하고 있다(2011년 11월 시점). 백색 LED 램프는 5~6년 이내에 부분적으로 형광등과의 가격 역전이 발생될 수도 있다.

## 7.4.5 형광등

### (1) 발광원리

방전등의 일종으로 유리관 내에 아르곤 가스와 소량의 수은이 주입되고 유리관의 내벽에 형광체가 도포되어 있다(그림 7.5). 전류가 흐르면 전

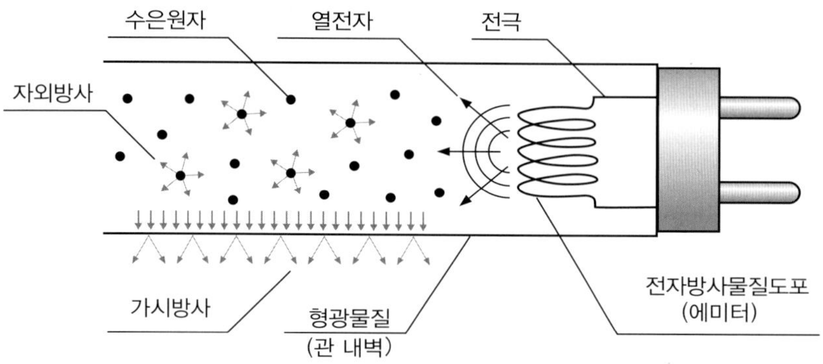


**그림 7.5** 형광등의 발광원리를 나타낸 모식도.

극 필라멘트에서 열전자가 방출되고 방전된 열전자는 관 내에 주입된 미량의 수은과 충돌하여 자외방사(253.7nm)를 낸다. 이러한 자외방사가 도포되어 있는 형광체에 조사되고 가시방사로 변환된다. 도포형광체의 종류에 따라서 발광의 분광분포가 결정된다.

### (2) 종류와 특징

형광등은 그 성상에 따라 많은 종류로 분류되지만, 인공광 식물공장에서 사용되는 것은 직관형, 관경 25.5mm에 관 길이 1198mm(32~38W 용) 또는 2367mm(100~110W 용), 전자인버터(고주파)식, 백색광이 주를 이룬다(표 7.2). 정격수명은 기존에는 12000시간의 것이 주류이지만, 최근에는 15000~20000시간을 보증하는 것이 증가하고 있다. 램프효율은 전자인버터 사용에 의한 고주파 점등화, 관경을 가늘게 한 것(25.5mm), 관 길이를 길게 한 것 또는 삼파장(청, 녹, 적색) 발광형 희토류 형광체의 채용으로 더욱 향상되고 있다.

형광등 램프의 효율은 100~110lm $W^{-1}$을 초과하는 것이 많으며(그림 7.6), LED의 수명과 비교하여 같거나 그 이상이다(표 7.2).

전자인버터식이란 전자회로에 교류전원을 컨버터로 정류시키고 직류로 변환하는 것이다. 또한 고주파(20~70kHz)의 교류에 역변환(인버터)시킨 후에 형광관의 전극에 인가하는 방식이다. 전자인버터식은 종래의 전자식과 비교하여 수분의 1 정도로 소형 경량화시킴으로써, 안정기로부터의 발열이 비교적 적기 때문에 램프효율이 5% 이상 향상된다. 그러나 전자안정기의 소비전력은 전체소비전력의 5~15%를 차지한다.

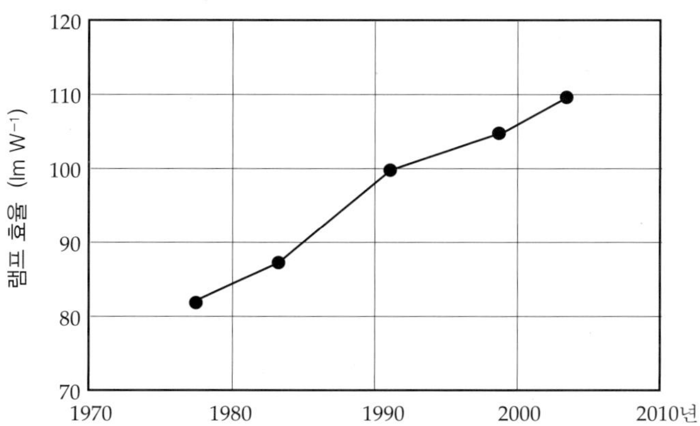


40W, 삼파장형 램프 발광효율 개선의 주요인은 유리관의 세관화(25nm), 인버터 기구의 개선 및 3파장형 희토류 신형광체의 개발임.

Kan(2005), 조명학회지 188-191.

**그림 7.6** 직관형광등의 발광효율의 연차 추이.

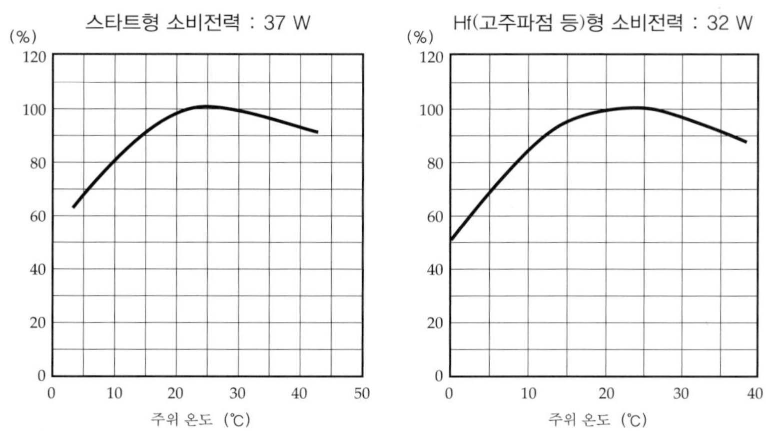


Y축은 주위 온도 25℃에서 전광속을 100이라고 할 때의 상대값
인용 : 파나소닉(주) 종합램프 카탈로그

**그림 7.7** 직관형광등의 광출력[전광속: 루멘(lm)]에 미치는 주위 온도의 영향.

소형 경량의 전자안정기는 형광관의 바로 위가 아닌 재배단의 횡으로 설치하는 것이 가능하다. 또한 주파수를 조절할 수 있는 회로를 설치하면 조광(광출력의 조절)이 가능하다. 이러한 기능을 이용하여 초기 조도를 낮게 하고 조도의 경시변화를 작게 하여 수명을 길게 할 수 있는 형광등이 시판되고 있다.

### (3) 온도 특성

상품 설명서 등에는 주위 온도 25°C에서의 형광등 조명기구의 램프효율이 표시되어 있다. 주위 온도가 25°C를 넘게 되면 램프의 효율을 저하한다(그림 7.7). 통상의 거주공간에서는 실온이 25°C일 때 직관형광등의 관벽온도(최냉점온도)는 통상 약 40~45°C이기 때문에 통상 램프효율은 관면온도 40~45°C일 때 최대가 되도록 설계되어 있다(그림 7.8). 따라서 관면온도가 40~45°C에서 벗어나지 않도록 형광등 부근의 기온과 기류속도에 주의할 필요가 있다. 기류속도가 크면 관면온도는 저하하게 되고, 기류속도가 작으면 관면온도는 상승하는 경향이 있다.

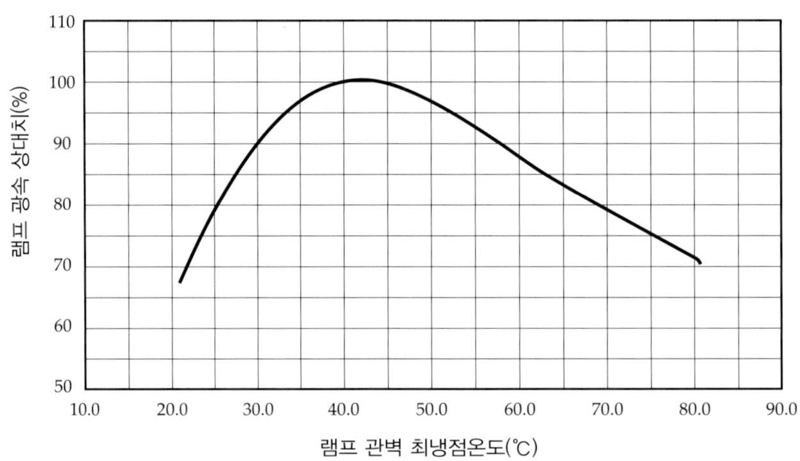


**그림 7.8** 형광관의 관벽 온도가 전광속(상대값)에 미치는 영향의 예.

### (4) 발광 스펙트럼

형광등의 발광 스펙트럼의 파장 범위는 특수 용도를 제외하고 400~800nm이다. 그 예를 그림 7.9, 그림 7.10에 표시하였다. 2개의 그림에서 설명한 것과 같이 이러한 형광관의 분광 스펙트럼은 관 내에 도포된 형광체의 종류와 배합율에 따라 크게 달라진다. 어떠한 형태의 형광관도 그 분광분포는 부드러운 곡선이 아닌 특정 파장에 피크를 가진다. 이러한 피크는 식물의 생리작용에 영향을 미치기 때문에 주의가 필요하다. 태양방사에너지 중에서 자외방사에너지의 비율은 수 %이지만, 형광관으로부터 방사량 중에서 자외방사비율은 1% 이하인 것이 많다. 양자의 자외방사비율의 차이는 광합성에는 관계 없지만, 생리적 유효방사의 작용으로 식물의 성장에 영향을 미친다. 그러나 인공광 식물공장용에서 형광등을 선택함에 있어 광합성에 관한 방사효율, 광자효율만이 아닌, 파장 300~400nm, 700~800nm의 방사에 대한 주의가 필요하다.

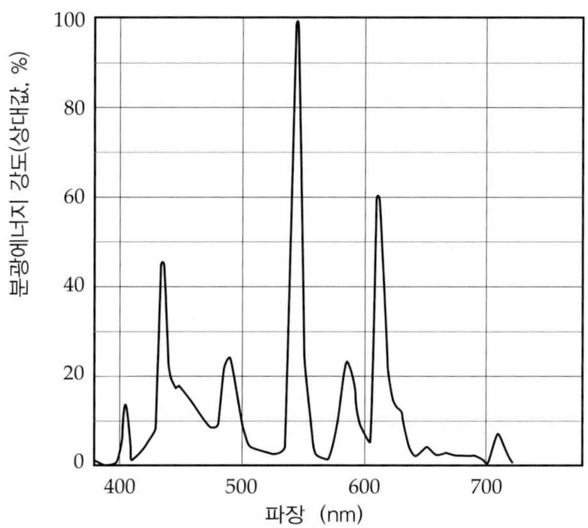


인용: 파나소닉(주), 종합 카탈로그

**그림 7.9** 직관형광등의 분광에너지 강도 예 (1) 상대값.

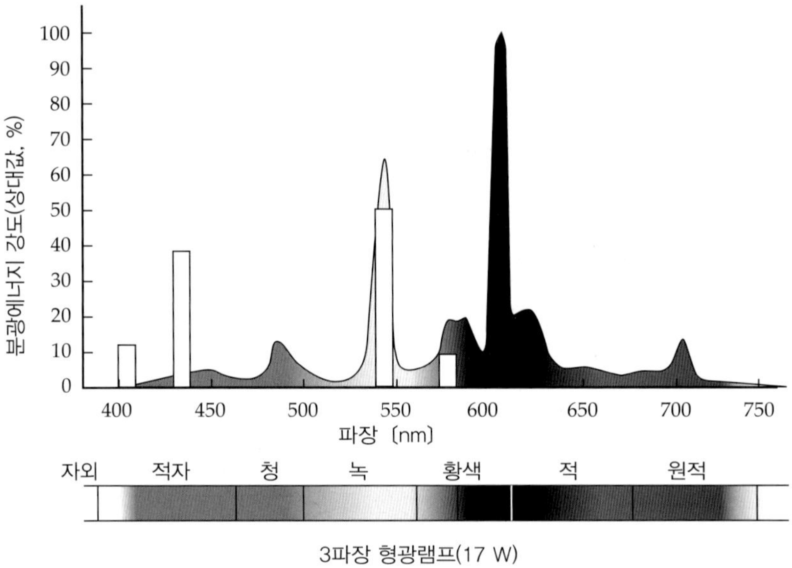


그림 7.10 형광등의 분광에너지 강도분포 예 (2) (상대값).

## 7.4.6 LED(발광다이오드)

### (1) 발광원리

LED는 n형 반도체와 p형 반도체가 접촉하는 구조를 가지고 있으며, LED에 순방향 전압을 직류로 흘리면 n형에서는 전자가 p형으로 이동하고, p형에서는 전자의 부족으로 생긴 정공이 n형으로 이동한다(그림 7.11). n형의 전자가 p형으로부터 이동된 정공과 결합하거나, p형의 정공가 n형으로부터 이동된 전자와 재결합한다. 이러한 재결합에 의해서 전자가 보유하고 있는 에너지의 일부가 빛에너지로 변화하게 된다.

재결합에 의한 발광 파장은 한편으로 반도체의 에너지 갭으로 결정되거나, 다른 한편으로는 발광 칩을 피복하고 있는 수지에 투입된 형광체의 종류로 결정된다. 한편 LED의 점멸전자회로는 밀리초 단위로 제어가 가능하기 때문에 고속점멸이 가능하다.

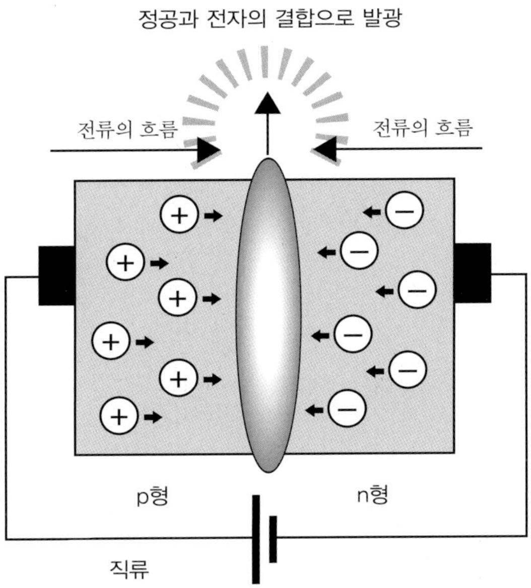


그림 7.11 LED(발광다이오드)의 발광원리를 표시한 모식도.

### (2) 램프의 효율에 관한 요인

LED의 형상은 포탄형과 칩형으로 크게 나누어지며 최근 높은 광강도가 필요한 인공광 식물공장에서는 chip형 LED를 채택하고 있다. 칩형 LED는 회로기판 위에 복수의 LED 소자를 LED chip으로 하여 실제 장착하고 이러한 LED chip은 에폭시 수지나 실리콘 수지 등으로 주입되어 있다. 복수의 LED chip을 결합하여 LED 모듈화하고 또한 복수의 모듈을 병렬로 연결하여 LED 조명기구로 사용하는 경우가 많다(그림 7.12). 이러한 결과 램프의 효율은 LED chip, LED 모듈, LED 조명기구의 순으로 5~10% 정도씩 저하된다.

직관형 LED 램프의 경우 직관에 칩이 매입된 상태로서 그 관 안에는 가늘고 긴 기판에 LED 모듈이 직선상에 배열되어 있다. 전구형의 경우, LED 모듈이 원형 또는 격자상에 배치되어 있는 것이 많다. LED 모듈 회사의 상품 설명서에 기재되어 있는 램프효율은 LED 조명기구가 아닌

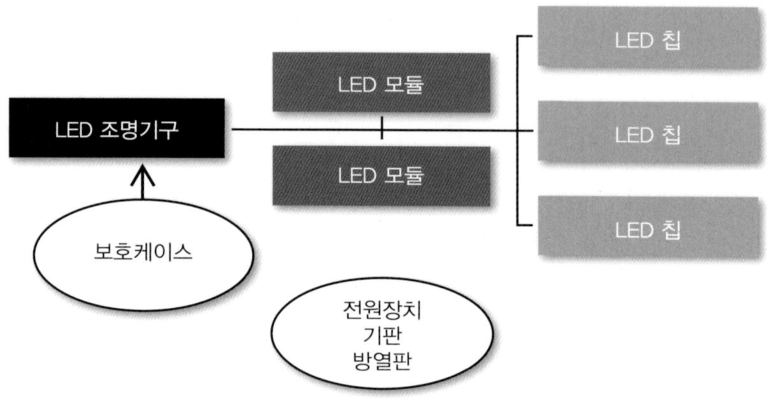


그림 7.12 LED 조명기구의 구성 모식도.

LED 모듈과 관계된 값이다.

LED 조명기구에는 상용화된 100V 또는 200V의 교류전원을 직류로 정류변환하고, 이것을 LED의 구동전압으로 낮추어 주는 전자회로가 매입되어 있다. 최근 정류방법을 개량하여 전력손실을 최소화한 방법과 LED 모듈을 직렬로 연결하여 100V에 근접한 직류전압으로 작동시키므로 해서 전압을 구동전압으로 낮출 때 발생되는 손실을 최소화하는 방법을 이용하는 경우가 많다.

이후, 태양전지에 의한 발전이 보급되면 태양전지로부터 직류가 얻어질 수 있기 때문에 직류를 LED 전원으로 그대로 이용할 수 있다. 그렇게 되면 교류에서 직류로 변화할 때 발생되는 전력손실이 없어지게 된다. 이러한 전자회로의 개량 기술도 LED 조명기구의 램프효율을 향상시키는 중요한 요소가 된다.

### (3) LED 모듈의 수명

조명용 LED 모듈의 수명은 'LED 조명기구가 점등되지 않게 될 때 까지의 총 점멸시간 또는 전광속이 초기 광속의 70%로 저하될 때 까지의 총 점멸시간 중에서 짧은 시간으로 추정되는 것'으로 정의되어 있다[(사) 일본

조명기구공업회, JIL5006]. 이러한 정의의 전후에는, 조명기구 중의 부품 수명이 LED 모듈의 수명보다 짧은 경우를 고려한 것이다.

시판 LED의 수명은 40,000시간(16시간 점멸하여 2,500일 또는 6.85년)의 것이 많다(그림 7.13). 그러면 LED 조명기구를 2012년에 점멸 개시하면 평균으로 2018~19년에 수명이 다한다. 한편 2015년에는 2012년에 제조된 LED 조명기구보다도 램프효율이 높다. 가격이 매우 낮아진 LED 조명기구가 시판될 것으로 예상되기 때문에 수명을 다 할 때까지 LED를 사용하는 것이 손해를 보는 문제가 발생될 수도 있다.

LED에 전류를 증대시키면 광속은 증대하지만, 수명은 짧아진다. 이러한 수명 단축의 주원인은 발광칩의 온도상승 및 온도상승에 기안하는 피복 플라스틱의 팽창에 의한 결정구조의 열화 및 발광칩 표면의 산화에 의한 열화로 인해 수명은 짧아진다.

또한 그림 7.13에 표시된 광속이 저하되고 있는 직선은 조명기구를 붙이지 않고 무풍상태에서 측정된 것이다. 실제로 이상 상태에 가까운 조건

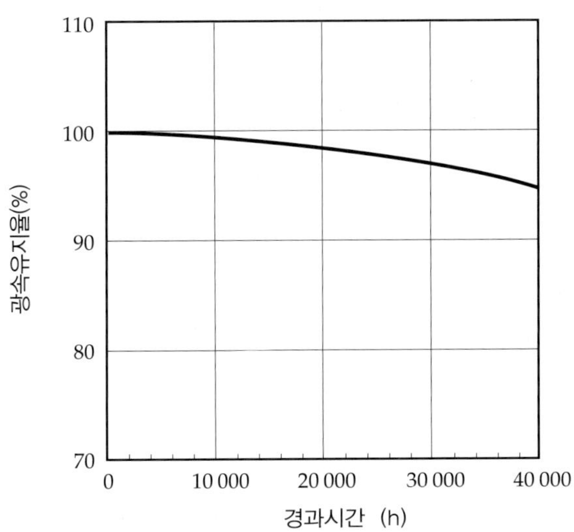


주광색, 관길이 1198mm, 램프전력 7.2 W, 정격수명 40,000시간

종축은 초기 전광속을 100으로할 때의 백분율. 설명서에서는 초기 전광속 2300ml 이상으로 기재됨. 조명기구를 부착하지 않고 무풍상태에서 계측함.

인용: 파나소닉(주) 카탈로그

**그림 7.13** 직관형 LED 램프 광속유지율의 예.

에서의 광속 저하곡선이며, 제조판매 회사가 제출한 자료이다. 한편 그림 7.14는 조명기구를 부착하고 실제의 사용 조건에 가까운 조건에서 제조판매 회사와는 독립된 기관에서 측정한 광속저하곡선이다. 그림 7.13과 그림 7.14의 차이가 주목된다. 그림 7.14에서 LED의 수명은 6,000~7,000 시간 정도된다.

### (4) 온도 특성

LED의 전광속은 LED 모듈의 온도가 낮을수록 높다. 그림 7.15는 직관형 LED 램프의 전광속에 미치는 주위 온도의 영향에 관한 예이다. 그림으로부터 램프 모듈에서 방열을 촉진하고, 주위 온도의 상승을 제어하는 것이 램프의 효율을 유지 또는 향상시킬 수 있고, 특히 수명을 길게 한다는 것에 매우 중요한 의미가 있다. 직관형 LED의 전광속은 점멸 직후에 최대가 되고 그 이후 저하하여, 점등 시작 후 30분 후에 정상에 달하는 경

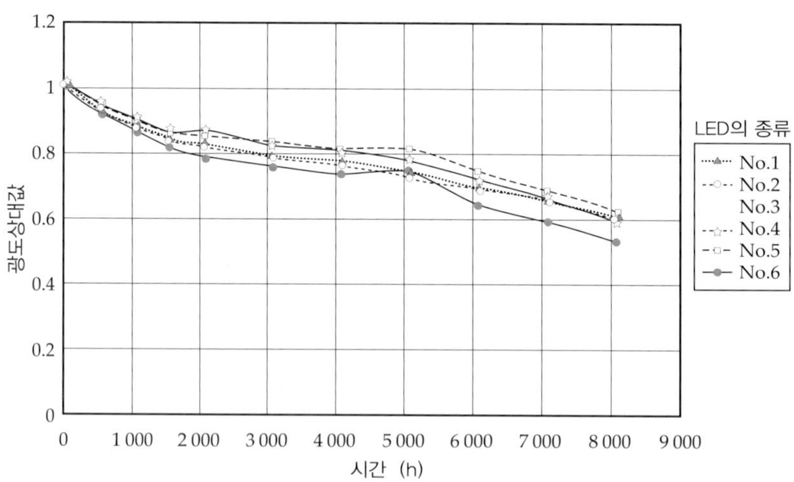


종축은 초기 전광속을 1.0으로 할 때의 상대값. 6개의 포탄형 백색 (청색 LED와 황색발광체) LED를 측정하여 공시 함. 칩형 LED의 광속유지율은 포탄형 LED 보다 매우 높음 (측정: Nakagawa, 자료제공 : Hashimoto Kotaro 씨)

**그림 7.14** 조명기구 LED의 광속유지율의 예.

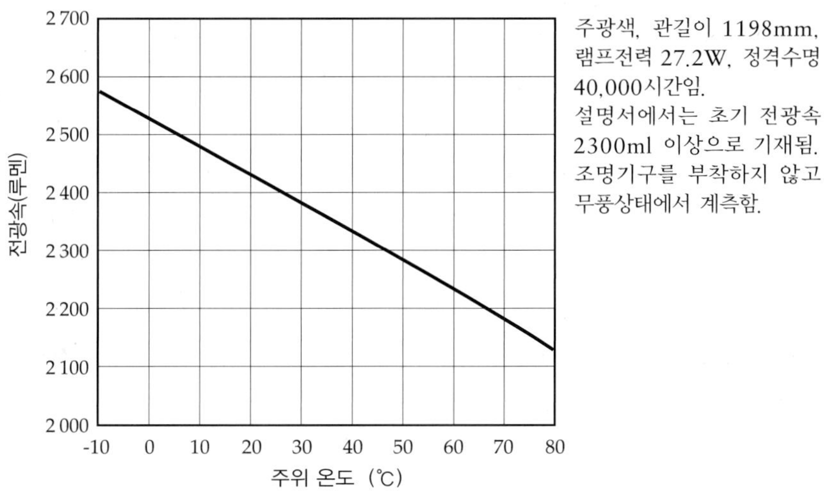


**그림 7.15** 직관형 LED 램프의 전광속에 미치는 주위 온도의 영향 예.

우 많다. 이러한 저하는 LED 모듈의 온도 상승이 큰 이유이다.

### (5) 피크 파장과 파장폭

LED로부터 발광은 최대 피크파장±30nm 폭의 광에너지가 집중되어 있는 유의적 단색광이다(그림 7.16). 한편 레이저광은 완전한 단색으로 파장역 폭이 거의 없다.

청색 LED에 황색 형광체를 포함한 수지로 피복하면 근사적인 백색 LED가 된다. 그림 7.16 중에서 넓은 스펙트럼을 표시하고 있는 것이 백색 LED이다. 이 곡선 좌측의 뾰족한 피크가 청색 LED의 발광이고 우측의 완만한 피크가 황색 형광으로부터의 발광이다. 이러한 타입의 백색 LED 램프효율은 2011년에 110lm $W^{-1}$를 넘는 것이 시판되었다. 이후 램프효율의 향상이 계속되고 이후 150lm $W^{-1}$ 전후에 도달할 것으로 예상된다.

### (6) 식물육성용 LED

육묘용, 조직배양식물 생산용으로 시판되고 있는 LED 램프의 특성을

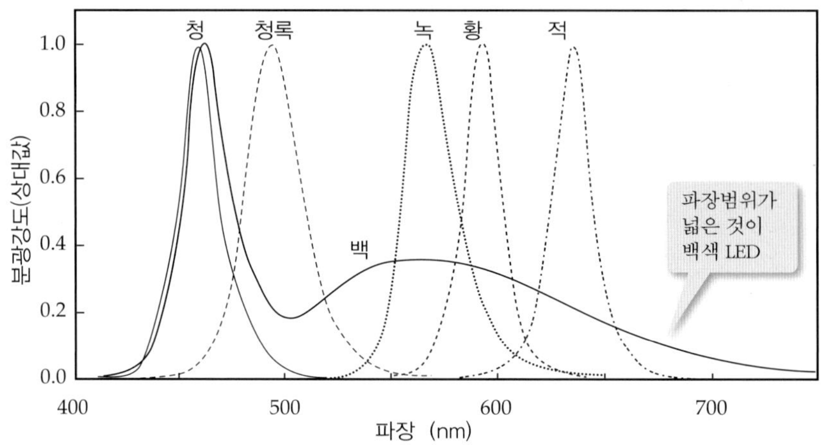


**그림 7.16** 각종 LED 램프의 발광 스펙트럼 곡선

**표 7.3 원예용 LED 모듈의 특성예(Phillips 사의 카탈로그로 작성됨)**

| 제품명 | Photon Flux (μmol/s) | 소비전력 (W) | Photon Flux/W (μmol/J) | 90% 수명 (h) |
|---|---|---|---|---|
| GreenPowerLED DR/B150 LO | 31 | 20 | 1.5 | 25000 |
| GreenPowerLED DR/B150 | 62 | 40 | 1.55 | 25000 |

주 1) Photon Flux는 정확하게 PPF(photosynthetic photon flux) 광합성유효광자속
주 2) 90% 수명은 초기 광속의 90%에 도달하기까지의 시간. 위 표에서 70% 수명은 50,000시간
주 3) LED 모듈은 종축 4cm, 길이 150cm의 케이스에 수납

표 7.3에 나타내었다. 온실내 보광용으로도 LED 램프가 시판되고 있다. 모든 제품들이 좁은 각주형(4 × 4 × 150cm)으로 육묘용과 조직배양용은 아랫방향으로, 온실내 보광용은 측방으로 광이 조사되는 것이 많다. 2012년 현재, 이러한 종류의 LED 조명기구가 식물에 관한 연구용, 실내용 및 온실내 보광용으로서 현재는 많은 회사에서 판매하고 있다.

### (7) LED의 특징을 살린 조명법

다른 광원과 비교하여 LED의 뛰어난 특징은 발광소자의 크기가 1mm 사각형 정도로 작다는 점이다. 따라서, 발광소자 크기가 작은 것을 최대한 이용한 조명법이 개발되어 이러한 조명법이 다른 광원을 이용한 조명법보다 뛰어난 이점이 있다면 LED의 유리한 점은 증가된다.

한편, 현재의 LED 조명 기구의 디자인은 종래의 광원과의 연속성을 중시하여, 전구형 LED, 직관형 LED, 평판형 LED 백열전구, 형광등, CCFL등의 광원 디자인과 유사하다. 이러한 방향성은 매우 합리적이며, 이후에도 이러한 방향으로의 LED 조명 디자인은 필요하다.

한편, 방향성이 높은 LED를 이용하여 그 조사방향을 식물의 생장에 맞추어 LED 소자별로 변화시키는 것이 가능하다. 역으로 LED 소자를 식물의 엽으로부터 1cm 정도로 근접시키는 것도 생각할 수 있다. 어떠한 방법이라도 LED로부터 발광의 90% 이상을 엽에 조사시키고, 특히 식물의 부위 별로 필요한 광을 강도, 방향, 광질을 최적으로 하면서 조사하는 방법이 있다(그림 7.17).

LED칩을 식물에서 수 cm 근접하여 설치하는 것 보다 LED에서 발산된 광속의 90% 정도를 식물체 엽에 흡수시키는 예. 또한, 지향성이 강한 LED로부터 떨어진 장소에서 국소적으로 조사하는 예. 카메라로 식물체의 형상을 찍어서 그 화상해석에 의해 동작하는 LED 소자의 위치, 발광방향, 발광수를 결정한다. 그림 중의 삼각형이 LED의 위치와 발광방향임.

**그림 7.17** LED의 식물로부터의 거리에 따른 조사 예.

이러한 LED 소자를 식물의 성장에 결합시켜 3차원적으로 자유롭게 이동시켜, 성장에 맞는 최적의 LED의 3차원 배치를 실행하는 것도 생각할 수 있다. 또는 성장에 맞게 LED의 점등수와 그의 광조사 방향을 변화시키는 것도 가능하다. 또한 어린 잎 또는 생장점에 특정 파장의 LED 광을 국소적으로 조사하여, 특수한 광형태형성을 유도하는 것도 가능하다.

광을 반드시 위에서 아래로 조사해야할 이유는 없다. LED 소자를 재배단에 근접하여 배치시키고, 광을 위에서 또는 옆에서 조사하는 것도 가능하다. 밀식된 식물군락의 하부 엽은 광이 부족하여 황화되거나, 심하면 고사하는 경우도 있으나, 이러한 현상을 LED에 의한 상향조사로 억제시킬 수 있다. 예를 들면 결구 상추 등이 결구를 개시하는 시기 전후에 그 중심에 LED를 설치하고 조사하면 결구 상추는 흥미로운 반응을 일으킬 수도 있다. 중요한 점은 종래의 광조사법의 연장선상에서 LED 조명을 생각하지 말고, 원점에서 다시 생각해 보는 조명설계가 필요하다.

### 7.4.7 CCFL(냉음극형광등)

CCFL(cold cathode fluorescent lamp)은 전극에서 방출되는 전자가 수은전자와 충돌하여 자외방사를 방출시키고, 그 자외방사에서 형광체를 거쳐 가시광선으로 발광한다. 형광등은 필라멘트를 가열하여 전자를 방출시키는 데 반하여 CCFL은 전극에서 전자를 방출하는 점이 다르다. 형광체의 두께와 종류를 변화시켜 발광 파장 조성을 자유자재로 변화시킬 수 있다.

CCFL은 액정 TV와 노트북의 백라이트용으로 이용되어 왔다. 수명은 약 5만 시간으로 긴편이며, 관경이 4~5mm로 매우 가늘기 때문에 다단재배 시스템에서 중요한 근접 조명에 유리하다. 또한 인버터에 의해 광도조절이 쉽다. 관 길이는 1300mm 이상도 가능하다.

CCFL을 이용한 소형 식물공장이 몇 개 시판되고 있다. 최근에는 액정 TV의 백라이트용으로 LED를 사용하기 때문에 앞으로 CCFL의 시장 동향이 어떻게 변화할 것인지에 대해 주목할 필요가 있다.

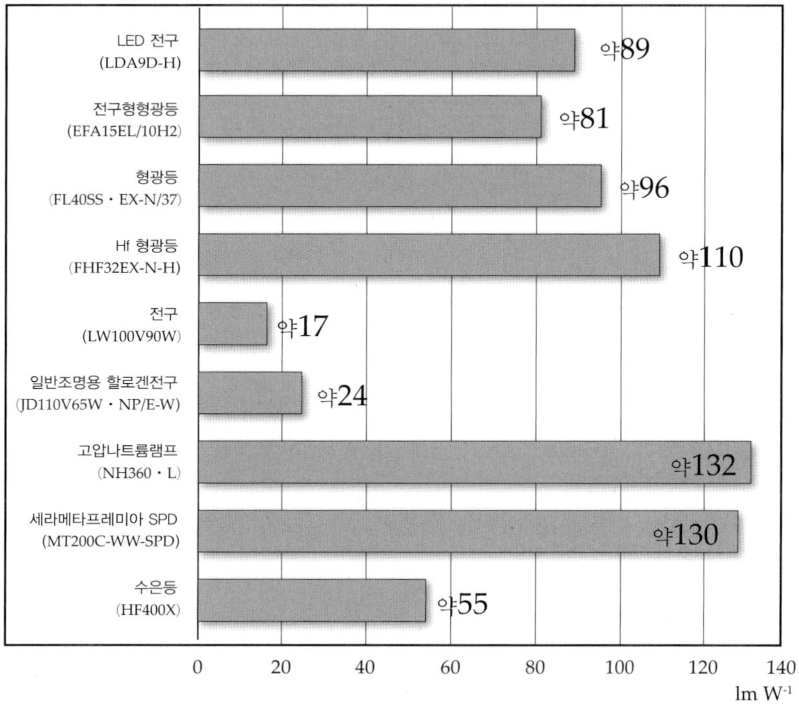


출전: 파나소닉(주) 종합램프 카탈로그

**그림 7.18** 각종 광원의 램프효율 예.

## 7.4.8 램프효율과 가시방사 에너지 비율

1990년대까지 인공광 식물공장에서 이용되었던 중요한 인공광원은 고압나트륨램프였다. 고압나트륨램프는 자연광 식물공장에서는 보조용으로서 지금도 많은 곳에서 이용되고 있다.

그림 7.18에 표시한 것과 같이, 램프의 효율로 평가하자면, 고압나트륨램프가 약 132lm $W^{-1}$로 최고이다(2011년 시점). 그림 7.18은 LED 전구가 약 89lm $W^{-1}$이지만, LED 소자는 110lm $W^{-1}$ 전후이다. 그렇지만, 2012년 현재 LED 램프효율은 형광등과 동등한 수준이다. 단지 LED 램프효율은 앞으로도 계속 향상할 수 있다. LED 램프의 효율은 백열전구와

자주 비교되어 램프의 효율이 약 4~5배 정도된다고 알려져 있지만, 이후 LED의 램프효율은 형광등과 비교하여 논해야 할 것이다.

램프효율이 아닌 가시방사(광합성유효방사)의 에너지 백분율을 표시한 것이 표 7.4이다. 표에 의하면 LED 전구의 가시방사 에너지 백분율은 LED 전구에서 31.8%, 형광등에서 18.8%, 고압나트륨램프에서 30.0% 정도된다. 이 자료는 램프회사가 발행한 상품 카탈로그에서 인용한 값이다.

한편, 램프회사로부터 독립된 조직에서 공표된 표 7.5에 의하면 그 백분율은 LED 전구에서 12~20%, 형광등에서 25%, 고압나트륨램프에서 27~30% 정도된다. 양자의 차이는 측정한 년도에는 큰 차이가 없으므로 대상으로 한 램프회사와 형식 및 측정방법과 측정조건에 의한 차이라고 생각된다. 이렇게 램프효율 및 가시방사 에너지 분포가 측정방법과 조건에 의해 크게 차이가 나는 경우가 있으므로, 한 종류의 자료에 의존하여 광원을 선택할 경우에는 그림 7.19에 표시된 것과 같이 다양한 램프의 특성을 고려하여 결정할 필요가 있다.

**표 7-4 각종 광원의 에너지 분배의 일례**

| 에너지 분배 / 광원의 종류 | 자외방사 (%) | 가시방사 (%) | 적외방사 (%) | 전방사 (%) | 대류 및 전도 (%) |
|---|---|---|---|---|---|
| LED 전구 | 0.0 | 31.8 | 0.2 | 32.0 | 68.0 |
| 형광등(40W) | 0.5 | 18.8 | 40.7 | 60.0 | 40.0 |
| 백열등(100W) | - | 9.0 | 84.0 | 93.0 | 7.0 |
| 고압나트륨램프(360W) | 0.3 | 30.0 | 47.2 | 77.5 | 22.5 |
| 메탈할라이드램프 (400W) | 3.0 | 20.0 | 61.0 | 84.0 | 16.0 |
| 형광수은등 (400W) | 2.1 | 14.8 | 58.6 | 75.5 | 24.5 |
| 저압나트륨램프 (180W) | - | 35.5 | 4.5 | 40 | 60.0 |

출전: 파나소닉 카탈로그 2011

*LED 전구는 회로부분의 전력손실은 고려하지 않음(LED 모듈에 투입된 전력을 100%로 한 조건).

표 7-5 각종 광원의 에너지 변환율(입력 전기에너지를 100으로 함)

| 광원의 종류 | 자외방사 (%) | 가시방사 (%) | 적외방사 (%) | 대류전도손실 (%) |
|---|---|---|---|---|
| 태양광 | 2~5 | 40~50 | 50~55 | - |
| 백열전구 | 0~0.2 | 8~14 | 80~85 | 5~8 |
| 형광등 | 0.5~1 | 25 | 30 | 44 |
| 고압수은램프 | 2~4 | 13~16 | 60 | 16~22 |
| 메탈할라이드램프 | 2~7 | 20~40 | 50~67 | 7~20 |
| 고압나트륨램프 | 0.3 | 27~30 | 47~63 | 10~23 |
| 백색 LED(2색) | 0 | 12~20 | 0~0.2 | 80~88 |

백색 LED는 포탄형 가시방사 분광 데이터에 의존함, 칩형 LED의 가시광선 분배율은 25% 전후 임.
"적외방사"는 파장 3mm까지로 파장 3 이상의 파장은 포함하지 않음.
Hashimoto씨 자료 자료 제공.

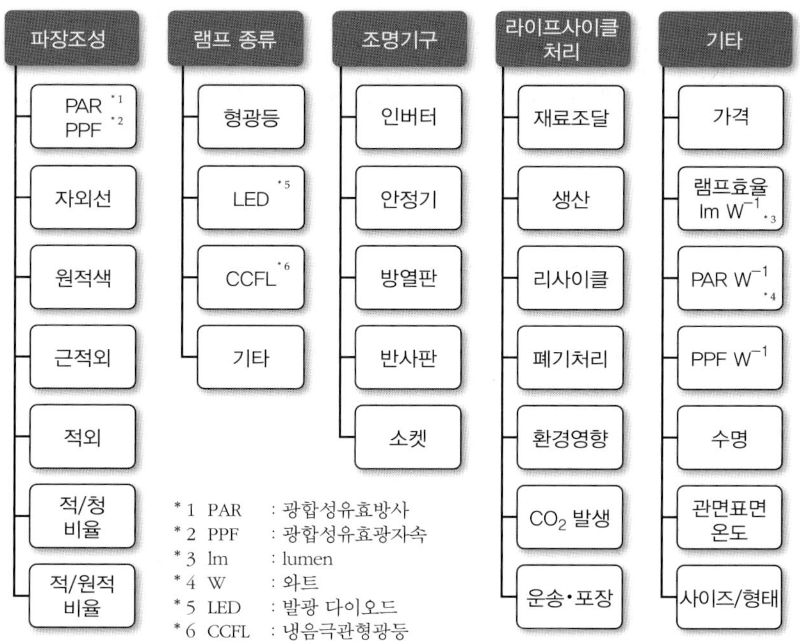


**그림 7.19** 인공광원을 선정할 때 고려해야 할 특성.

▶▶▶ 요약 ◀◀◀

이번 장에서는 우선, 광의 기본적인 성질인 파장, 진동수, 보유 에너지, 플럭스 단위 등에 대하여 구술하였다. 다음으로 인공광원의 특성이라고 할 수 있는 램프의 효율 등에 대해서 논하였으며, 마지막으로 앞으로의 인공광 식물공장의 대표적 광원이라고 할 수 있는 형광등과 LED(발광다이오드)의 종류와 특징, 온도 특성, 발광 스펙트럼, 수명 등에 대해서 논하였다. 또한 LED와 형광등에 관하여 표시하는 특성값의 측정방법과 그 해석의 문제에 대해서 논하였다.

제 8 장

# 광 및 전기에너지의 이용효율

## 8.1 서론

인공광 식물공장은 광에너지를 인공광원(램프)를 통하여 전기에너지로부터 얻는다. 전기에너지는 귀중한 자원이기 때문에 효율적인 이용이 요구된다(Ohyama, Kozai, 2001; Kozai, 2011). 식물은 광을 광합성과정에서 에너지로 이용한다. 또는 광형태형성의 신호로 이용한다. 에너지량 관점에서는 전자가 압도적으로 많다. 이번 장에서는 전기에너지가 식물체의 화학에너지로 변화되는 과정을 분석하고, 그 분석에 근거하여 전기에너지의 효율적 이용방법을 명확하게 한다.

## 8.2 광 및 전기에너지의 이용효율

### 8.2.1 건물중 기반의 $LUE_d$ 및 $EUE_d$

건물중 기반의 광에너지 이용효율(LUE: light energy use efficiency)는 단위기간(또는 재배기간)에서, 램프로부터 조사된 광에너지의 양에 대한 식물의 화학에너지의 증가량이다[식(1) (Yokoi 등, 2005)]. 이 화학에너지의 증가량은 어떤 기간의 건물중 증가량 $D_n$에 식(1)의 k를 곱하여 얻을 수 있다. 여기서, 광은 광합성유효방사(PAR, MJ $m^{-2}$)를 의미한다.

전기에너지 이용효율(EUE ; electric energy use efficiency)은 단위기간(주, 또는 재배기간) 동안, 램프로 소비된 전기에너지량에 대한 식물의 화학에너지 증가량이다[식(2), (Yokoi 등, 2005)]. 또한 EUE를 식물공장에서 소비된 램프 이외에 다른 기기의 전기에너지 소비량도 포함시켜 정의하는 것도 가능하다. 여기서 기간을 일주간 또는 재배기간으로 하는 것은 건물중은 일반적으로 연속계측이 곤란하고, 계측은 식물체를 파괴하여 계측하는 경우가 많기 때문이다.

$$LUE_d = k \times \frac{D_n}{PAR_c} \quad (1)$$

$$EUE_d = PRE \times LUE_d \quad (2)$$

여기서, k는 단위 식물체 건물중이 포함한 화학에너지이다. k의 값은 식물체가 포함한 탄수화물, 단백질, 지방의 비율에 영향을 약간 받지만, 대체로 20MJ $kg^{-1}$이다. $D_n$은 재배 면적당 식물체 건물중 증가량(kg $m^{-2}$)이다. 건물중을 식물체의 일부(수확물)로 할지 전부로 할지는 $LUE_d$의 산정 목적에 따라 다르다. 식물체의 건물중은 명기에는 광합성에 의해 증가하고, 암기에는 암호흡에 의해 감소한다. 식(1)에서 건물중의 증가는 명기에서 증대되고 암기에서 감소를 뺀 건물중 증대를 의미한다.

식(1)의 $PAR_c$는 재배기간 중의 PAR의 적산값이므로, $PAR_c$ = PAR × 1일당의 명기(h $d^{-1}$) × 재배 일수(d)가 된다. 여기서, PAR은 광합성유효방사속($Wm^{-2}$)이다. 식(2)의 우변의 PRE는 단위기간에서 램프의 방사효율[PAR efficacy, 램프를 포함한 조명기구의 소비전력량(전기에너지량)에서 PAR 에너지량으로 변화시키는 계수]이다(단위는 J $J^{-1}$). PRE가 경시변화하는 경우에는 그 평균값을 사용한다. 형광등의 경우 PRE는 대략 0.25이다.

## 8.2.2 $LUE_d$ 수치 예

형광등형 폐쇄형 시스템을 이용한 토마토 실생묘 생산에서 $LUE_d$의 평균값으로 0.021~0.027(Ohyama 등, 2000) 및 0.027(Yokoi 등, 2003)의 측정예가 있다. 또한 자연광 이용의 온실에서 토마토묘 생산에서 $LUE_d$로는 0.017의 측정 예가 있다(Shibuya, Kozai, 2001). 비록 폐쇄형에서 $LUE_d$는 온실에서 $LUE_d$의 1.2~1.7배였다.

Goto(2011)는 인공광 조건에서 재배한 벼, 딸기, 상추 및 토마토의 광자 1mol 당의 식물체 건물중 증가량은 그 재배 일수, 건물율, 광강도에 관계 없이 약 0.4g이였다고 한다.

건물중당의 화학에너지는 약 20kJ $g^{-1}$이며, 또는 광자 1mol 당 평균 보유 에너지는 약 250kJ이기 때문에, 그런 경우 $LUE_d$는 0.032(= 20 × 0.4/250)이다. 한편 인공광 조건에서 재배한 벼의 광자 1mol 당 수량은 거의 0.15g $mol^{-1}$ 정도였다. 이런 경우의 $LUE_d$는 0.011이 된다. 이런 $LUE_d$의 값은 이후 기술향상에 의해서 2~3배는 될 수 있다.

## 8.2.3 순광합성속도 기반의 $PUE_p$ 및 $EUE_p$

순광합성속도 $C_f$(μmol $m^{-2}$ $s^{-1}$)와 PPF(μmol $m^{-2}$ $s^{-1}$)를 기반으로 한 광합성유효광자 이용효율($PUE_p$ ; photosynthetic photon use efficacy)은 식(3)으로 표현된다. $C_f$와 PPF는 연속 측정으로 얻을 수 있기 때문에, $PUE_p$는 연속적으로 산정할 수 있다($C_f$의 연속산정법은 제4장에서 다루었음). 또는 PAR을 기반으로한 광에너지 이용효율 LUEp′를 식(4)로 정의하고, 또한 전기에너지 이용효율($EUE_p$)를 식(5)로 정의한다.

$$PUE_p = \frac{C_f}{PPF_c} \quad (3)$$

$$LUE_{p'} = \frac{b \times C_f}{PAR_c} \quad (4)$$

$$EUE_p = PRE \times LUE_{p'} \quad (5)$$

$C_f$는 PPF의 증대와 함께 증가하지만, 점차 한계치의 포화형 곡선이 된다. 그림 9.9의 곡선의 구배(기울기)가 $PUE_p$를 나타내기 때문에, $PUE_p$는 PPF가 제로보다 약간 클 때가 최대로, PPF의 증대와 함께 저하한다(그림 9.9). $PUE_p$의 역수, PPF/$C_f$는 1mol의 $CO_2$를 고정하는 데 필요한 광자의 몰수를 의미하며, 양자(광자) 수율이라고 부른다.

식(4)에서, b는 광합성으로 식물에 고정된 $CO_2$를 화학에너지로 변화시키는 계수(475kJ $mol^{-1}$)이며, PAR는 식물군락상 또는 식물이 존재하지 않는 재배 베드 위의 광합성유효방사속(W $m^{-2}$)이다(Shibuya, Kozai, 2001). 식(4)에 의한 LUEp'는 건물중 증가와 전기에너지 소비량 등과 관련시킬 때 이용할 수 있다. 식(3)에서는 PPF가 mol 기반이므로 에너지량과 관련시킬 수 없기 때문이다.

식(5)를 이용하여 $EUE_p$를 산정할 경우, 광합성유효광자 이용효율이 아니라, 광합성유효방사 이용효율 PRE(photosynthetically active radiation efficacy)를 이용한다. PRE는 램프의 소비전력량에 대한 PAR량의 비율이다.

식(3)의 $PUE_p$는 명기에서 $CO_2$의 흡수속도 $C_f$에 의해 산정되기 때문에, 암기 중의 암호흡에 의한 $CO_2$ 방출은 고려하고 있지 않다. 따라서, 식(3)의 $PUE_p$는 식(1)의 $LUE_d$보다도 암기에서 건물중 감소량($CO_2$ 방출량)을 나눈 것 만큼 작게 된다.

폐쇄형 시스템의 토마토 실생 군락에서 $PUE_p$는 엽면적지수(LAI)의 증가와 함께 증대되고, LAI가 2.5일 때, 약 0.1이었다(Yokoi 등, 2003).

한편, 토마토 셀성형묘를 온실 내에서 육묘하는 기간 중의 평균 $PUE_p$는 0.008이었다. 이런 $PUE_p$는 엽면적 지수가 클수록, 또는 광강도가 낮을수록 커지면서, 0.0015~0.0016 사이에서 변화한다(Yokoi, Kozai, 2001). 즉, 폐쇄형에서 $PUE_p$는 자연광 온실에서 $PUE_p$의 수배 이상된다.

## 8.3 광에너지의 변환 프로세스

### 8.3.1 개요

인공광 식물공장에서 조명용 전기에너지가 광, 열 및 화학에너지로 변환되는 과정을 대표적인 수치값과 함께, 표 8.1에 나타내었다. 전기에너지의 일부는 조명기구에서 광에너지로 변화되고, 그 광에너지의 일부가 식물군락상에 도달하고, 그 일부분이 식물의 엽에 흡수되고, 흡수된 광에너지의 일부가 광합성에 의해 화학에너지로 고정된다. 그 일부가 수확되고, 최종적으로 수확물의 일부가 생산물(상품)이 된다.

현재는, 조명기구에서 발산된 광에너지의 약 35% 전후가 엽에 흡수된다. 나머지 65% 전후는 재배 베드, 바닥, 벽 등을 조사하고, 최종적으로 어떤 도움도 되지 않는 열에너지로 변환된다. 이런 사실은 식물공장의 조명설계를 개선하여, 예를 들면, 위에서 언급한 35%를 70%로 향상시킬 수 있으면 광에너지 이용효율 $LUE_d$를 2배로 향상시킬 수 있다는 것을 나타낸다.

또한, 광에너지가 생산물의 화학에너지로 변환되는 비율은 현재 1% 전후이며, 약 99% 전후는 열로 변환되지만, 식물체 잔존물의 형태로 남아서 파괴된다. 재배실 내에서 발생된 열은 에어컨(히트펌프)을 이용하여 실외로 배출해야 하며, 이를 위한 전력 소비가 필요하다.

### 8.3.2 $LUE_d$에 영향을 주는 요인

식물공장에서 전기 비용을 감소시키는 것은 $LUE_d$의 향상이 필수 이다. 식(6)의 $A_L$은, 재배 면적당, 재배 기간당의 조명을 위한 소비전력량($kWh \cdot m^{-2}$ 또는 $MJ \cdot m^{-2}$, 여기서 1kWh = 3.6MJ)이다.

$A_L$은 램프의 수(n)와 소비전력 S가 적은 다른 표현으로는 재배상 위의 적정 PAR가 낮아도 문제가 없는 식물일수록 적어진다. 구체적으로 인공광 조건에서 재배가 경영적으로 성립하는 것은 비교적 약광(PAR로 200~300$Wm^{-2}$)에서도 잘 생장하고, 재배 일수가 약 2개월 이내에서 상품화되는 엽채류, 묘, 허브류, 초본성의 약용식물 등을 재배하는 경우이다.

식(7)~(13)은 표 8.1에서 제시한 7개의 스텝에 대체적으로 대응한다. 이러한 각 스텝에서 계수 값의 개선이 $LUE_d$ 값의 향상으로 이어진다. 7 스텝에서 각 계수가 10% 향상되면, $LUE_d$는 1.9배($1.1^7$)가 된다.

식물공장에서 전기비용의 절감이라 함은 램프의 광자효율(PPE) 또는 방사효율(PRE)의 향상에 주목하지만, PPE와 PRE만을 향상시킨다고 전기비용의 대폭적인 삭감은 기대하기 어려운 것이 식(6)~식(13)으로부터 알 수 있다. 여기서 식(6)~(13)에 기초하여 $LUE_d$를 향상시키기 위한 대책을 검토한다. 식(7)~(13)의 좌변은 재배 면적당이지 바닥 면적당이 아니다. 바닥 면적당으로 환산하기 위해서는 재배상의 단수 및 바닥 면적에 대한

**표 8.1 전기에너지로부터 생산물의 탄수화물에 포함된 화학에너지로의 변환 백분율의 시험으로 계산한 예(기산치)**

| 항목 | 개별 백분율(%) | 누적백분율(%) |
|---|---|---|
| 전기-PAR 에너지 변환율 | 25 | 25 |
| 식물수광비율(재배기간평균) | 56 | 14 |
| 엽면수광비율 | 85 | 12 |
| 엽면흡광비율 | 90 | 10.8 |
| 화학에너지 고정비율<br>(효소활성, PS 활성) | 20 | 2.28 |
| 광호흡 암호흡 손실율 | 50 | 1.14 |
| 상품비율 | 50~90 | 0.57~1.03 |

7 요인의 개별 백분율이 10%씩 향상하면, 누적 백분율은 $1.1^7$=1.9배가 됨. RAR: 광합성유효방사

재배 면적의 비율을 고려하는 것이 필요하다.

식(7)의 $PAR_L$은 램프로부터 발생하는 재배 면적당 광합성유효방사량(PAR), 식(8)의 $PAR_c$는 식재하지 않은 재배 베드가 받는 PAR, 식(9)의 PARp는 재배 베드 상의 식물이 받는 PAR, 식(10)의 $PAR_A$는 재배 베드 위에 식재된 식물 엽이 흡수하는 PAR이다.

$$A_L = n \times S \times T \times P \tag{6}$$

$$PAR_L = PRE \times \frac{A_L}{R_C} \tag{7}$$

$$PAR_C = q \times PAR_L \tag{8}$$

$$PAR_P = U \times PAR_C \tag{9}$$

$$PAR_A = \alpha \times PAR_P \tag{10}$$

여기서, n은 램프의 개수, S는 램프당 소비전력(W), T는 명기(h $d^{-1}$), P는 재배 일수(d)이다. 식(7) 우변의 PRE는 램프의 방사효율이다. 또한

$R_C$는 재배 면적이다. 식(8), (9), (10)의 계수 q, U 및 $\alpha$는 각각, $PAR_L$에 대응하는 $PAR_c$의 비, $PAR_c$에 대응하는 $PAR_P$의 비, $PAR_P$에 대응하는 $PAR_A$의 비율이다. U는 조명률이라고 한다. 계수 PRE, q, U 및 $\alpha$의 값을 향상시키는 것이 순수하게 조명용 전력 소비의 절감이 된다.

식(11)의 $D_g$는 명기 중의 건물중 증가(총광합성에 의한 건물중 증가와 호흡에 의한 건물중 감소의 차)이다. 식(12)의 $D_n$은 암기 최후에서의 건물중, 식(13)의 $D_v$는 $D_n$ 중에서, 이용 가능 또는 상품이 될 수 있는 건물중이다.

$$D_g = k \times f \times PAR_A \tag{11}$$

$$D_n = (1 - \beta) \times D_g \tag{12}$$

$$D_v = v \times D_n \tag{13}$$

여기서, k는 건물중에 포함된 화학에너지(20MJ $kg^{-1}$), f는 엽에 흡수된 PAR로부터 화학에너지로 변화되는 계수(kgM$J^{-1}$), $\beta$는 암기 중에 암호흡에서 감소하는 건물중의 비율이며, 주로 온도에 의존한다. v는 수확지수(Harvest index)라고 부르며, $D_n$에 대한 이용 가능 부분의 건물중의 비율을 의미한다.

## 8.4 광에너지 이용효율 $LUE_d$의 개선

식(7)~(13)으로부터, 광에너지 이용효율 $LUE_d$의 향상을 위해서는 이하의 방법이 고려된다.

### 8.4.1 식(7)

방사효율 PRE가 높은 램프를 이용한다. LED(발광다이오드)에 관한 RPE의 향상은 최근 매년 증가하고 있기 때문에, 앞으로도 주목된다. 현재, 상품으로 판매되고 있는 형광등과 LED의 PRE는 0.25~0.3 정도이다. 한편, LED의 PRE는 0.4 정도되는 제품이 개발되어 있기 때문에 수년 이내에 시판될 것으로 기대된다. 다만, 실제에는 LED 칩의 비용은 LED 조명장치(LED, 기판, 회로, 주파수 변환장치 등) 비용의 많은 부분을 점유하지 않기 때문에 LED 조명의 보급에는 LED 칩의 PRE의 향상과 함께 LED 조명장치의 개량과 비용 저하가 필요하다.

램프의 수명은 시간이 지나면 저하한다. 수명은 램프가 점멸하지 않을 때까지의 시간 또는 초기 광속의 70% 이하가 될 때까지의 시간 중에서 짧은 것으로 결정된다. 한편, 식물의 광합성에서 PAR은 300Wm$^{-2}$ 정도까지는 PAR에 거의 비례하기 때문에, 광속 30%의 저하는 광합성 속도 30% 정도의 저하를 의미한다.

### 8.4.2 식(8)

계수 q는, 채종 직후에는 제로에 가까우며, LAI의 증대와 함께 증대하고, 수확 직전에는 1에 가깝다. q = 1이 될 때의 LAI는 3 전후이다. 재배밀도를 성장과 함께 저하시켜 재배기간 중의 LAI를 통상 2전후로 유지하는 것이 바람직하지만, 자동화장치 또는 수작업이 필요하기 때문에, 비용문제를 고려한 최적화가 요구된다. 한편 이식작업은 초심자, 고령자, 장애자에게 적합하고, 비교적 가벼운 작업은 즐겁게 하는 것을 고려해야 한다.

### 8.4.3 식(9)

식(9)에서의 계수 U(조명률)는, 광원 주위 자재의 반사율, 광원과 식물의 거리, 재배단의 폭, 광원의 지향성 등에 영향을 받는다. 램프와 식물 간의 거리가 짧을수록 수직면 아래의 식재 표면에서의 PAR이 커지게 되지만, 식재 표면에서의 PAR 및 엽온이 불균일하게 유지될 수 있다. 형광관의 경우, 위쪽 방향은 반사율이 높은 자재를 사용하고 광을 아랫방향으로 반사시키거나, 또는 측방에서부터 재배단 밖으로 나가지 않도록 한다(다음 항의 조명률 U를 참조).

### 8.4.4 식(10)

엽의 흡수율 α는 0.85 전후이며, 엽에 고유의 광학적 성질이 있기 때문에, 개선시키는 것은 곤란하다.

### 8.4.5 식(11)

계수 f의 값은 식물의 광합성 특성과 식물을 둘러싼 환경에 크게 의존한다. f를 최소 비용으로 최대화하는 것은 복합환경제어(제4장)의 개념을 반영하여, 온도, $CO_2$ 농도, 광강도, 광질, 기류속도, 수증기 포차, 양액조성 등의 조합을 적절히 하는 것이 필요하다고 할 수 있다.

### 8.4.6 식(12)

암기간 중에 암호흡으로 감소하는 건물중의 비율 β가 적을수록 $D_n$은 커지며, β는 온도가 낮을수록 적어진다(한편, 암호흡은 광호흡에 대한 용어이며, 암기만이 아닌 명기에도 행해진다). 그러나 이러한 이유로 온도를 저하시키는 것은 안 된다. 암호흡은 유지호흡과 생장호흡으로 나누어지며, 생장호흡은 새로운 식물조직을 형성하기 때문에 필수적이다. 한편, 암기에도 명기와 함께 엽에서 동화산물을 타조직으로 전류시키며, 전류는 온도가 높을수록 활발하다. 결국, 암기 중의 온도는 유지호흡, 생장호흡, 전류를 종합하여 설정할 필요가 있다. 또한 여기서 말하는 온도는 지상부와 근권부의 온도와는 크게 구별된다. 한편, 여기서의 온도 범위는 일반적으로 5~25°C의 범위이다.

### 8.4.7 식(13)

수확지수 v는 재배관리방법에 의해서 10~20% 변화된다. v는 양액조성을 포함하여 환경요인 전반에 영향을 받는다.

인공광 식물공장에서는 광원의 전기·광변환 계수의 값이 매년 향상하고 있는 LED에 주목할 필요가 있다. 그러나 식(7)~(13)의 변수값·계수값의 어느 것이라도 동등하게 전기소비량에 영향을 준다. 그래서 식(8), (9), (11)의 변수값 · 계수값은 상당한 수준으로 개선할 여지가 있다.

## 8.5 조명률 U

### 8.5.1 정 의

식(9)의 계수 U는, 조명공학의 분야에서는 조명률(coeficient of utilization)이라고 부른다. 조명률이란, 광원에서 발산되는 전광속과 피조명면에 입사하는 광속과의 비율이다(식(9)). 피조명면에 입사하는 광속에는 광원으로부터 직접입사와 벽과 같은 물체의 반사에 의한 간접입사가 있다. 조명률은 재배 베드의 형상에 관한 실지수(R; room index), 천정, 벽, 재배면의 반사율 및 조명기구의 배광 특성에 의해 다르다. 실지수 R은 다음 식으로 구할 수 있다.

$$R = \frac{R_L \times R_w}{R_H \times (R_L + R_w)} \tag{14}$$

여기서, $R_L$은 길이, $R_w$는 폭, $R_H$는 높이다. 조명률 U는 조명기구 회사의 카탈로그에 종종 실지수 R, 각면의 반사율 및 배광 특성에 대하여, 표형식의 자료로서 주어진다(표 8.2). 표 8.2를 이용하여 조명률 U를 구하는 방법은 간편법이기 때문에 보다 정확한 조명률이 필요한 경우는 Ikeda 등(1992)에 의한 조명률 계산법을 채용하는 것이 바람직하다.

### 8.5.2 형광등의 필요 개수 재배 베드면 조도

광원으로서 형광등을 사용하는 경우, 재배 베드면에서 광합성유효광자속 PPF가 요구수준으로 되기 위해서 필요한 형광등 수 n은 다음의 식으로 산정할 수 있다.

**표 8.2 조명률 U에 영향을 미치는 천정, 벽, 재배상면의 반사율 및 실지수 R의 영향**

| 반사율 | | | | | | | | | | | | | | | | | |
|---|---|---|---|---|---|---|---|---|---|---|---|---|---|---|---|---|---|
| 반사율 천정 | 80% | | | | 70% | | | | 50% | | | | 30% | | | | 0% |
| 반사율 벽 | 70% | 50% | 30% | 10% | 70% | 50% | 30% | 10% | 70% | 50% | 30% | 10% | 70% | 50% | 30% | 10% | 0% |
| 반사율 재배면 | 10% | | | | 10% | | | | 10% | | | | 10% | | | | 0% |
| **실지수** | **조명률 (×0.01)** | | | | | | | | | | | | | | | | |
| 0.6 | 44 | 32 | 25 | 20 | 42 | 31 | 24 | 19 | 37 | 28 | 22 | 18 | 33 | 25 | 20 | 16 | 13 |
| 0.8 | 52 | 41 | 33 | 27 | 49 | 39 | 32 | 26 | 44 | 35 | 29 | 24 | 39 | 32 | 27 | 22 | 18 |
| 1.0 | 58 | 47 | 39 | 33 | 55 | 45 | 37 | 32 | 49 | 40 | 34 | 30 | 43 | 36 | 31 | 27 | 22 |
| 1.3 | 63 | 53 | 45 | 39 | 60 | 50 | 43 | 38 | 53 | 46 | 40 | 35 | 47 | 41 | 36 | 32 | 27 |
| 1.5 | 67 | 58 | 50 | 44 | 63 | 55 | 48 | 42 | 57 | 50 | 44 | 39 | 50 | 45 | 40 | 36 | 30 |
| 2.0 | 72 | 64 | 57 | 52 | 69 | 61 | 55 | 50 | 61 | 55 | 50 | 46 | 55 | 50 | 46 | 42 | 35 |
| 2.5 | 76 | 68 | 62 | 57 | 72 | 65 | 60 | 55 | 65 | 59 | 55 | 51 | 58 | 54 | 50 | 46 | 39 |
| 3.0 | 78 | 72 | 66 | 61 | 74 | 68 | 63 | 59 | 67 | 62 | 58 | 54 | 60 | 56 | 53 | 50 | 42 |
| 4.0 | 81 | 76 | 71 | 67 | 78 | 73 | 68 | 64 | 70 | 66 | 63 | 59 | 63 | 60 | 57 | 54 | 46 |
| 5.0 | 84 | 79 | 75 | 71 | 80 | 75 | 72 | 68 | 72 | 69 | 66 | 63 | 65 | 63 | 60 | 58 | 49 |
| 7.0 | 86 | 82 | 79 | 76 | 82 | 79 | 76 | 73 | 75 | 72 | 70 | 67 | 68 | 66 | 64 | 62 | 53 |
| 10.0 | 88 | 85 | 83 | 80 | 84 | 82 | 79 | 77 | 77 | 75 | 73 | 71 | 70 | 68 | 67 | 65 | 56 |

$$n = \frac{k_L \times PPF \times R_A}{F \times U \times M} \quad (15)$$

같은 식으로부터, 형광등 수 n이 결정되었을 때의 PPF의 값은 이하의 식으로 산정할 수 있다.

$$PPF = \frac{F \times U \times M \times n}{k_L \times R_A} \quad (16)$$

여기서, $K_L$은 조도(lx)로부터 PPF(μmol $m^{-2}$ $s^{-1}$) 환산을 위한 계수, $R_A$는 베드면적($m^2$), F는 형광등 1개당 광속(lm), M은 보수율(maintenance factor)이다. M은 초기 광속을 1이라고 할 때 광속에 대한 일정시간 점등한 후의 광속의 비율이다. M은 점등시간과 사용 중 발생되는 오염상태에 의해 달라진다. 형광등 표면에 먼지 등에 의한 오염이 없더라도 수명직전은 0.7이다. F는 형광등의 카다로그에 형식별로 기재되어 있다. 형광등의 경우, $K_L$은, 87lx μ$mol^{-1}$ $m^2$ s( = 87.8 lm μ$mol^{-1}$ s)이다. PPF가 아닌, PAR(광합성유효방사, W $m^{-2}$)를 구하는 경우는 별도의 환산계수가 필요하다.

## 8.6 PPF의 공간분포

### 8.6.1 수평분포

조명설계에 있어서, 재배 베드면 위의 PPF 또는 PAR의 분포를 가능한 균일하게 하는 것이 원칙이다. 같은 광원을 평면 위에 등간격으로 배치한 조명장치에서 재배 베드면으로부터 아랫방향으로 조사하면, PPF는 재배 베드의 중앙에서 높고, 재배 베드의 4개의 모서리에서 낮아진다. 인공광 식물공장에서는 PPF의 최대값과 최소값의 차이는 PPF 평균값의 10% 이내로 해야 할 필요가 있다. 이런 불균일성이 10% 이내에서도 생육에는 유의한 차가 발생하기 때문에, PPF 분포는 세심한 주의가 필요하다.

광원의 발광 특성 및 재배 공간의 반사 특성을 입력하면 PPF 또는 조도의 공간 분포를 계산에 의해서 구할 수 있으며, 그림에서 제시하는 컴퓨터, 소프트웨어 몇 개가 시판되고 있다. 이런 경우, PPF 분포를 구하기 위해서는 광원의 발광지향성(배광곡선)에 관한 데이터가 필요하다. 직관형광등의 경우는 관단면에 관하여 360°, 균일하게 발광하고 있다고 생각해도 좋지만, 다른 광원의 경우 배광곡선에 큰 차이가 있다.

직관형광등의 경우, 발광의 50%가 수평에서 위쪽 방향으로 향하기 때문에, 그 광을 광반사판(반사갓을 포함)을 이용하여 아래쪽 방향으로 향하게 하기 위한 반사율이 높은 반사판의 곡면설계가 필요하다. 또는 직관형광등을 반사판에 너무 근접시키면, 반사판에 반사된 광이 다시 형광관에 조사되어 손실이 된다. 이런 의미로는 직관형광등의 관경은 32mm 보다 25mm가 바람직하다.

### 8.6.2 수직분포

다단재배상의 식물공장에서는 재배면과 광원 사이의 수직거리가 30~40cm 정도인 경우가 많다. 그런 경우, 식물은 생장하면서 광원에 근접하게 된다. 따라서, 식물체 상부의 엽에서 PPF는 시간의 경과와 함께 중요하게 된다. 한편, 초기 생장이 늦어진 식물체는 초기 생장이 왕성한 식물체의 그림자에 의해 생장이 계속 늦어진다.

같은 현상으로 온실내 또는 옥외에서도 관찰되지만, 그 정도는 온실보다는 인공광 식물공장이 강하다. 광원으로서 태양은 매우 먼 위치에 있기 때문에 식물체가 성장하여 초장이 커져도 식물체의 상부와 하부의 PPF는 (식물체가 존재하지 않는 경우에도) 상부와 하부 간의 차이가 없다. 인공광 식물공장에서는 식물체가 존재하지 않아도, 재배단으로부터의 높이에 의해서 PPF가 다르고, 광원의 직하에서 PPF는 최대가 된다.

## 8.7 인공광 식물공장에서 소비전력량

인공광 식물공장의 재배실에서는 식(6)에 표시한 바닥 면적당 조명용 전력량($A_L$)에 더하여, 공조용 전력량 $A_A$ 및 양액펌프, 송풍팬, 양액용 칠러/히터 등의 기구용 전력량 $A_M$이 필요하다. 여기서 e는 바닥 면적, $A_L$은 재배 면적당 전력소비량이다. 그러면 공조(냉방)용 전력량 $A_A$는, 식(17)로 표현한다.

$$A_A = \frac{e \times A_L + A_M + H_V}{COP} \tag{17}$$

여기서, COP는 히트펌프의 성적계수, $e \times A_L + A_M + H_V$는 재배실에서

열 발생량이다.

$H_V$는 환기 및 벽면열관류에 의한 열교환량이다. 매시간 환기횟수가 0.01회 정도로, 벽의 단열성이 높으면, $H_V$는 명기에서 $A_L + A_M$과 비교하여 매우 적다.

재배실에서, 전체 전력소비량 $A_T$는, 식(18)에 나타내었다. 암기에서는 $A_L$이 제로가 되기 때문에, $A_T$의 절대값은 명기의 1/10 정도되며, $A_T$와 비교하여 $H_V$의 비율이 상대적으로 크게 된다.

$$A_T = e \times A_L + A_A + A_M \tag{18}$$

위에서 언급한 바와 같이, 명기에서 냉방부하는 램프의 소비전력에 크게 영향을 받고, 또한 냉방전력소비량은 에어컨의 성적계수에 좌우된다. 성적계수는 에어컨의 기동과 실내외의 온도차에 좌우된다. 최근에 룸 에어컨의 성적계수는 실온보다 외기온이 수 ℃ 높을 때, 6정도, 실온이 외기온보다 수 ℃, 10℃ 높은 때에는 각각 8, 12정도된다.

이상의 논의는 직접적으로 재배와 관련된 것들이기 때문에 작업실, 사무실 등의 전력소비와 관련한 논점과는 다르다. 인공광 식물공장에서는 재배실과 그 이외의 소비전력량으로 나누어 계측하는 것이 중요하다. 재배실에서 전력소비량을 계측하게 되면, 식물 생산을 위한 환경제어에 필요한 전력소비량을 식물체 1주당 계산할 수 있다. 종래, 반결구상추를 생산하기 위해 필요한 전력소비량은 1주당 1kWh(3.6MJ) 약간 못 되게 소비된다고 하였으나, 그 값은 이번 장에서 논의된 사항을 개선시키면 반으로 줄일 수도 있다. 재배실 전체의 에너지 수지에 대해서는 제10장에서 논의한다.


**▶▶▶ 요약 ◀◀◀**

LED와 형광등 자체가 가지는 기술 수준의 높낮이와 향상 가능성에 대해서 비교하면, 이러한 광원의 특징을 잘 활용한 조명설계의 기술 수준은 개선시킬 여지가 매우 많다. 조명설계기술은 전통적인 부분이지만, 식물생장과 전력소비량에 매우 큰 영향을 미친다. 조명설계기술과 인공광원의 비용 대비 효율의 향상에 의해서 인공광 식물공장의 재배실에서 전력 비용은 줄일 수 있다.

## 부표 변수 기호와 변수명 리스트

| 변수 기호 | 변수명 | 단위 | 본문 중에서 식 번호 |
|---|---|---|---|
| $\alpha$ | 엽의 광흡수율(= 0.85) | (-) | (10) |
| $A_A$ | 재배실 바닥 면적당 공조용 전력소비량 | (kWh $m^{-2}$ 또는 MJ $m^{-2}$) | (17, 18) |
| $A_L$ | 재배 면적당 조명용 전력소비량 | (kWh $m^{-2}$ 또는 MJ $m^{-2}$) | (6, 7, 17, 18) |
| $A_M$ | 재배실 바닥 면적당 송풍팬, 양액펌프 등의 전력소비량 | (kWh $m^{-2}$ 또는 MJ $m^{-2}$) | (17, 18) |
| $A_T$ | 재배실 바닥 면적당 전력소비량의 합계 | $(A_A+A_L+A_M)$(kWh $m^{-2}$ 또는 MJ $m^{-2}$) | (18) |
| b | $CO_2$로부터 식물체의 화학에너지로의 변환계수 | (MJ $kg^{-1}$) | (4) |
| $\beta$ | 암기 중의 건물중 $D_g$의 감소변수 | (-) | (12) |
| $C_f$ | 몰 베이스의 순광합성속도 | (μmol $m^{-2}$ $s^{-1}$) | (3, 4) |
| COP | 히트펌프의 냉방시 성적계수 | (-) | (17) |
| $D_g$ | 순광합성 및 광호흡에서 식물건물 중의 순증가량 | (Kg $m^{-2}$) | (11, 12) |
| $D_n$ | 순광합성, 광호흡 및 암호흡에 의한 식물건물 중의 순증가량 | (Kg $m^{-2}$) | (1, 12, 13) |
| $D_v$ | 식물의 이용가능 부분 또는 판매가능 부분의 건물중량 | (Kg $m^{-2}$) | (13) |
| $EUE_d$ | 건물중 베이스의 전기에너지 이용효율 | (-) | (2) |
| $EUE_p$ | 몰 베이스의 전기에너지 이용효율 | (-) | (4) |
| F | 형광관당 광속 | (lm) | (15, 16) |
| f | 엽에 흡수된 PAR 에너지에 대한 식물 건물중량 | (Kg $MJ^{-1}$) | (11) |
| $H_v$ | 틈새 환기 및 벽의 열관류에 의한 냉방 부하 | (kWh $m^{-2}$ 또는 MJ $m^{-2}$) | (17) |
| k | 건물중으로부터 식물체의 화학에너지로의 변환계수 | (MJ $kg^{-2}$) | (1, 11) |
| $k_L$ | 조도로부터 PPF로 변환하는 계수 | (lm μ$mol^{-1}$ s) | (15, 16) |
| $LUE_d$ | 건물중 베이스의 광(PAR)에너지 이용효율 | (-) | (1, 2) |
| $LUE_p'$ | 순광합성 베이스의 광(PAR)에너지 이용효율 | (-) | (4, 5) |
| M | 보수율 maintenance factor | (-) | (15, 16) |
| n | 바닥 면적당 램프의 수 | (-) | (6, 16) |
| P | 정식(재배개시)부터 수확까지의 필요한 일수 | (d) | (6) |
| $PAR_L$ | 광합성유효방사 플럭스 | (PAR)(W $m^{-2}$) | (7, 8) |
| $PAR_C$ | 식물이 존재하지 않은 재배상면에서 PAR 플럭스 | (W $m^{-2}$) | (1, 8, 9) |
| $PAR_P$ | 재배상에 식물이 존재하는 경우의 식피면 PAR 플럭스 | (W $m^{-2}$) | (9, 10) |
| $PAR_A$ | 엽에서 흡수되는 PAR 플럭스 | (W $m^{-2}$) | (10, 11) |
| PRE | 램프의 광합성 유효방사효율(PAR energy efficacy) | (-) | (2, 7) |
| PPF | 재배상면에서 광합성유효광자속 | (μmol $m^{-2}$ $s^{-1}$) | (3) |
| $PUE_p$ | 순광합성속도를 몰수로 나타낼 때의 광합성유효광자 이용효율 | (-) | (3) |
| q | 램프로부터 방출된 PAR 플럭스에 대한 식물이 존재하지 않는 재배면에서 PAR 플럭스의 비율 | (-) | (8) |
| R | 실지수 room index | (-) | (14) |
| $R_A$ | 재배실의 바닥 면적 | ($m^2$) | (15, 16) |
| $R_C$ | 재배 면적 | ($m^2$) | (7) |
| $R_L$ | 재배실의 길이 | (m) | (14) |
| $R_W$ | 재배실의 폭 | (m) | (14) |
| $R_H$ | 재배실의 높이 | (m) | (14) |
| S | 램프당의 소비전력 | (W) | (6) |
| T | 1일당 명기 | (h $d^{-1}$) | (6) |
| U | 조명률(coefficient of illumination) | (-) | (9, 16) |
| v | 수확지수(식물중량 $D_n$에 대한 이용 가능한 부위중량의 비율) | (-) | (13) |

제 9 장

# 식물의 기본 생리작용

## 9.1 서언

이번 장에서는 인공광 식물공장의 설계와 운영에 있어서 꼭 필요한 식물의 기본적인 생리 작용의 개요에 관해 기술한다. 식물의 기본적 생리 작용에는 광합성, 호흡, 증산, 형태 형성, 전류, 양수분 흡수 등이 있다(그림 9.1). 약용식물의 2차 대사산물(약효 성분) 생산에 관해서는 제11장에서 설명한다.

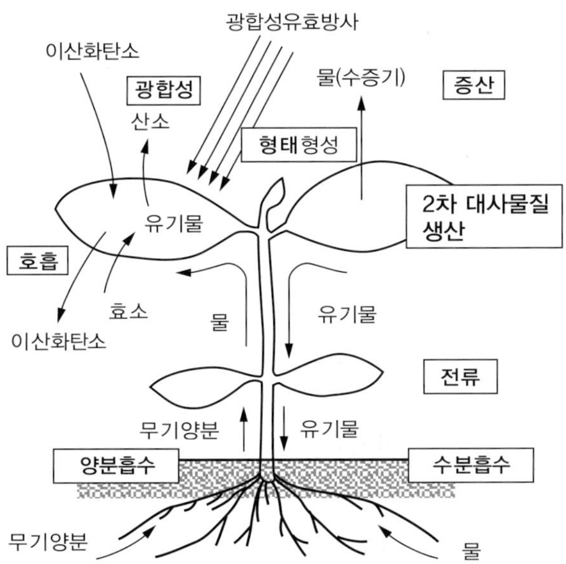


그림 9.1 식물의 기본 생리작용(광합성, 호흡, 증산, 형태 형성, 전류, 양수분 흡수)을 표현한 모식도.

# 9.2 광합성

## 9.2.1 광합성 과정

### (1) 광에너지 이용효율과 광자 효율

광합성(photosynthesis)은 복잡한 화학 반응 과정이지만 이를 간략하게 설명하면 그림 9.2처럼 된다. 광합성을 통해 1mol의 $CO_2$를 당으로 고정하기 위해서는 475kJ의 에너지가 필요하다. 반면 광합성을 통해 1mol의 $CO_2$를 당으로 고정하기 위해서는 최소 8mol의 광합성유효광자(photosynthetic photon, 이하 광자라고 부름)가 필요하다.

8mol의 광자가 보유하는 에너지는, 적색광에서는 1,408(=8×176)kJ, 청색광에서는 2,392(=8×299)kJ이기 때문에 광합성 반응에 있어서 광에너지 이용효율의 가능 최대치는 적색광에서는 0.34(=475/1,408), 청색광에서는 0.20(=475/2,392)가 된다.

실제로는 잎에 흡수된 광자 전부가 모두 광합성 반응에 유효하게 이용되는 것이 아니므로, 1mol의 $CO_2$를 광합성을 통해 고정하기 위해서는 8mol 이상의 광자가 필요하다. 1mol의 광자로 고정 가능한 $CO_2$의 mol 수는 일반적으로 광도가 낮을 때 많고, 광도가 커지면 적어진다. 달리 표현하면, 광-광합성 곡선에서의 강도가 0일 때의 초기 기울기가 최대가 된다(그림 9.9).

$$H_2O + CO_2 \xrightarrow{8\ \text{mol의 광자}} CH_2O + O_2$$

1 mol　18 g　44 g　　　30 g　32 g

광합성을 통해 1mol의 $CO_2$를 당으로 고정하기 위해서는 최소 8mol의 광자가 필요함. ($CH_2O_2$)는 글루코스(포도당)의 1/6.

**그림 9.2** $CO_2$와 광자.

인공광 식물공장의 환경 설계와 조절의 목적 중 하나는 식물의 성장속도 혹은 광합성속도를 높게 유지하면서 동시에 광에너지 이용효율을 높이는 것이다. 그 이유는 인공광 식물공장에서의 환경 조절 요소 중 조명에 가장 많은 경비가 소요되기 때문이다.

## 9.2.2 식물의 광합성 작용 스펙트럼

### (1) 클로로필 a와 클로로필 b

잎의 책상 조직 및 해면상 조직에는 광합성 색소인 클로로필 a, 클로로필 b, 카로티노이드(β 카로틴) 등이 존재한다. 광에너지를 받아 들인 광합성 색소는 광에너지를 전자의 여기에너지(역자 주: 기준 상태에 있는 원자나 분자가 들뜬 상태로 될 때 흡수하는 에너지)로 치환하고 여기된 전자를 광합성 반응의 중심이 되는 특별한 클로로필로 전달하여 ATP(Adenosine triphosphate, 아데노신 3인산)을 만든다. ATP는 에너지를 축적 및 방출이 가능하다.

클로로필 내부는 층상구조를 갖는 틸라코이드 막과 가용성 부분의 스트로마로 나뉜다. 틸라코이드 막에서는 광합성 반응을 통해 광에너지가 화학에너지로 변환된다. 이 화학에너지를 사용해서 스트로마에서 $CO_2$가 고정되어 탄소화물이 합성된다.

클로로필 a와 클로로필 b은 각각 청색 및 적색광 파장에 특이적인 흡수대를 갖는다(그림 9.3). 또한 카로티노이드는 파장 400~700nm의 범위의 광에너지를 흡수하여 이 에너지를 클로로필 a와 클로로필 b에 전달하는 기능을 갖는다. 즉, 클로로필의 광 흡수대인 청색광과 적색광만을 조사하면 카로티노이드의 기능을 충분히 이용할 수 없게 된다. 또한 카로티노이드는 과잉 광에너지를 열에너지로 변환시켜 잎의 광합성 회로를 보호하는 기능도 갖는다.

### (2) 잎의 광합성 작용 스펙트럼

잎의 광합성 작용 스펙트럼은 클로로필 a와 클로로필 b의 광흡수대(그림 9.3)와는 달리 400~700nm의 범위에서 큰 변화가 없다(그림 9.4). 녹

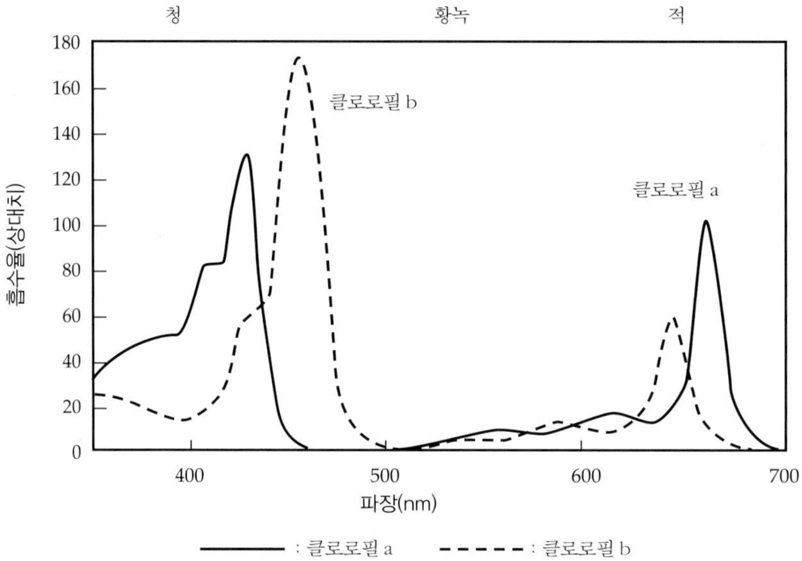


**그림 9.3** 클로로필(엽록체) a, b의 분광 흡수 특성.

색(파장 500nm 부근)에서 광합성속도 상대치가 약간 저하하는 것은 잎이 녹생광을 투과 혹은 반사하기 때문이다. 달리 말하면, 잎에 흡수된 녹색광은 청색광이나 적색광과 비슷한 정도로 광합성에 이용된다. 그 이유는 광합성유효광속밀도가 $100Wm^{-2}$ 이상이 되는 조건에서는 $CO_2$가 광합성 속도의 제한 요소가 되어, 파장별 광에너지 이용효율의 차이가 거의 없어지기 때문이다. 또한, 광합성유효방사(radiation)의 파장 범위를 그림 7.1에서 400~700nm로 정의하였다. 실제로는 350~400nm 및 700~750nm의 범위에서도 광자 이용효율은 그다지 높지 않지만, 어느 정도 광합성에 이용된다(그림 9.4).

그림 9.4에서, 광합성 속도의 상대치가 700nm 부근(적색광)에서 최대이며, 파장 400nm 부근(청색광)에서보다 30~40% 높은 것은 같은 PAR속밀도 플럭스에서 측정되었기 때문이다. 같은 광합성유효광자속밀도(PPFD)에서 측정하면 광합성속도는 파장에 관계 없이 동일하다.

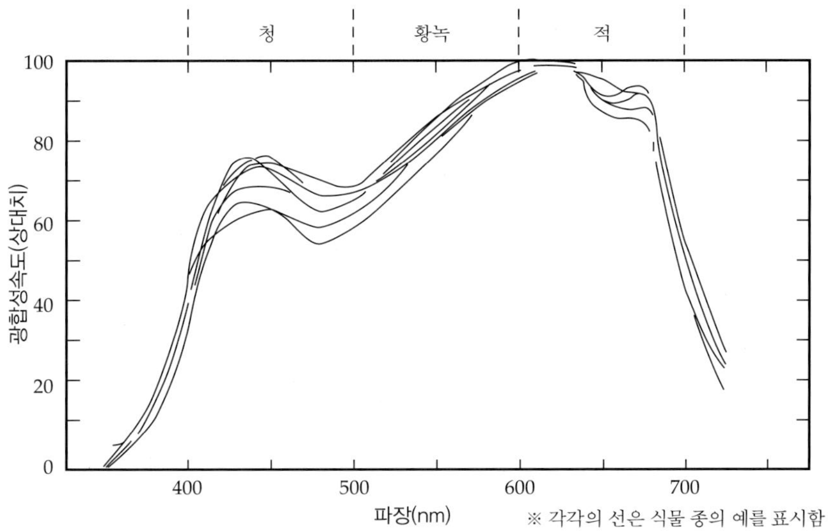


**그림 9.4** 잎의 광합성 작용 스펙트럼(McCree, 1972). 여러 작물의 대표 예.

### (3) 파장별 잎의 흡수율, 투과율 및 반사율

파장 550nm 부근에서 어린 잎의 반사율은 약 20%, 투과율은 약 30%, 흡수율은 약 50%이다(그림 9.5). 이 그림을 보면 반사율은 녹색광에서 21%, 청색광(400~500nm)에서 6~9%, 적색광(600~700nm)에서 약 9~12%로서 그 차이는 약 6~12% 정도가 된다. 약 10% 차가 있지만 인간의 눈에 녹색으로 보이는 것은 비시감도(relative visibility)가 녹색에서 높기(그림 7.2) 때문이다. 태양광에는 파장 500~600nm(녹색)의 방사가 많기(그림 7.3) 때문에 더욱 그러하다.

반면 근적외 방사역(파장 800~2,500nm)에서는 투과율이 약 50%, 반사율이 최소 40% 이상 높고, 흡수율은 약 10%이다. 즉 근적외선 방사에너지는 식물 잎에 약 10% 밖에 흡수되지 않는다. 태양 방사에는 근적외 방사가 상당량 포함되어 있는데 잎에서의 근적외 방사 흡수율이 약 10%로 낮기 때문에 태양방사에 의한 잎의 온도 상승을 억제시킬 수 있게 된 것이다.

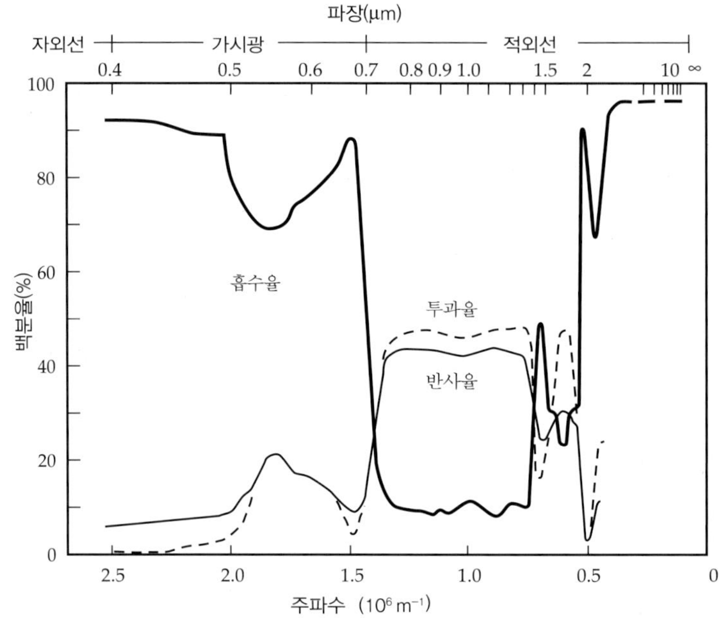


*Mimulus cardinalis*(현삼과 식물로 monkey flower라고 불림)의 어린 잎의 경우(Gates 등, 1965).

**그림 9.5** 잎의 흡수율, 투과율 및 반사율.

형광등과 LED는 근적외 방사를 포함하고 있지 않기 때문에 지나친 엽온 상승은 걱정하지 않아도 된다. 단, 형광등은 점등되었을 때 관면 온도가 40°C 정도이고, 이 온도의 물체가 방출하는 장파장방사역(주파장 8~12μm)에 대한 잎의 흡수율은 95% 정도이기 때문에 점등한 형광등은 잎의 가열원이 된다.

### (4) 식물 군락에서의 녹색광의 역할

녹색광이 군락 광합성에 미치는 영향을 보다 쉽게 이해하기 위해서, 엽면적 지수(재배 면적에 대한 식물 군락의 엽면적의 비)는 3, 모든 잎은 지면에 대해 수평하게 위치한다고 가정한다. 그 후 다양하고 복잡한 잎의 경사각과 광학 특성 등을 고려한 수리 모델을 이용하여 보다 정확하고 광범위한 해석이 기대된다.

식물 군락을 구성하는 3개 층의 잎 군락을 각각 상층, 중층, 하층으로 나눈다(그림 9.6). 그러면 적색광과 청색광의 약 80%는 상층의 잎에 흡수되고 약 10%는 반사하게 되며 중층의 잎에는 적색광과 청색광의 10%만 도달하고 하층에는 거의 도달하지 못한다. 그 결과 순광합성속도는 중층에서는 거의 0, 하층에서는 마이너스 값이 된다. 반면 상층 잎에서는, 적색광과 청색광의 강도가 순광합성의 포화 광도 이상일 경우에는 포화 광도 이상의 광에너지는 광합성에 이용되지 못하고 쓸모 없게 된다.

녹색광은 약 30%는 상층에서 투과, 약 20%는 반사, 약 50%는 흡수된다(그림 9.6). 상층을 통과한 약 30%의 녹색광은 중층의 잎에 도달한다. 따라서 중층 잎에서의 순광합성속도는 적색광과 청색광의 경우에서보다 상대적으로 높아지게 된다. 그러면 식물 군락 전체의 순광합성속도는 녹색광을 많이 포함한 광에서 높아질 것이다. 특히 군락 위에서는 광도가 포화

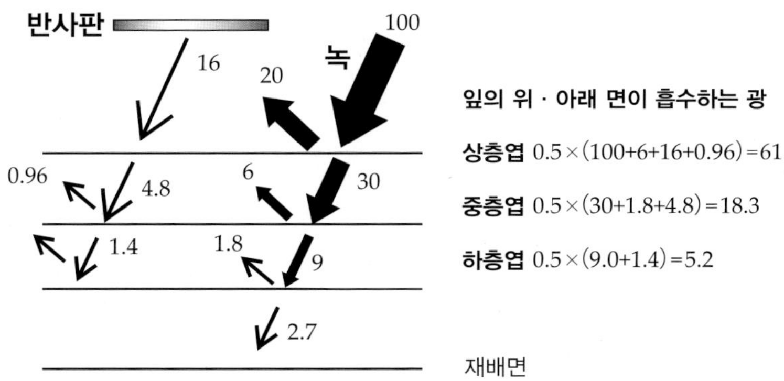


녹색광 100%에 대한 잎의 투과율이 30%, 반사율이 20%, 흡수율이 50%라고 가정하고 상층엽, 중층엽, 하층엽이 수평으로 3장 배치되는 경우, 잎에서의 흡수율 합계를 어림 계산하기 위한 모식도.

상층의 잎은 중층의 잎으로부터의 반사광을 받고, 중층의 잎은 하층의 잎으로부터 반사광을 받는다고 하였다. 상층엽의 윗 부분에는 녹색광 반사율이 80%인 반사판이 있다고 가정. 이 그림에서는 총 85%의 녹색광이 상, 중, 하층의 잎에서 흡수됨.

적색광과 청색광은 잎에서의 흡수율이 약 80%로 높기 때문에 상층엽에서 거의 흡수하고, 중층엽 및 하층엽으로는 도달되기 어려움. 잎의 파장 별 흡수율, 투과율, 반사율은 그림 9.5 참조.

**그림 9.6** 상층, 중층 및 하층의 윗면과 아랫면에서 흡수한 광량의 비율과 그 합계.

광도 이상이며 엽면적 지수가 3 이상일 경우에는 더욱 그렇게 될 것이다. 인공광 식물공장의 경우 식물 군락 위에 반사판을 설치하기 때문에 상층의 잎에서 반사된 녹색광을 다시 식물 군락으로 되돌려 주기 때문에 녹색광의 광합성 촉진 효과는 더욱 현저해진다.

그림 9.6에서 상층의 잎이 흡수한 광에너지는 위로부터의 광이 50%, 아래쪽에서의 광 3%와 0.48%, 그리고 반사판으로부터의 광 8%로, 합하면 모두 61.5%가 된다. 중층의 잎이 흡수라는 광에너지는 18.3%이고 하층의 잎의 경우에는 5.2%가 된다. 결국 총 85%(61.5+18.3+5.2)의 광에너지를 받게 된다. 반면 적색광과 청색광의 경우는 상층에서 85~90%의 광을 흡수하고 중층 및 하층의 잎이 흡수하는 광에너지는 거의 없다. 따라서 식물 군락이 흡수하는 광에너지 양은 녹색광이든 적색광이든 혹은 청색광이든 큰 차이가 없다.

그러나 광합성량은 녹색광의 경우에서 적색광과 청색광의 경우에서보다 크다. 군락 위로 조사되는 녹색광 광도가 포화광도보다 1.5배 크다고 가정할 때, 상층 잎에서는 과잉 녹색광에너지를 중층 혹은 하층으로 투과 · 분배하는 것이 가능하기 때문에 군락 전체의 순광합성속도는 적색광이나 청색광의 경우보다 높아진다.

Kim 등(2004)의 연구는 이러한 사고 논리를 증명할 수 있는 성과다. 또한 이는 1장의 잎이 두꺼울 경우에도 책상조직과 해면상조직을 각각 상층과 하층의 잎으로 대치(代置)시켜 이해할 수 있다(Terajima, 2010).

## 9.3 호흡

### 9.3.1 호흡 기질과 호흡상

호흡(respiration)은 식물의 호흡 기질이 분해되어 에너지를 만들어 내는 과정이다. 호흡 기질로는 주로 단당류의 하나인 글루코스($C_6H_{12}O_6$)가 사용된다. 그러나 수크로스(sucrose)나 전분이 분해되어 생기는 단당류(플럭토스 등)도 호흡에 이동될 수 있다. 노화한 식물에서는 지질, 단백질, 유기산도 호흡 기질이 된다.

호흡에 의해 방출되는 $CO_2$ 양과 흡수되는 $O_2$ 양의 비($CO_2$ 방출량/과 $O_2$ 흡수량)을 호흡상(respiration quotient)이라고 한다. 글루코스나 전분과 같은 탄수화물이 호흡 기질인 경우에는 호흡상이 1이 된다. 호흡 기질이 지질이나 단백질인 경우에는 호흡상이 1 미만이 되고 유기산일 경우에는 1 이상이 된다.

## 9.3.2 암호흡과 광호흡

암호흡(dark respiration)은 광호흡(photorespiration)과 구별하기 위해 사용되는 용어로서, 암기 동안의 호흡만을 의미하는 것은 아니다. 명기 중에도 암호흡은 이루어지고 있다. 생장호흡과 유지호흡을 합하여 암호흡이라고 한다.

광호흡은 식물이 광조사 하에 있을 때 암호흡과는 다른 방법으로 $O_2$를 소비하여 $CO_2$를 생성하는 것으로서, 광합성 중에 캘빈-벤슨 회로를 따라 일어난다. 고정되었던 $CO_2$가 캘빈-벤슨 회로에서 다시 방출되는 이유에 대해서는 여러 설이 있다.

## 9.3.3 유지호흡과 생장호흡

암호흡에서 얻은 에너지의 일부는 광합성으로 얻은 탄수화물로부터 새로운 세포, 조직, 기관을 형성하는 데 사용된다. 남은 에너지는 현존하는 식물체를 유지하는 데 사용된다. 전자를 생장호흡(growth respiration), 후자를 유지호흡(maintenance respiration)이라고 한다(McCree, 1970).

일반적으로 영양생장(vegetative growth)에 의해 건물중량이 증대하고 있는 기간에는 생장호흡의 비율이 높으며 그렇지 않은 기간에는 유지호흡의 비율이 높다. 식물체당 유지호흡 속도는 식물체의 건물중에 건물중당 유지호흡 속도를 곱하여 구할 수 있으며, 생장호흡 속도의 개략적인 값은 암호흡 속도에서 유지호흡 속도를 빼서 구할 수 있다.

### 9.3.4 암호흡 속도에 미치는 온도의 영향

암호흡 속도는 0~35°C 정도의 범위에서는 지수함수적으로 증대한다. 온도가 10°C 상승할 때의 암호흡 속도의 증대 비율을 온도계수($Q_{10}$)라고 한다. $Q_{10}$은 약 2이다. 예를 들어 보면, 10°C일 때의 암호흡 속도를 기준으로 하여 20°C에서는 2배, 30°C에서는 4배가 된다. 인공광 식물공장에서는 암호흡 속도는 공기 중의 $O_2$ 농도나 $CO_2$ 농도에는 영향을 받지 않는다.

수경재배에 있어서 양액의 용존산소 농도는 뿌리 성장과 암호흡에 영향을 준다. 따라서 연속 통기 등의 방법을 통해 용존산소 농도가 어느 일정 수치보다 내려가지 않도록 관리한다. 특히 양액의 온도가 높을 때에는 양액의 포화 용존산소 농도는 저하하고 뿌리의 암호흡 속도는 증대하므로 용존산소 부족에 의한 뿌리 고사나 생리장해가 생기기 쉽다.

### 9.3.5 $C_3$ 식물, $C_4$ 식물, CAM 식물

광호흡은 캘빈-벤슨 회로만으로 탄소 동화를 하는 $C_3$ 식물에서 생긴다. $C_4$ 식물, CAM 식물 이외는 모두 $C_3$ 식물로서 $C_3$ 식물은 지구에 현존하는 식물종의 대부분을 차지한다. 반면 $C_4$ 식물은 캘빈-벤슨 회로 이외에 $CO_2$ 농축을 위한 $C_4$ 회로를 두고 있기 때문에 광호흡은 거의 일어나지 않는다. 옥수수, 사탕수수, 조, 수수, 피, 단수수 등이 $C_4$ 식물이다. 일반적으로 광호흡을 하지 않는 $C_4$ 식물이 광호흡을 하는 $C_3$ 식물보다 고온, 고광도 조건에서의 순광합성속도가 수십 % 높으며, 광합성의 포화 광도도 수십 % 높다.

CAM 식물은 $CO_2$의 체내 고정을 암기에 수행하며, 이를 명기에 환원시켜 탄소동화한다. CAM이란 돌나무식 유기산 합성이라는 뜻으로 Crassulacean Acid Metabolism의 약어이다. 선인장류에는 CAM 식물이 많다. 호접란(Phalenopsis)은 환경조건이나 체내 생리 상황에 따라서 $C_3$ 식물적이기도 했다가 $C_4$ 식물적이기도 하다.

## 9.4 광합성 속도

### 9.4.1 순광합성속도와 그 측정법

순광합성속도(NPR, net photosynthetic rate)는 총광합성 속도(gross photosynthetic rate)에서 호흡 속도를 빼서 구할 수 있다. NPR을 광합성 속도라고 부르는 경우도 있는데 이 장에서도 이번 절까지는 그렇게 부르기도 하였다.

$$\text{순광합성속도 } P_n = \text{총광합성 속도 } P_g - \text{호흡 속도 } Q_T \quad (1)$$
$$\text{호흡 속도 } Q_T = \text{암호흡 속도 } Q_d + \text{광호흡 속도 } Q_r \quad (2)$$

NPR은 순광합성속도 혹은 $CO_2$ 교환 속도($CO_2$ exchange rate)라고도 불린다. 총광합성 속도는 진(眞)광합성 속도라고도 한다. 호흡 속도는 암호흡 속도와 광호흡 속도로 나뉘는데 측정이 비교적 용이한 것은 암호흡 속도뿐이다.

대표적 NPR 측정법은 용기 내에 공기를 흘리면서 입구와 출구의 $CO_2$ 농도 차에 유량을 곱해서 구하는 방법이다(그림 9.7). 용기 내의 기온, 광도 등의 환경 요인을 변화시키면 그 환경에서의 NPR을 구할 수 있게 된다. 같은 방법을 암흑 조건에서 시도하면 암호흡 속도를 구할 수 있다. 동일한 온도 조건이라도 이렇게 구한 암호흡 속도는 명기의 암호흡 속도와는 약간의 차이가 생긴다. 그러나 암흑 조건에서 측정한 암호흡 속도를 명기 중 값의 개략적 값으로 가정하는 것은 가능하다.

명기의 순광합성량에서 명기를 포함하는 1일당 암호흡량을 뺀 값이 1일당 순광합성량이 된다. 이것만을 고려한다면 1일당 순광합성량은 명기를 길게 하면 할수록 커지게 된다. 그러나 명기를 16시간 이상으로 하면 명기를 그 만큼 길게 한 것에 비하여 건물중 증대가 그리 크지 못하다. 또한 24시간 명기로 하면 식물에 클로로시스(엽록체 이상) 등의 생리장해가 발생할 수 있다. 명기를 길게 하면 당연히 전력소비량도 증대하기 때문에 위에서 기술한 모는 면을 종합적으로 고려하여 명기를 결정해야 한다. 인공광 식물공장에서의 명기는 12~16시간이 일반적이지만 일본에서는 오후 10시부터 다음날 오전 8시까지의 전력 사용에는 거의 반액의 심야전력할인이 있기 때문에 이를 최대한 활용하여 10시간 조명으로 재배하는 경우도 있다.

1일당 순광합성속도를 증대시킬 것을 목적으로 암기를 저온으로 유지하여 암호흡을 저하시키면 유지호흡뿐 아니라 생장호흡도 억제되므로 결과적으로 성장이 억제되는 경우도 많다. 따라서 암기의 기온은 유지호흡과 생장호흡 모두를 감안하여 결정하여야 한다.

## 9.4.2 NPR의 단위

NPR에는 여러 단위가 사용되고 있다. 기본적으로는 면적당, 시간당의 $CO_2$ 순흡수량 혹은 건물 증가량이다. 단, 식물체당 NPR을 사용하기도 한다. 인공광 식물공장에서는 다단 재배하고 있기 때문에, 면적으로서 엽면적, 재배상 면적, 토지 면적, 재배실 면적 중 어떠한 것이 사용되고 있는지를 주의하여 살필 필요가 있다. $CO_2$ 양의 단위는 mol과 kg(혹은 g)이 사용된다.

PPFD의 단위는 $\mu mol\ m^{-2}\ s^{-1}$이므로 $CO_2$ 양을 mol로 표현하면 NPR의 단위도 $\mu mol\ m^{-2}\ s^{-1}$로 두 단위가 같아진다. 그리되면 PPDF와 NPR

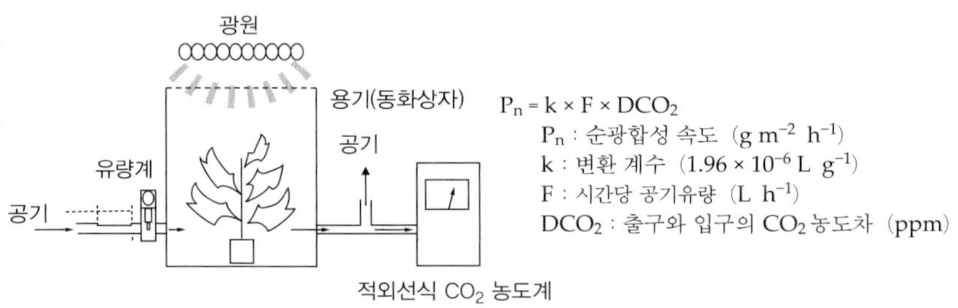


$CO_2$ 농도를 바꾼 공기를 동화 상자에 투입하여 $CO_2$ 농도가 $P_n$에 미치는 영향을 구할 수 있음.

**그림 9.7** 개방형 동화 상자법을 이용한 순광합성속도 측정의 개념도.

간의 관계가 직접적으로 이해되기 쉬워진다. PPFD에 대한 NPR의 비를 광자이용효율이라 하는데 이는 1mol의 광자를 이용하여 고정한 $CO_2$의 mol 수를 나타낸다. 암호흡 속도의 단위도 위에서 설명한 방법과 동일하다.

### 9.4.3 보상점과 보상면

NPR은 총광합성 속도와 호흡 속도가 같을 때 0이 된다. 광도를 0부터 조금씩 증대시켜 NPR이 0이 될 때의 광도를 광보상점(light compensation point)이라고 한다. 같은 방법으로 $CO_2$ 농도를 0부터 점차 증대시켜 NPR이 0이 될 때의 $CO_2$ 농도를 $CO_2$ 보상점($CO_2$ compensation point)이라고 한다. 암호흡 속도는 온도 상승과 함께 지수함수적으로 증대하므로 온도보상점(temperature compensation point)도 같은 방법으로 구할 수 있다.

광보상점은 $CO_2$ 농도와 온도의 영향을 받으며 $CO_2$ 보상점은 광도와 온도의 영향을 받고, 온도보상점은 광도와 $CO_2$ 농도의 영향을 받는다. 따라서 NPR을 0으로 하는 광도, $CO_2$ 농도 및 온도의 여러 조합을 나타내는 '제로 NPR 보상면(null NPR surface)'을 구할 수도 있다. 단, 보상점 및 보상면은 동일한 식물 종에서도 성장 과정의 환경 조건에 따라 시간적으로 변화한다.

### 9.4.4 환경 요인의 영향

#### (1) 온도

NPR에 영향을 미치는 온도의 영향을 암호흡 속도 및 총광합성 속도에 영향을 미치는 온도의 측면으로부터 생각해 볼 수 있다. 암호흡 속도에 대한 온도의 영향에 관해서는 이미 설명한 바와 같이 온도의 상승과 함께 지수함수적으로 증대한다. 반면 총광합성 속도와 광호흡 속도의 차는 일반적으로 30~35°C에서 최대가 되며, 이 보다 높거나 낮은 온도에서는 작아진다(그림 9.8의 오른쪽 그림). 따라서 25°C 전후에서 NPR이 최대치를 나

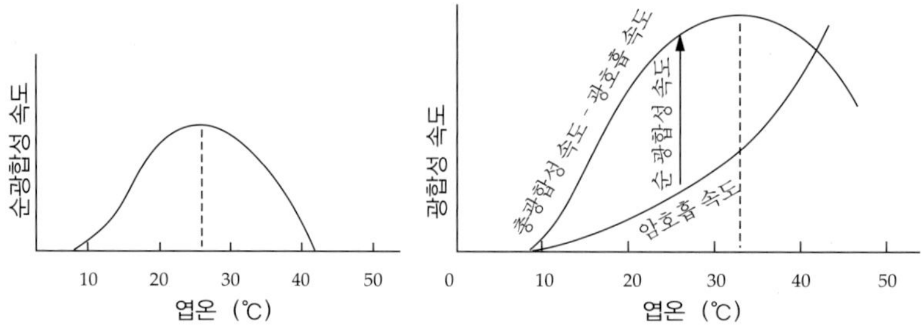


광도와 $CO_2$ 농도가 충분히 높을 때

순광합성 속도는 2개의 곡선 사이의 수직 거리로 표현될 수 있음

**그림 9.8** 순광합성속도에 미치는 엽온의 영향(왼쪽) 및 (총광합성 속도–광호흡 속도)와 암호흡 속도에 미치는 엽온의 영향(오른쪽).

타내는 경우가 많다(그림 9.8의 왼쪽 그림).

이 경우의 온도는 엽온 혹은 식물 체온이며 기온이 아니다. 기온과 엽온은 인공광 식물공장에서도 크게 다를 경우가 있다. 일반적으로 증산이 활발하게 이루어 지는 잎에서는 엽면에서의 기화냉각에 의해 엽온은 기온보다 1~2°C 낮은 경향이 있다. 증산이 적은 경우에는 광도가 높을수록 기온이 엽온보다 1~2°C 높아진다. 또한 엽면에서의 기류 속도가 높을수록 기온과 엽온의 차는 적어진다.

### (2) 광도

광도가 NPR에 미치는 영향은 광-광합성 곡선으로 알려져 있다(그림 9.9). 광도가 높아져도 NPR이 거의 증대하지 않는 점을 광포화점이라고 한다. 광포화점 광도는 $CO_2$ 농도의 증대에 따라 높아진다(그림 9.9의 왼쪽 그림). 이는 광포화 현상이 공기 중 $CO_2$의 잎으로의 확산이 불충분할 때 생기는 것이기 때문이다. 이 경우 $CO_2$ 농도를 높여 주면 보다 높은 광도에서 광포화점이 형성된다.

인공광 식물공장에서의 재배하는 식물의 잎의 광포화점은 많은 경우 PAR속 300~400W $m^{-2}$ (PPFD:500~700μmol $m^{-2}$ $s^{-1}$)이다. 그러나 인공광 식물공장에서의 실제 PPFD는 경제성을 고려하여 250~350 μmol $m^{-2}$

$s^{-1}$ 정도일 경우가 많다. 이를 대체하기 위해 $CO_2$ 농도를 높이고 기류 속도를 적절히 관리한다. 이는 NPR을 증대시키기 위해 필요한 경비가 일반적으로 기류 속도 증대, 온도 조절, $CO_2$ 농도 증대, 광도 증대 순으로 커지기 때문이다.

재배 후반이 되어 엽면적 지수가 3 정도가 되면 광의 대부분은 군락 상부에 흡수되어 하층부까지 도달하기 어려워진다. 그러면 하층엽의 NPR은 마이너스 값을 가지며, 황화되거나 고사하는 경우가 있다. 이 경우 앞에서 설명하였던 녹색광 효과가 나타나기 쉬워진다. 또한 기류 속도를 증대시켜 상층엽을 약간 진동시켜 하층엽에도 광이 도달할 수 있게 하는 방법도 있을 것이다.

통상적으로 광도는 수평면 광도를 의미하지만, 인공광 식물공장에서의 광합성에 관련한 광환경을 수평면 광도만으로 설명할 수는 없다. 수평면 광도에서는 비껴서 입사되는 광량은 적게 고려되지만, 바닥에 수직에 가깝게 위치한 잎들에 있어서의 수광량은 측면 조사에 의한 것이 더 크다.

### (3) $CO_2$ 농도

대기 중의 $CO_2$ 농도는 약 400ppm(μmol $mol^{-1}$)이다. 반면, 인공

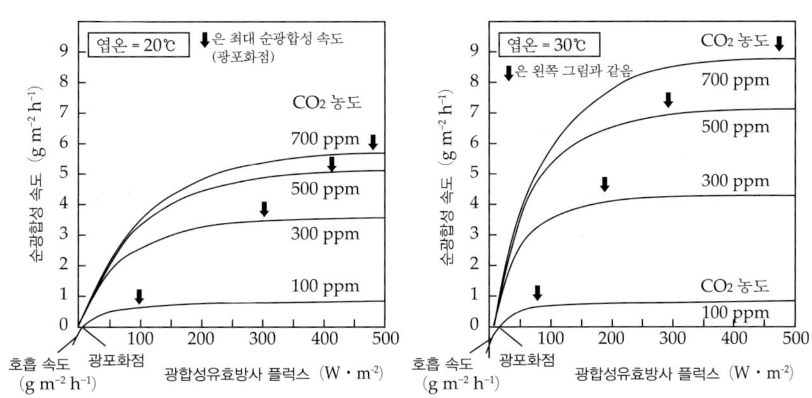


화살표는 포화 광합성유효방사 플럭스(광포화점)을 나타냄.

**그림 9.9** 순광합성속도에 미치는 광합성유효방사 플럭스, 광포화점, $CO_2$ 농도 및 기온의 영향(모식도).

광 식물공장에서의 명기 중 $CO_2$ 농도는 1,500ppm 이상으로 유지되며 2,000ppm 이상인 경우도 있다. 일반적으로 $CO_2$ 농도를 1,500ppm으로 하면 400ppm의 경우와 비교하여 NPR을 단기적으로 2배 이상 증대시킬 수 있다.

$CO_2$ 포화점은 일반적으로 광도가 높을수록 높아진다(그림 9.10). 또한 $CO_2$ 농도를 높이면 최대 순광합성속도를 얻을 수 있는 기온이 높아진다(그림 9.11).

일반 온실은 인공광 식물공장과 비교하여 기밀성이 좋지 못하기(환기횟수가 높기) 때문에 실내 $CO_2$ 농도를 1,500ppm 정도로 유지하면 평균적으로 공급한 $CO_2$ 양의 70% 이상이 실외로 새어 나가 $CO_2$ 비용이 막대해진다. 그러나 인공광 식물공장은 기밀성이 높기 때문에 평균적으로 공급한 $CO_2$의 85~90%가 식물에 흡수되고 실외로 빠져 나가는 것은 10~15% 정도다. 따라서 인공광 식물공장에 있어서의 $CO_2$ 사용은 자연광 식물공장과 비교하여 비용 대비 성능(cost performance)이 높다.

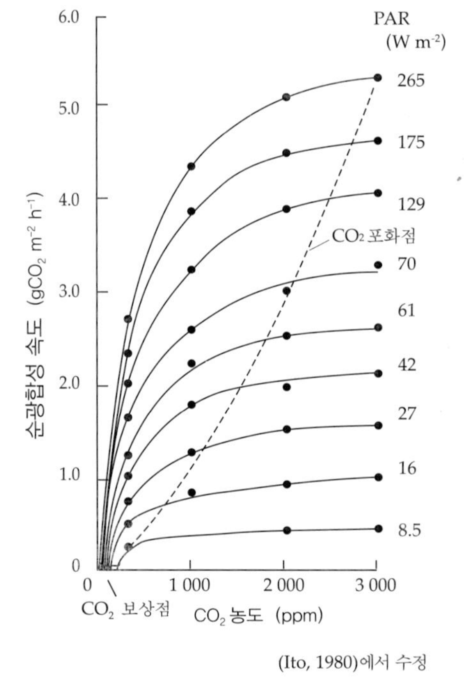


그림 9.10 여러 PAR 조건 하에서의 오이의 순광합성속도와 $CO_2$ 농도의 관계(Ito, 1980).

인공광 식물공장에서는 $CO_2$ 원(源)으로 액화 $CO_2$ 가스를 이용하는 것이 일반적이다. 현재 일본에서의 $CO_2$ 시판 가격은 kg당 70~100엔 정도이나 그 가격의 대부분이 운송 경비이기 때문에 인장 부근에 저장탱크를 설치하면 가격은 더욱 싸질 것이다. 자연광 식물공장에서는 경유나 LP가스를 연소하여 얻은 $CO_2$

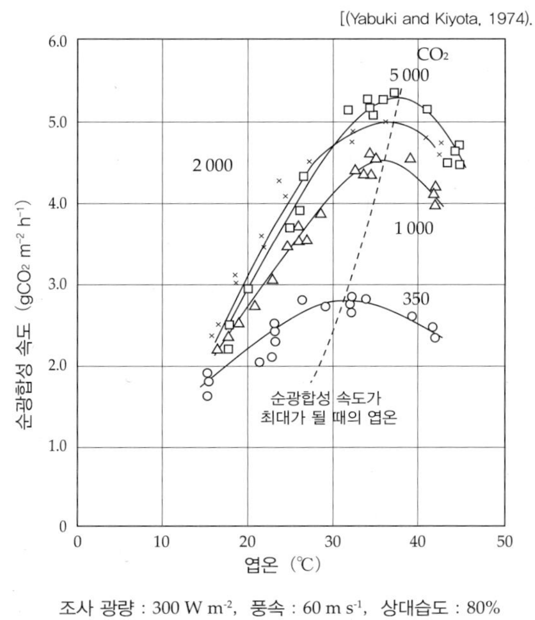


**그림 9.11** $CO_2$ 농도, 엽온과 순광합성속도와의 관계.

를 사용하는 경우가 많다. 자연광 식물공장에서는 연소열을 겨울철 난방열원으로 하기 때문에 일정 부분 이점이 있으나, 단열성이 높은 벽으로 둘러쌓인 또한 야간을 명기로 하여 조명하는 인장에서는 겨울철 야간에도 난방은 거의 필요 없기 때문에 이러한 이점은 없다.

최근에는 액화천연가스로부터 수소 가스를 제조할 때 얻는 $CO_2$ 등 화학 공업의 부산물로서의 $CO_2$ 가스를 인장에 이용하는 움직임이 있다.

### (4) $CO_2$ 확산 모델

광합성 과정은 공기 중 $CO_2$가 잎 안으로 확산하는 과정이다. 이 확산 과정을 간략화하여 NPR을 표시하면 다음 식과 같다.

$$NPR = \frac{k \times (C_r - C_m)}{R_T} \qquad (3)$$

$$R_T = R_a + R_b + R_s + R_m \quad (4)$$

여기서 k는 NPR을 적절한 단위로 표시하기 위한 변환 계수, $C_r$은 공기 중 $CO_2$ 농도, $C_m$은 잎의 기공 내 엽육 부근의 $CO_2$ 농도다. $R_T$는 $CO_2$의 전(全)확산 저항이다. 이 식은 전류, 전압차, 전기 저항의 관계를 나타낸 '옴의 법칙'과 같은 형태를 띠고 있다. 전류가 NPR($C_r-C_m$)은 전압차, $R_T$는 전기 저항에 대응한다.

$R_T$는 $CO_2$ 확산에 관한 4개의 저항으로 세분되어 직렬 저항으로 통합되어 있다. $R_a$는 실내 공기 저항, $R_b$는 잎과 접하고 있는 수 mm 정도 두께의 점성이 높은 엽면경계층 저항(boundary layer resistance), $R_s$는 기공 저항(stomatal resistance), $R_m$은 엽육 저항(mesophyll resistance)이다. $R_a$는 $R_b$와 비교하여 1/10 정도이어서 무시되는 경우가 있다(그림 9.12).

식 (3)으로부터, NPR이 증대하기 위해서는 $C_r$을 높이든지 $R_T$를 작게 하면 되는 것을 알 수 있다. 기공 내의 $CO_2$ 농도 $C_m$은 $CO_2$ 보상점의 농도(50~100ppm)와 거의 같다고 해도 된다. $R_T$를 감소시키기 위해서는 $R_a$,

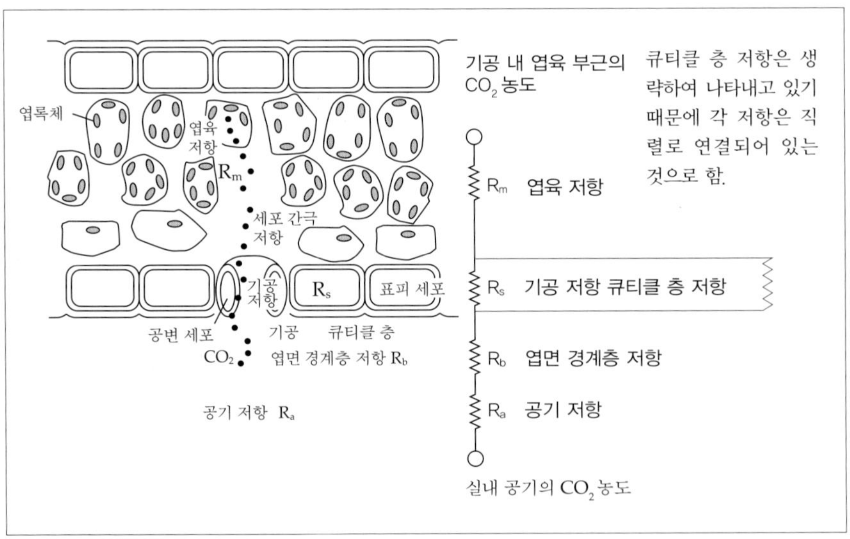


그림 9.12 잎 밖에서부터 엽록체까지의 $CO_2$ 확산의 개념도.

$R_b$, $R_s$를 감소시키면 된다. $R_m$은 엽육 저항이므로 제어가 곤란하다. 기류 속도를 증대시키면 $R_a$와 $R_b$가 감소된다. $R_b$가 감소되는 것은 엽면 경계층이 얇아지기 때문이다. $R_a$와 $R_b$를 감소시킬 것을 목적으로 기류 속도를 너무 증대시키면 증산량이 과도하게 많아져서 기공 저항 $R_s$를 증대시켜, 결과적으로 $R_T$가 증대할 수 있기 때문에 주의할 필요가 있다.

$R_s$는 기공(stomata)이 완전히 닫힐 때 최소가 된다. 기공이 완전히 닫히는 것은 주로 잎이 수분 스트레스 상태가 되었을 때 발생한다. 수분 스트레스는 증산 과다일 때, 그리고 흡수가 부족할 때 생긴다.

### (5) 기류 속도

식 (3)과 식 (4)로부터, 기류 속도가 NPR 및 증산 속도 T에 크게 영향 받는 것을 이해할 수 있다. 그림 9.13은 기류 속도가 NTR 및 건물 증가량에 관한 영향을 예를 들어 표시한 것이다. 결국 인공광 식물공장의 재배 바닥면에서의 기류 속도는 일반적으로 정식 직후의 묘 부근에서는 30cm $s^{-1}$ 정도, 수확 전의 식물 부근에서는 70cm $s^{-1}$ 정도, 평균적으

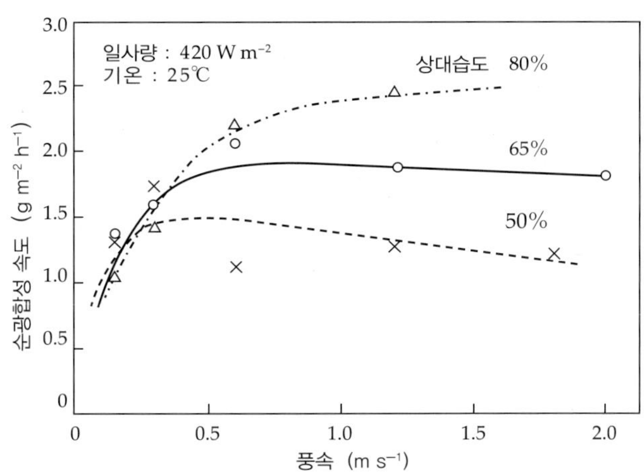


기온 20°C일 경우, 상대습도 80, 90 및 50%는 수증기 포차(VPD)로는 각각 0.6, 1.2, 1.6kPa임(Yabuki and Miyakawa, 1965)

**그림 9.13** 기류 속도, 상대습도와 오이 잎의 순광합성속도와의 관계.

로 50cm $s^{-1}$ 정도가 적당하다. 이 기류 속도는 잘 관찰하면 식물체의 잎이 미세하게 움직이는 정도다. 단, 최적 기류 속도는 습도, 기온, 광도와 관계 있다.

### (6) 수리 모델

Oikawa(1978)은 순광합성속도 $P_n$을 아래의 식 (5)~(8)에서 표시한다.

$$P_g = \frac{P_{max} \times b \times I}{P_{max} + b \times I} \tag{5}$$

식 (5)를 변형하면 다음과 같은 식이 된다.

$$\frac{P_g}{b \times I} + \frac{P_g}{P_{max}} = 1 \tag{6}$$

$P_g$ / $P_{max}$는 $R_i$, $R_0$를 이용하여 다시 정리하면 다음 식이 된다. 여기서 $R_i$, $R_0$는 식 (4)의 $R_T = R_a + R_b + R_s + R_m$에서 $R_0 = R_a + R_b$, $R_i = R_s + R_m$로 치환한 것이다.

$$\frac{P_g}{b \times I} + \frac{P_g}{\frac{1 + R_i}{R_o} \times P_{max}} + \frac{P_g}{\frac{1 + R_o}{R_i} \times P_{max}} = 1 \tag{7}$$

그러면 식 (1)과 식 (2)를 다시 정리하여

$$P_n = P_g - Q_d - Q_r \tag{8}$$

여기서 $P_g$는 총광합성 속도, I는 PAR속밀도, b는 I=0일 때의 접선의 기울기, $P_{max}$는 최대광합성 속도, $Q_d$는 암호흡 속도, $Q_r$은 광호흡 속도다. $P_{max}$는 온도와 $CO_2$의 함수이다. 이상의 식 (5)~(8)에 의해 $P_n$에 미치는 PAR속밀도, 기류 속도, 온도 및 $CO_2$ 농도의 영향의 개요를 알 수 있다.

## 9.5 증산

### 9.5.1 증산과 증발

증산(transpiration)이란 식물체 내의 액체수가 식물체 표면부터 수증기의 형태로 공기 중으로 이동하는 것을 말한다. 반면, 식물체 표면 혹은 배지 표면의 액체수가 수증기가 되어 공기 중으로 이동하는 경우는 증발(evaporation)이라고 한다. 액체수가 수증기로 되는 증산 · 증발에는 기화열이 필요하다. 이 기화열은 방사 에너지, 주변 공기부터의 현열 또는 식물체 등으로부터 보급 받는다. 증산에 있어서의 수증기는 주로 잎의 뒷면에 존재하는 기공을 통해서 공기 중으로 이동한다. 잎의 앞 표면에 있는 큐티클 층으로부터도 증산이 약간 일어난다. 그러나 큐티클 층이 두껍게 발달해 있는 경우에 큐티클 층을 통한 수증기 이동은 무시할 정도로 작다. 증산에 의해 식물체 내의 수분을 잃게 되면 식물체 뿌리로부터의 흡수가 진행된다. 흡수와 동반하여 비료 성분이 흡수된다.

### 9.5.2 증산 속도

인공광 식물공장에서의 물의 이동은 배지(양액)-뿌리-줄기-잎-기공-엽면 경계층-실내 공기로 이어지게 된다. 이 이동의 원동력(구동력)은 반투막 침투, 모세관 현상 및 압력이다. 압력에 기인하는 물의 이동의 최대 구동력(흡인력)은 엽면에서의 수증기 농도 차(단위: g $kg^{-1}$) 혹은 수증기 분압 차(단위: Pa)이다. 수증기 농도 차 및 수증기 분압은 전류의 경우의 전압차에 해당한다. 증산 속도 T를 수증기 농도차 ($W_M-W_R$)와 확산 저항($\tau_T$)로 표현하면 식 (3)과 식 (4)와 같은 형식인 다음 식과 같이 된다.

$$T = \frac{W_M - W_R}{\tau_T} \tag{9}$$

$$\tau_T = \tau_a + \tau_b + \tau_s + \tau_m \tag{10}$$

여기서 $W_M$은 잎의 기공 내 수증기 농도(잎의 기온에 대응하는 포화

수증기 농도), $W_R$은 실내 공기의 수증기 농도다. 수증기 농도, 수증기 분압, 절대 습도, 상대 습도의 관계는 제10장에서 설명한다. $\tau_T$는 수증기 이동에 관한 전(全)확산 저항이며, $\tau_a$는 실내 공기의 저항, $\tau_b$는 잎 표면 위 수 mm 이하의 엽면경계층 저항(boundary layer resistance), $\tau_s$는 기공 저항(stomatal resistance), $\tau_m$은 엽육 저항(mesophyll resistance)이다. 증산의 경우 $\tau_m$은 무시할 수 있다. 각 저항의 명칭은 $CO_2$ 확산의 경우와 같으나 $CO_2$의 분자량이 수증기 분자량보다 크기 때문에 $CO_2$ 확산 저항 R은 수증기의 확산 저항 $\tau$의 1.5~1.6배가 된다(온도와 기압에 의해 변화).

### 9.5.3 증산 속도에 영향을 미치는 환경 요인

증산 속도 T를 증대시키기 위해서는 식 (9)와 식 (10)에 따라 기공 저항 $\tau_s$를 증대시키지 않는 범위 내에서 실내 공기의 수증기 농도 $W_R$을 낮게 한다. 또한 공기 저항 $\tau_a$와 엽면 경계층 저항 $\tau_b$를 작게 하기 위해서는 기공 저항 $\tau_s$가 증대하지 않는 범위 내에서 엽면 부근의 기류 속도를 증대시키면 된다(그림 9.14). 기공 개도(開度)가 적어지면 $\tau_s$는 커지므로 기류 속도를 크게 하여 뿌리로부터의 흡수가 부족하지 않도록 해야 한다. 흡수 속도는 양액 온도에 따라서도 영향을 받는다. 인공광 식물공장의 경우에는 양액 온도, 기류 속도, 공기의 수증기 농도의 모든 것이 제어 가능하기 때문에 식물생리 원리를 고려한 환경 제어가 가능해진다.

## 9.6 광형태 형성

### 9.6.1 정의와 광수용체의 종류

광형태형성(photomorphogenesis)은 광을 신호(signal)로서 수용한 식물은 그 신호에 따라 종자 발아, 엽록소 합성, 줄기 마디 신장, 화성 유도 등 질적 변화를 식물에 발생시키는 반응이다. 광형태형성을 유기하는 광도는 광합성에 의한 성장에 필요한 광도(100~1,000W $m^{-2}$)와 비교하여 매우 약한, 해가 뜰 때 혹은 해가 질 때를 전후한 광도(1~10W $m^{-2}$)로 충분

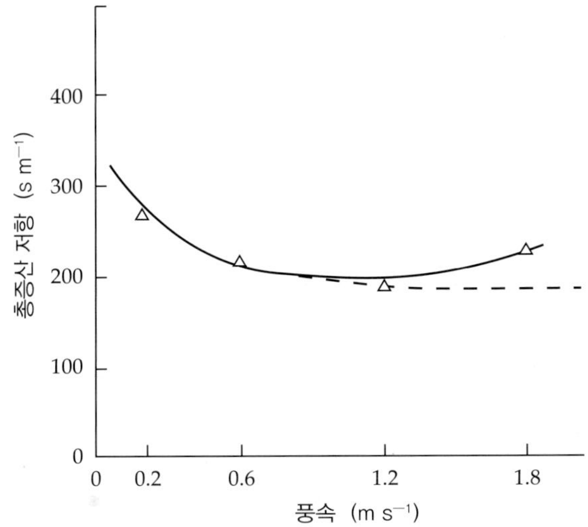


기류 속도가 1.2m $s^{-1}$을 넘으면 기공이 닫히기 시작하여 총증산 저항은 커짐. 만약 기공이 닫히지 않으면 총증산 저항은 점선과 같이 됨

**그림 9.14** 기류 속도가 수증기의 총증산 저항에 미치는 영향 (Yabuki and Kiyota, 1978).

하다. 따라서 조명을 위한 전력 소비가 적기 때문에 인공광 식물공장에서의 활용이 기대된다.

광형태 형성은 특정의 광수용체(photoreceptor)에 적색, 원적색, 청색, 근자외 등 특정 파장역의 광신호가 받아 들여지고서부터 개시된다. 광수용체에는 피토크롬(phytochrome), 크립토크롬(cryptochrome), 포토트로핀(phototropin)이 알려져 있다. 크립토크롬은 발아 종자의 배축 신장, 자엽 개폐와 전개, 화성 제어 등에 관계한다. 포토트로핀은 굴광성, 기공 개도, 엽록체 광 정위 운동 등에 관여한다.

피토크롬의 기능을 이용한 광형태 형성에 관해서는 과거 70년 이상의 응용 연구의 축적이 있어 램프를 이용한 일장 제어 기술 등에 널리 응용되고 있다. 또한 청색 파장역을 수용하는 크립토크롬의 기능을 이용한 광형태형성에 관해서는 응용 연구 연구의 축적은 과거 십수 년 정도이며 응용 연구는 활용 기술은 아직 많지 않다.

근자외선에 관해서는 생리장해, 형태 변화 및 2차 대사물질 생산에 관한 연구는 많지만 인공광 식물공장에서 응용할 수 있는 연구 예는 최근 시작하였다. 태양광에는 자외선 방사가 몇 % 포함되어 있지만 형광등이나 LED 램프에는 자외 방사가 적거나 없기 때문에 이 점이 형태형성과 2차 대사물질 생산에 영향을 미칠 수 있다.

## 9.6.2 피토크롬

피토크롬은 적색광 흡수형 $P_r$과 원적색선 흡수형 $P_{fr}$ 두 종류가 있다. $P_r$은 적색광을 흡수하여 $P_{fr}$로 변환되고, $P_{fr}$은 원적색광을 흡수하여 $P_r$로 변환된다. 즉, 가역적으로 변환된다(그림 9.15). 단, $P_{fr}$은 원적색광에 의해 급속하게 $P_r$로 변환, 암흑 조건에서는 천천히 $P_r$로 변환 혹은 분해된다. $P_r$은 $P_{fr}$에 비해 안정하다.

### (1) 발아

종자는 광에 의해 발아가 촉진되는 명발아 종자, 억제되는 암발아 종자, 그리고 영향을 받지 않는 종자가 있다. 명발아 종자에는 상추, 쑥갓, 삼엽채, 파슬리, 셀러리, 자소 등이 포함된다. 일반적으로 적색광은 발아를 촉진, 원적색광은 발아를 억제한다. 이는 발아에 피토크롬이 관여하고 있

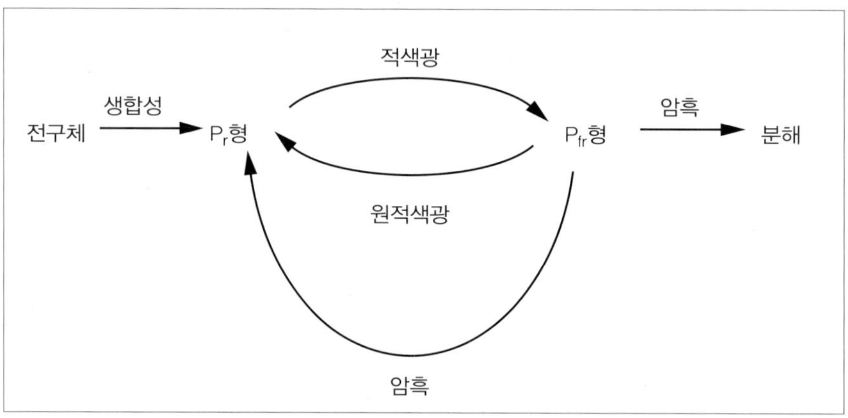


그림 9.15 적색광 및 원적색광에 의한 피토크롬의 가역 변화.

다는 증거이기도 하다. 암발아 종자에는 파, 부추, 토마토, 가지 등이 포함된다. 시금치, 콩과 식물 등은 광 조건에 영향 받지 않는다. 종자의 광 감수성을 높아질 때는 파종 후 종자의 물리적 흡수가 종료한 시기이다. 어떠한 종자도 발아에는 온도, 수분 및 산소가 중요한 환경 요인이다.

### (2) 화성 유도

화성(flower formation)은 개화(flowering)에 앞서 생기는 꽃눈의 형성 개시 · 분화 · 발달을 의미한다. 화성 유도에는 온도가 중요한 환경 요인이 된다. 한편 명기(일장)가 중요한 요인이 되는 식물이 많다.

명기가 식물의 잎에서 감지되면 특정한 유전자(FT 유전자)가 잎의 유관속 사부에서 기능하며, 그 결과로 특정 단백질이 생산되어 다른 유전자의 기능을 활성화시키므로써 꽃눈 형성이 개시되는 것으로 알려져 있다.

화성 유도의 연구는 종래 피토크롬과의 관계로서 연구된 것이 많았다. 이러할 경우 적색광 광도와 원적색광 광도의 비가 중요해진다. 반면 화성 유도, 초장, 추대 등에 크립토크롬이 관여한다는 사실이 뒤 늦게 밝혀졌다(Goto, 2011). 이 경우 청색광 광도와 적색광 광도의 비가 미치는 영향에 관한 연구가 중요해졌다. 이후 인공광 식물공장에서의 화성 유도 및 추대 제어 기술이 화훼류 묘 생산, 소형 고급 화훼(소형 난, 소형 장미 등), 약용 식물 생산에 필요해졌다.

### (3) 광주성

명기 · 암기의 주기성이 화성에 미치는 반응성을 광주성(photoperiodism)이라고 한다. 하루의 명기가 어느 길이보다 짧아지면 꽃눈이 형성되어 개화하는 식물을 단일 식물이라고 한다. 명기가 어느 길이를 넘으면 꽃눈이 형성되어 개화하는 식물을 장일 식물이라고 한다. 명기에 영향을 받지 않고 어느 성장 단계가 되면 꽃눈 형성 · 개화하는 식물을 중성 식물이라고 한다. 실제는 명기가 아니라 암기에 영향을 받는다. 최근에는 단일 및 장일 식물을 명기에 크게 좌우되지 않고 꽃눈 형성 · 개화하는 중성 식물화하는 육종이 진전되고 있다.

인공광 식물공장에는 명암주기를 24시간으로 할 필요가 없다. 명기와 암기를 12시간 주기, 18시간 주기로 하는 것이 가능하다. 또한 건설 시의 전기 설비 용량을 적게 하고, 심야 전력을 이용하여 전기 요금 경비를 절감하는 것을 목적으로 재배실의 명암 주기를 재배 모듈 별로 조절하는 것도 생각할 수 있다. 이들을 고려한 명암주기 개발이 기대된다.

식물체 내의 유전자의 기능은 환경 요인에 의해 발현되는 것이기 때문에 앞으로 유전자 해석의 성과를 이용한 환경 조절 기술의 개발이 기대된다. 특히 광형태 형성은 광신호에 의해 유전자 기능이 발현되기 때문에 환경 조절 경비를 낮게 유지할 수 있는 기술로서 기대된다. 이 분야는 앞으로 인공광 식물공장에서 중요한 역할을 하게 될 것으로 생각된다.

### (4) 녹색광 효과

앞에서 설명한 Kim 등(2004)의 연구에 더해, 최근 녹색광(파장: 500~600nm)이 식물에 미치는 다양한 효과가 주목되고 있다. Shoji 등(2012)은 녹색광이 상추의 광형태 형성 및 광합성에 미치는 영향을 구명하였다. 또한 Goto 등(2007a; 2007b; 2009; 2010)은 야간에 2시간 정도의 녹색광은 딸기 등의 병해 저항성을 유도하여 병해 방제 효과가 있다고 하였다. 식물에서의 녹색광 효과에 대해서는 아직 미지의 부분이 많기에 이후 흥미 있는 과제가 될 것이다.

## 9.7 전류

광합성에 의해 생산된 동화 산물의 소스(source)로부터 싱크(sink)로의 이동을 전류(translocation)라고 한다. 소스는 잎이 되고 싱크는 꽃, 과실, 뿌리 혹은 성장 중인 잎과 줄기가 된다. 전류 물질은 자당(sucrose)인 경우가 대부분이지만 다른 형태의 당과 당 알콜, 아미노산 및 유기산 등의 유기물 혹은 무기 이온 등의 무기물도 이동한다.

전류는 아래 방향으로 이동하는 경우가 많다. 그러나 어린 조직이나 새로운 과실로의 전류 물질은 사관을 통해 아래의 잎에서 위쪽으로 이동한다. 이 경우 어린 조직이나 새로운 과실은 싱크 능력이 높다고 말한다. 사관을 통해 아랫 방향으로 이동하는 전류 물질이 도중에 인접한 도관으로 이동하여 도관 내에서의 증산류와 함께 위쪽으로 이동하는 경우도 있다. 일반적인 전류 속도는 약 0.5~1.0m $s^{-1}$이며 증산류 속도인 1~2m $s^{-1}$보다는 늦다.

## 9.8 양분 흡수

### 9.8.1 다량 필수 원소와 미량 필수 원소

인공광 식물공장에서 재배되는 식물의 중량의 80~90%는 물($H_2O$)이다. 물을 제외한 식물의 원소 조성은 탄소(C)와 산소(O)가 각각 약 45%, 수소(H)가 약 6%다(Nishio, 2000; Namiki 1981). 이들 원소는 광합성 과정 중에 식물체 내에 흡수되며, 다른 원소는 뿌리에서 흡수된다.

뿌리에서 흡수되는 원소 중에 질소(N), 인(P), 칼륨(K), 칼슘(Ca), 마그네슘(Mg), 황(S) 등의 6종을 다량 필수 원소라고 한다. 그중에서도 질소의 필요량이 최대이다(표 9.1).

필요량은 미량이지만 식물의 생육에 필수인 원소를 미량 원소라고 한다. 여기에는 철(Fe), 망간(Mn), 붕소(B), 구리(Cu), 아연(Zn), 몰리브덴(Mo), 염소(Cl) 등의 7종이 포함된다. 식물 종류에 따라서는 규소(Si) 또는 알루미늄(Al) 등이 필수인 경우가 있기는 하나 이들은 필수 원소에는 포함되지 않고 특수 원소라고 불린다. 이들 원소는 이온 분자의 형태로 식물 뿌리로부터 흡수된다.

이온이 세포벽과 세포 간극으로 들어오기까지는 뿌리가 에너지를 사용하지 않는다. 그러나 양액 중에 있는 이온 농도가 식물체 내의 그 이온의 농도보다 낮은 경우 식물체 내로 이동시키기 위해서는 에너지가 필요하게 된다. 이온 농도 구배에 거스르는 이온 흡수를 선택적 흡수라고 한다. 이때의 에너지는 호흡을 통해 얻어진다. 또한 식물의 뿌리와 잎은 무기 이온뿐 아니라 아미노산, 요소, 당 등의 유기물을 마주 적은 양이지만 흡수한다. 그러나 이들은 필수 요소는 아니다.

표 9.1 고등식물의 필수 원소와 정상적 함유율(Namiki, 1981)

| 원소 | 기호 | 흡수 형태 | 원자량 | 건물중당 함유율 | |
|---|---|---|---|---|---|
| | | | | (ppm) | (%) |
| 탄소 | C | $CO_2$ | 12.01 | 450,000 | 45 |
| 산소 | H | $O_2$, $H_2O$ | 16.00 | 450,000 | 45 |
| 수소 | O | $H_2O$ | 1.01 | 60,000 | 6 |
| 다량 필수 원소 | | | | | |
| 질소 | N | $NO_3^-$, $NH_4^+$ | 14.01 | 15,000 | 1.5 |
| 인 | P | $H_2PO_4^-$, $HPO_4^{2-}$ | 30.98 | 2,000 | 0.2 |
| 칼륨 | K | $K^+$ | 39.10 | 10,000 | 1.0 |
| 칼슘 | Ca | $Ca^{2+}$ | 40.08 | 5,000 | 0.5 |
| 마그네슘 | Mg | $Mg^{2+}$ | 24.32 | 2,000 | 0.2 |
| 황 | S | $SO_4^{2-}$ | 32.07 | 1,000 | 0.1 |
| 미량 필수 원소 | | | | | |
| 철 | Fe | $Fe^{3+}$, $Fe^{2+}$ | 55.85 | 100 | 0.01 |
| 망간 | Mn | $Mn^{2+}$ | 54.94 | 50 | 0.005 |
| 붕소 | B | $BO_3^{3-}$, $B_4O_7^{2-}$ | 10.82 | 20 | 0.002 |
| 구리 | Cu | $Cu^{2+}$, $Cu^+$ | 63.64 | 6 | 0.0006 |
| 아연 | Zn | $Zn^{2+}$ | 65.38 | 20 | 0.002 |
| 몰리브덴 | Mo | $MoO_4^{2-}$ | 95.95 | 0.1 | 0.00001 |
| 염소 | Cl | $Cl^-$ | 35.46 | 100 | 0.01 |

## 9.8.2 다량 필수 원소의 기능과 생리 장해

다량 필수 원소의 기능과 결핍증 및 생리 장해를 표 9.2에 나타낸다 (Yamazaki, 1982; Namiki, 1981). 식물의 양분 결핍 장해와 과잉 장해는 구별하기 어려운 경우가 많고 다른 요인도 감안하면서 판정하지 않으면 타당한 진단을 못하는 경우가 많다.

**표 9.2 다량 필수 원소의 주요 기능과 주요 생리 장해**

| 화학 기호 | 기능 | 생리 장해 |
|---|---|---|
| 질소 (N) | 아미노산, 단백질이 됨. 단백질 중량의 약 15%을 차지함 | 생육이 억제됨. 결핍하면 잎이 황화, 담녹색으로 변함. 과잉하면 암녹색, 잎이 과번무함 |
| 인 (P) | 핵산, ATP, 조효소의 성분 | 결핍하면 잎이 적자색이 됨(안토시아닌 축적), 생육 불량 |
| 칼륨(K) | 세포질 구조 유지, pH 및 삼투압 조절, 효소 활성화 | 결핍하면 잎 외측이 말리고 갈색 반점이 생김. 엽맥과 엽맥 사이가 황화하는 증상 |
| 칼슘(Ca) | 세포벽과 세포막의 형성과 기능 유지. 과잉 유기산 중화. 효소 활성화, 체내 이동은 어려움 | 상추 등 엽채류 어린 잎의 주변부 괴사(팁번), 토마토 등 과채류의 배꼽썩음증의 원인이 됨 |
| 마그네슘(Mg) | 엽록소의 구성 성분 | 결핍하면 생장점, 엽맥의 황화 및 엽맥을 따라 황백화가 일어남 |
| 황(S) | 여러 종류의 아미노산의 구성. 효소 활성에 필수. 단백질 중량의 약 1%를 차지함 | 결핍하면 상위엽의 담록화 및 황화가 일어남. 새로운 잎에서 일어나기 쉬움. 과잉하면 생육 불량이 되기 쉬움 |

**▶▶▶ 요약 ◀◀◀**

이번 장에서는 식물의 기본적 생리 작용인 광합성, 호흡, 증산 및 흡수, 형태형성, 전류, 필수 양분 원소에 관하여 설명하였다. 식물의 생리 작용은 복잡하다. 또한 기본 생리 작용은 식물종과 상관 없이 공통이지만 세밀한 부분에서는 식물종에 따라 크게 다르다. 식물공장에서 재배할 식물이 결정되었다면 그 식물종 특유의 생리적 특성을 이해하는 것이 필요하다.

제10장

# 식물환경제어의 기초

## 10.1 서론

인공광 식물공장에서 제어가 필요한 환경요인은, 광, $CO_2$ 농도, 습도, 기류속도, 양액(비료조성 또는 양액전기전도도, pH, 용존산소농도, 유속 및 유량, 미생물 등)이다. 이러한 환경요인을 제어하는 기기에는 조명장치, 공조기기(에어컨)와 송풍팬, 양액관리장치(양액, 미생물 살균장치 포함)가 있다. 환경요인 센서 이외에도 전기소비량, 급배액량의 계측이 필요하다. 이번 장에서는 환경요인과 제어의 개요에 대하여 기술한다. 광환경은 제7장에서 기술하였기 때문에 이번 장에서는 다루지 않는다. 제7장과 이번 장은 제4장의 "통합환경제어"를 실시하기 위한 기초가 된다.

## 10.2 공기 조성

공기는 혼합기체이며, 표준대기의 주요 가스 조성은 질소($N_2$) 78.08%, 산소($O_2$) 20.95%, 아르곤(Ar) 0.93%, 이산화탄소($CO_2$) 0.04%이다. 광합성에 필수적인 $CO_2$ 농도는 $O_2$ 농도의 약 1/5000으로 매우 낮은 것에 주의할 필요가 있다. 대기 중의 $CO_2$ 농도는 지구 상의 식물의 광합성 활동, 인간의 공업활동에 따른 $CO_2$의 배출, 해양 및 호소에 따른 $CO_2$의 흡수와 방출에 의하여 주야간, 계절, 지역에 따라서 0.01% 정도 차이가 있다.

수증기를 포함하지 않는 건조공기(dry air)라고 부르며, 평균분자량은 28.97g $mol^{-1}$이다. 대기압 하에서 건조공기의 밀도는 0, 10, 20, 30, 40°C에서 각각 1.293, 1.205, 1.185, 1.165, 1.127kg $m^{-3}$. 물의 밀도

1000kg $m^{-3}$에 비교하면 공기밀도는 1.1~1.3kg $m^{-3}$ 정도로 매우 작은 편에 속한다. 기온이 높을수록 밀도가 작기 때문에 인공광 식물공장의 재배실에서는 송풍팬 등으로 공기를 혼합하지 않으면 기온의 공기는 상승하여 상부에 정체되기 쉽다.

## 10.3 $CO_2$ (이산화탄소)

광합성은 광이 존재 하에서 공기 중의 $CO_2$가 잎의 기공을 통하여 엽육세포로 이동하여 당으로 변환되는 현상이다. 따라서 $CO_2$의 이동속도(flux)를 증대시키는 것이 순광합성속도를 증대시키는 것이 된다. 증대방법으로는, 1) 공기 중의 $CO_2$의 농도를 높임, 2) 공기-엽면경계층 및 기공의 확산저항을 감소시킴, 3) 엽육세포의 $CO_2$ 고정속도를 높임 등으로 크게 구분된다. 광합성유효방사속밀도 PAR과 온도는 1)과 2)에는 관계가 없지만, 3)에는 영향을 주고 있다.

### 10.3.1 밀폐 단위 공간에서의 $CO_2$ 농도의 저하

인공광 식물공장의 재배실의 $CO_2$ 농도를 대기 중의 농도 0.04%(400 ppm)로부터 0.1%(1,000ppm)로 상승시킨 공기의 체적 $1m^3$(1000L)에는 1L(1.96g = 44.0/22.4)의 $CO_2$가 포함되어 있다. (여기에서 44.0은 $CO_2$의 분자량(g), 22.4는 1mol의 체적(L)임)

PAR이 200 W $m^{-2}$ 전후에서 엽채류의 순광합성속도 $P_n$은 2~3g $m^{-2}$ $h^{-1}$ 정도이다. 만약 엽채류의 Pn을 2g $m^{-2}$ $h^{-1}$으로 가정할 경우, 면적 $1m^2$와 높이 1m의 밀폐단위 공간(체적 $1m^3$) 안에 있는 엽채류는 그 공간에 존재하는 1.96g의 $CO_2$를 1시간 이내에 거의 흡수해 버린다. 실제는 밀폐단위 공간 내의 $CO_2$ 농도는 $CO_2$ 보상점(약 100ppm) 이하로는 내려가지 않기 때문에 약 0.2g(0.1 L)의 $CO_2$가 밀폐단위 공간 내에 잔존한다. 따라서 명기에 실내 $CO_2$ 농도를 1000ppm으로 유지하기 위해서는 공기 체적 $1m^3$(재배 면적 $1m^2$)당 매시간 약 2g의 $CO_2$를 시비할 필요가 있다.

### 10.3.2 환기가 되는 단위 공간에서의 $CO_2$ 손실속도

실제의 인공광 식물공장에는 명기에 실내의 $CO_2$ 농도를 2000ppm 전후로 유지하는 경우가 많다. 그런데 식물공장에는 완전 밀폐가 아니라 약간의 환기가 발생한다. 이러한 경우에 시비한 $CO_2$의 일부가 외부로 누출되어 손실이 발생한다. 따라서 식물이 흡수하는 $CO_2$ 량보다 많은 양의 $CO_2$를 공급해야 한다. 이러한 $CO_2$ 손실속도 Lc(kg $h^{-1}$)는 다음 식으로 계산할 수 있다.

$$Lcl = k \times N \times V \times (C_i - C_o) / 10^6 \qquad (1)$$

여기에서, k는 $CO_2$의 체적을 질량으로 환산하는 계수(1960g $m^3$), N은 환기횟수($h^{-1}$), V는 재배실의 공기 체적($m^3$), $C_i$는 실내의 $CO_2$ 농도(ppm), $C_o$는 실외의 $CO_2$ 농도(약 400ppm)이다($C_i > C_o$). 또한 환기횟수 N은 시간당 환기량을 공기 체적으로 나눈 값이다. $10^6$은 $CO_2$ 농도를 ppm(백만분의 1)로 표시한 것을 체적비(< 1)로 변환하는 계수이다.

만약, $C_o$ = 400ppm, V = $1m^3$의 단위 공간에서 $C_i$ = 1000, 1500, 2000, 2500ppm으로 설정하면, Lc는 각각 $1.18 \times N(= 1.96 \times N \times 1 \times (1000-400)/10^6)$, $2.16 \times N$, $3.14 \times N$, $4.12 \times N$(g $h^{-1}$)이 된다. 여기에서 N = 0.1 $h^{-1}$로 하면 Lc는 각각 $0.118(=1.18 \times 0.1)$, 0.216, 0.314, 0.412g $h^{-1}$이 된다. 일반적으로 Lc는 N이 증가에 따라 증가하기 때문에 N을 작게 하는 것이 중요하다.

### 10.3.3 $CO_2$ 시비속도와 $CO_2$ 이용효율

바닥 면적 $200m^2$, 높이 5m로 공기 체적이 $1000m^3$인 재배 공간을 가정하자. 위의 조건을 대입하면, $CO_2$ 손실속도는 Lc는 0.118, 0.216, 0.314, 0.412kg $h^{-1}$이 된다. $CO_2$ 농도 1000, 1500, 2000, 2500ppm에 대한 순광합성속도 Pn을 각각 2.0, 2.1, 2.2, 2.3g $m^{-2}$ $h^{-1}$, 바닥 면적 $200m^2$에서의 재배 면적을 $1000m^2$(5단 재배)로 하면, 재배실 전체의 순광합 속도 $P_T$는 2.0, 2.1, 2.2, 2.3kg $h^{-1}$이 된다. 따라서 실내 $CO_2$ 농도 $C_i$

를 일정하게 유지하기 위해서 필요로 되는 $CO_2$ 시비속도 Sc는 $P_T$와 Lc과의 합이므로, 각각 2.118(= 2.0+0.118), 2.316, 2.514, 2.712kg $h^{-1}$가 된다.

이상으로부터, $CO_2$ 이용효율 $P_T$/Sc = $P_T$/($P_T$+Lc)는 0.94(= 2.0/2.118), 0.91, 0.88, 0.85가 된다. 이러한 $CO_2$ 이용효율은 환기횟수 N이 작을수록 $P_T$가 클수록 커지게 된다. 따라서 실내 $CO_2$ 농도 $C_i$에 대응하는 Lc, $P_T$, Sc를 각 $C_i$에 대하여 계산한 후에 시비 $CO_2$ 이용효율($P_T$/Sc)을 구할 수 있다. 각 $C_i$에 대한 cost performance는 $CO_2$ 중량 단가를 a, $P_T$의 중량당 이익을 b, Lc의 중량당 환경오염(페널티) 비용을 c로 한다면 다음과 같이 나타낼 수 있다.

$C_i$에 대한 cost performance = $b \times P_T / (a \times Sc + c \times Lc)$

따라서 보다 효율적인 $CO_2$ 제어를 위해서 위의 값에 근거하여 $C_i$를 결정할 필요가 있다.

## 10.4 습공기선도

### 10.4.1 수증기압, 절대습도 및 상대습도

건조공기에 수증기를 포함시키면 습공기(moist air)가 된다. 습공기 중의 수증기의 비율이나 관련 물성치를 나타내기 위해서는 목적에 따라서 다양한 용어와 정의가 필요하다(표 10.1).

습공기의 압력에 대한 수증기의 분압을 수증기압 또는 수증기분압이라 하고, 수증기를 최대한 포함하는 공기를 포화공기(saturated air)라 한다. 포화공기에 따른 수증기압을 포화수증기압 $e_s$라고 하며, 기온이 높아지면 지수 함수적으로 증가한다[표 10.2의 식(1)].

불포화공기(unsaturated air)의 수증기압 e는 건구온도와 습구온도로부터 구할 수 있다. 또한 상대습도 RH는 $(e/e_s) \times 100(\%)$로 나타낸다[표 10.2의 식 (3)].

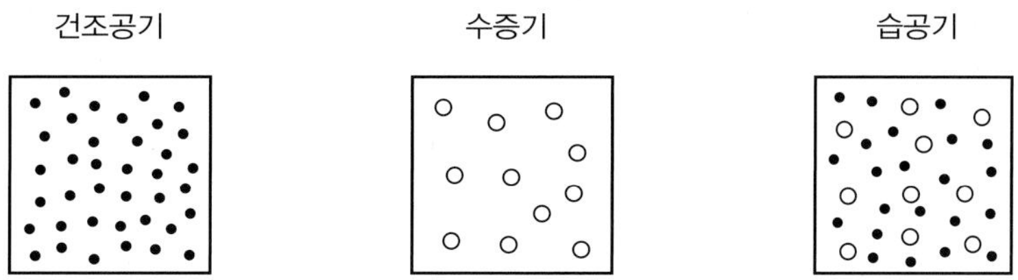


| | 건조공기 | 수증기 | 습공기 |
|---|---|---|---|
| 압력 | p (Pa) | e | P=p+e |
| 체적 | V ($m^3$) | V | V |
| 질량 | 1 (kg) | x | 1+x |

**그림 10.1** 습공기(건조공기 + 수증기)에서 압력, 체적 및 질량과의 관계.

절대습도는 습공기 중의 건조공기 1kg에 대한 수증기의 질량이며 단위는 kg $kg^{-1}$(DA) 또는 kg $kg'^{-1}$로 표시한다. DA(dry air) 또는 kg′의 (′)는 수증기의 질량이 습공기가 아닌 건조공기당 질량으로 나타내기 때문이다(그림 10.1). DA를 기준으로 하는 것이 냉난방부하 계산이나 열수지 해석에 있어서 편리하기 때문이다. 이 경우의 습공기 질량은 (1+x) kg이 된다(여기서 x는 수증기의 질량).

수증기압 e, 대기압 P일 경우에 절대습도는 $0.622 \times e/(P-e)$로 나타낸다[표 10.2의 식 (4)]. 대기압 P는 건조공기의 압력과 수증기압의 합이기 때문에 절대습도는 수증기압과 건조공기의 압력의 비이며, 그 단위는 이론상 무차원이다. 따라서 질량비를 나타내기 위하여 kg $kg^{-1}$(DA)의 단위를 관체적으로 사용하고 있다.

**표 10.1 습공기에 관련된 용어와 정의**

| 용어 | 단위 | 정의 |
|---|---|---|
| 건구온도 (drybulb temperature) | °C | 온도계의 감온부가 건조한 상태에서 측정한 공기의 온도(기온) |
| 습구온도 (wetbulb temperature) | °C | 온도계의 감온부를 물에 젖은 천이나 종이로 싼 상태로 측정한 온도. 감온부에 접촉하는 공기의 유속이 5m $s^{-1}$ 이상이면 측정값은 거의 일정함. |

(계속)

| 용어 | 단위 | 정의 |
|---|---|---|
| 수증기(분)압<br>(partial) pressure | Pa | 대기압 중에서 수증기가 차지하고 있는 분압 |
| 포화수증기압<br>saturated water vapor pressure | Pa | 물(또는 어름)과 평형상태에 있는 습공기의 수증기 분압. 일정 온도의 공기에 포함될 수 있는 최대한의 수증기에 의한 수증기압. |
| 수증기포차(공기포차)<br>vapor pressure deficit | Pa | 일정 온도에서 포화수증기압과 수증기압과의 차이. VPD라고 함. |
| 상대습도<br>relative humidity | % | 일정 온도에서<br>(수증기압/포화수증기압)×100% |
| 절대습도<br>absolute humidity | $kg\ kg'^{-1}$<br>$kg\ kg^{-1}$(DA) | 습공기 중의 건조공기 1kg에 대한 수증기 질량 |
| 수증기밀도<br>water vapor density | $kg\ m^{-3}$ | 습공기 $1m^3$에 해당하는 수증기 질량 |
| 노점온도<br>dew point | ℃ | 정압조건에서 습공기 온도를 저하시켰을 때 수증기가 응결을 시작하는 온도. 상대습도 100%, 포차는 0Pa가 된다. |
| 비체적<br>specific volume | $m^3\ kg'^{-1}$ | 건조공기 1kg을 포함하는 습공기 체적 |
| 엔탈피<br>enthalpy | $kJ\ kg'^{-1}$ | 0°C 습공기가 가지고 있는 열량. 온도 t(°C), 절대습도 x($kg\ kg'^{-1}$)인 습공기의 엔탈피 = $1.005t + x\ (2501 + 1.846t)$.<br>제1과 2항은 각각 현열과 잠열이라고 함. |

표 10.2 습공기에 관련된 물성치의 계산식

| **포화수증기압 $e_s$** |
| --- |
| 몇 종류의 근사식이 있지만, 다음의 Murray의 식이 가장 많이 사용됨.<br>$e_s = 6.1078 \exp\{a^t/(t+b)\}$ (hPa) 식 (1)<br>여기에서, t는 온도(°C), 정수 a, b는 다음과 같다.<br>a = 17.2693882, b = 237.3 (수면 상)<br>a = 21.8745584, b = 265.5 (빙면 상) * exp는 지수함수를 표시함. |
| **수증기압 e** |
| 건구온도 t와 습구온도 $t_w$로부터 e를 구한다 (Sprung의 공식)<br>$e = e_{sw} - P(t - t_w)\ A/755$ (hPa) 식 (2)<br>여기에서, t와 $t_w$는 각각 건구온도와 습구온도(°C)<br>$e_{sw}$는 습구온도에 따른 포화수증기압 (hPa), P는 대기압 (hPa)<br>A는 건습구정수 {0.55(습구가 빙결되지 않은 경우), 0.44(습구가 빙결된 경우)}<br>단, 위의 식은 풍속; 약 3m $s^{-1}$ 이상에서 적용 가능함. |
| **상대습도 RH** |
| $RH = e/e_s \times 100$ (%) 식 (3)<br>여기에서 $e_s$는 습구온도에 따른 포화수증기압. |
| **절대습도 x** |
| $x = 0.622\ e/(P-e)$ (kg $kg'^{-1}$) 식 (4)<br>여기에서 0.622는 수증기와 공기의 분자량의 비율 |
| **노점온도 $t_{dp}$** |
| Murray 식으로부터<br>$t_{dp} = -b \times \ln(e/6.1078)/\{\ln(e/6.1078) - a\}$ (°C) 식 (5)<br>여기에서, a = 17.2693882, b = 237.3 (수면 상)<br>a = 21.8745584, b = 265.5 (빙면 상) * ln은 자연대수 |

*(계속)*

| 비체적 v | |
|---|---|
| $v = 0.004555\ (x+0.622)\ t\ \ (m^3\ kg'^{-1})$ | 식 (6) |
| **엔탈피 h** | |
| Murray 식으로부터<br>$h = C_{pa} \cdot t + (\gamma + C_{pv} \cdot x)\ \ (kJ\ kg'^{-1})$ 식 (7)<br>여기에서, $C_{pa}$와 $C_{pv}$는 각각 공기와 수증기의 정압비열, $\gamma$은 물의 증발잠열.<br>$C_{pa} \cdot t$와 $(\gamma + C_{pv} \cdot x)$는 각각 현열과 잠열을 나타냄.<br>0(℃)에서 $C_{pa}$ = 1.005kJ / (kg K), $C_{pv}$ = 1.846kJ / (kg K)<br>$\gamma$ = 2501kJ $kg^{-1}$ | |

## 10.4.2 수증기포차(공기포차)와 엽면포차

일정 온도에서 포화수증기압 $e_s$와 현재의 수증기압 e의 차이($e_s$-e)를 수증기포차라고 한다. 수증기포차(water vapor pressure deficit)는 VPD로 간략하게 표현된다. VPD는 일정 온도에서 습(수)면의 잠재적인 증발 속도(증발 능력)의 지표이며, 인공광 식물공장의 환경관리에 있어서 중요한 변수이다. 일반적으로 공기포차 또는 단순히 포차라고도 하며, 단위로는 압력(Pa) 이외에도 수증기 농도(kg $kg^{-1}$)로 나타내는 경우도 있다.

또한 엽온에 대한 포화수증기압과 수증기압의 차이를 엽면(수증기)포차라고 부르기도 한다. 엽면포차가 공기포차보다 엽면에 대한 증산 능력을 잘 나타내는 지표가 될 수 있다. 그러나 엽면 온도는 측정이 어렵기 때문에 실제로는 공기포차를 사용하는 경우가 많다. 인공광 식물공장의 재배공간에 따른 공기포차는 기류 속도에 영향은 받지만, 일반적으로 1kPa 전후가 적절한 것으로 알려져 있다.

## 10.4.3 공기포차와 상대습도

표 10.3 및 그림 10.2에 각 기온에 대한 상대습도 RH와 공기포차와의 관계를 나타내고 있다. 특히 증산 능력 또는 증발 능력의 지표로서 공

기포차가 아닌 RH를 사용하는 것은 적절하지 못하다는 것을 나타내고 있다. 표 10.3에서, 예를 들면 기온 30°C, RH 60%에서의 공기포차는 1.69kPa이다. 이 값은 기온 30°C, RH 100%에서의 수증기압(포화수증기압)인 4.24kPa와 기온 30°C, RH 60%에서의 수증기압 2.55kPa의 차이(1.69 = 4.24-2.55)이다.

RH 60%에서 기온 10°C, 20°C, 30°C일 경우의 수증기포차는 0.54, 0.94, 1.69kPa이다. 기온 30°C, RH 60%에서 증산 능력은, 일정한 RH 100%에서 기온이 10°C 및 20°C일 경우에 증산 능력의 각각 1.74(=0.94/0.54)배 및 3.13(=1.69/0.54)배가 된다. 이와 같이 RH가 일정하더라도 기온이 다를 경우에 공기포차도 다르기 때문에 증산(증발) 능력의 지표로는 공기포차(또는 엽면포차)를 이용하는 것이 타당하다. 또한 RH기 100%일 경우의 공기포차는 기온에 관계 없이 0kPa이 된다.

**표 10.3 기온에 따른 상대습도, 수증기압, 수증기포차 및 수증기 밀도**

| 기온 (°C) | 상대습도(%) | 수증기압(kPa) | 수증기포차(kPa) | 수증기밀도(g $m^{-3}$) |
|---|---|---|---|---|
| 10 | 100 | 1.28 | 0.00 | 9.4 |
| 10 | 60 | 0.74 | 0.54 | 5.7 |
| 10 | 20 | 0.25 | 1.03 | 1.9 |
| 20 | 100 | 2.34 | 0.00 | 17.3 |
| 20 | 60 | 1.40 | 0.94 | 10.4 |
| 20 | 20 | 0.47 | 1.87 | 3.5 |
| 30 | 100 | 4.24 | 0.00 | 30.4 |
| 30 | 60 | 2.55 | 1.69 | 18.2 |
| 30 | 20 | 0.85 | 3.39 | 6.1 |

주 1) 상대습도 100%의 경우 수증기압(수증기분압)은 포화수증기압임.
수증기포차(공기포차)는 포화수증기압과 수증기압의 차이로 나타냄.
주 2) 절대습도는 건조공기를 기준으로 하지만, 수증기밀도는 습공기를 기준으로 함.

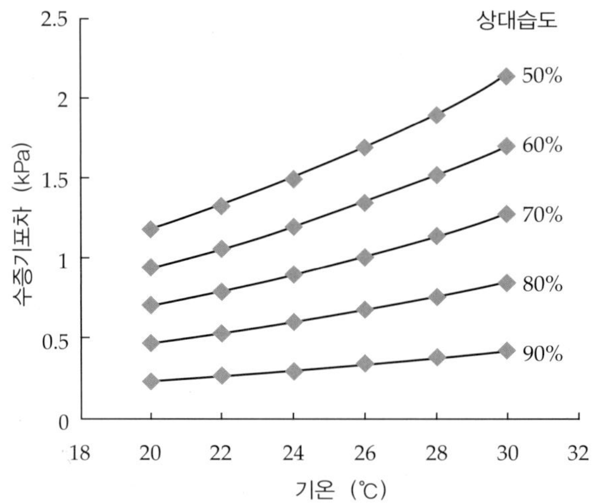


**그림 10.2** 기온(°C), 상대습도(%) 및 수증기포차(kPa)의 관계.

## 10.4.4 건구온도, 습구온도, 노점온도

건구온도는 기온과 같은 의미이다. 습구온도는 실체적으로 건구온도의 감온부를 물에 젖은 천(또는 종이)으로 감싼 상태에서 약 5m $s^{-1}$ 정도의 기류 속도 하에서 측정한 온도로 정의된다(보다 엄밀한 정의는 열역학적 정의를 참조할 것). 상대습도 100%에서는 "건구온도 = 습구온도"이지만, 그 외에는 항상 "건구온도 > 습구온도"이다.

공기의 노점온도는(간단히 노점이라고도 함), 공기를 서서히 냉각해서 포화공기가 되었을 때의 온도이다. 공기 주변의 물체의 표면 온도가 공기의 노점온도보다 낮을 경우에 물체 표면에 결로가 발생한다. 또한 상대습도 100%의 공기는 건구온도, 습구온도와 노점온도가 모두 동일하다. 노점온도는 기온과 수증기압의 함수이며 표 10.2의 식(5)과 같이 나타낸다.

인공광 식물공장에서는 노점온도가 다음과 같은 경우에 문제가 된다. 첫 번째로, 명기 시작 직후에 실온이 급하게 상승하지만 비열이 큰 주변 물체(식물, 벽, 선반재, 배지, 양액 등)의 온도는 늦게 상승한다. 따라서 물체의 표면 온도가 실내공기의 노점온도 이하로 되어 결로가 발생하게 된다. 이 경우 결로 부위에 미생물 등이 번식하기 쉽고, 금속 부재가 산화되어 녹슬기 쉽고, 부재가 수분을 흡수하는 등의 현상이 발생한다.

두 번째로, 히트펌프로 실내 냉방을 할 경우, 공조기의 냉각면(증발기의 열교환 코일)은 실내 공기의 노점온도보다 낮기 때문에 냉각면의 출구 공기의 기온 저하와 함께 냉각면에 결로가 발생한다. 결과적으로 실내공기가 제습되기 때문에 실내공기의 공기포차에 영향을 준다. 이 경우의 제습량은 냉각면의 온도, 기류속도, 면적에 영향을 받는다.

### 10.4.5 비체적과 비중량

습공기의 비체적(specific volume of air)은 건조공기 1kg당의 공기 체적이며, 건구온도와 절대습도의 함수로 나타낸다[표 10.2의 식 (6)]. 습공기의 비체적을 건조공기당으로 나타내는 것은 냉난방부하 계산에서는 편리하기 때문이다. 예를 들면 기온 25°C, RH 80%(공기포차: 0.75kPa, 절대습도 0.0154kg/kg$'^{-1}$)에서 0.866m$^3$ kg$'^{-1}$이다. 비중량(specific weight of air)은 밀도와 동일하며 비체적의 역수이다. 위에서 언급한 예에서는 1.15(=1.00/0.866)kg m$^{-3}$이다. 물의 분자량(18g)은 공기의 평균 분자(약 29g)보다 가볍기 때문에 습공기는 건조공기보다 비중량이 작다.

### 10.4.6 잠열, 현열, 엔탈피

습공기에 포함되어 있는 건조공기의 열량을 현열(sensible heat), 수증기의 열량을 잠열(latent heat), 현열과 잠열의 합을 엔탈피(enthalpy, 총열량)라고 한다[표 10.2의 식(7)]. 습공기의 엔탈피는 기온이 높을수록 그리고 절대습도가 높을수록 증가한다. 그러나 절대습도의 증가는 잠열의 증가를 동반하지만 현열은 변하지 않는다. 현열이 변하지 않으면 기온도 변하지 않는다.

## 10.5 습공기선도 사용법과 구체적인 사용 예

### 10.5.1 습공기선도 사용법

기온(건구온도), 습구온도, 노점온도, 절대습도, 수증기압의 6개 변수 중에서 2개를 알면 나머지 4개의 변수를 구할 수 있다. 또한 공기포차, 잠열과 현열(엔탈피), 비체적(비중량)도 구할 수 있다. 이러한 변수 간의 관계를 알기 쉽게 나타낸 선도를 습공기선도(psychorometric chart)라고 한다.

먼저 습공기선도의 사용방법을 그림 10.3을 이용해서 설명한다. 그림 10.3의 횡축은 건구온도와 노점온도를 나타낸다. 그림의 우측의 종축은 절대습도, 수증기압 및 상대습도가 0인 선이다. 그림의 중앙을 좌측 아래에서 우측 위로 걸쳐 있는 지수함수 형태의 곡선은 포화 습공기(상대습도 100%)를 나타내는 선이다. 상대습도는 포화수증기압에 대한 수증기압의 백분율이다.

그림에서 건구온도와 상대습도의 교차점 A에서 우측으로 수평 연장하

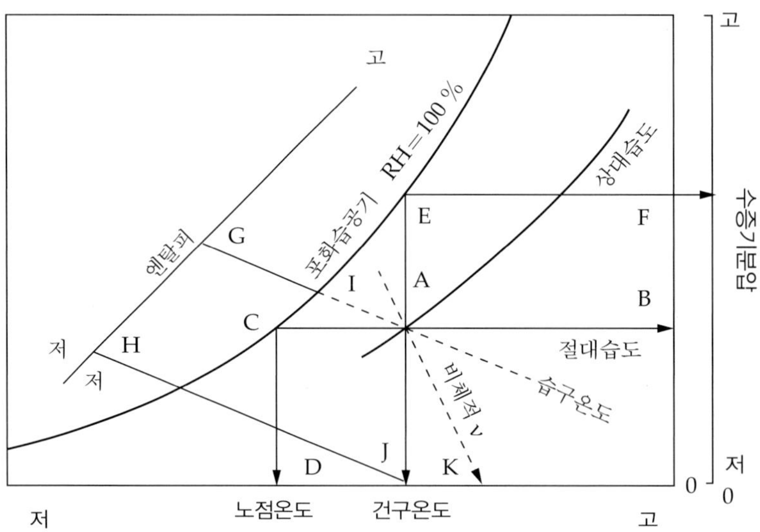


그림 10.3 습공기선도의 개념.

면, 절대습도와 수증압을 구할 수 있다(교점 B). 교점 A에서 수직 방향으로 연장하여 포화습공기 곡선과의 교점 E에서 우측으로 수평 연장하면 교점 F을 만나며 포화절대습도와 포화수증기압을 구할 수 있다. 교점 A에서 좌측으로 수평 연장하여 포화습공기 곡선과 만나는 교점 C에서 수직 방향으로 선을 그으면 교점 D를 만나며 노점온도를 구할 수 있다. 또한 교점 A에서 경사 방향으로 연장하여 포화 습공기 곡선과 만나는 교점 I를 습구온도라고 한다. 비체적은 점선으로 경사 방향으로 연장하여 횡축과의 교점 K로 구할 수 있다.

엔탈피는 교점 A를 좌측 경사 방향으로 연장하여 엔탈피 축과 만나는 교점 G로 나타낸다. 엔탈피 G 중에서, 현열 부분은 절대습도(상대습도)가 0인 점을 나타내는 교점 J에서 동일하게 연장하여 엔탈피 축과의 교점 H로 나타낸다. 따라서 교점 A에서의 공기의 잠열은 (G-H)가 된다.

**표 10.4 습공기의 물성치 간 관계 예**

| 습공기의 물성치 | 예 1 | 예 2 | 예 3 |
|---|---|---|---|
| 건구온도 (°C) | 20.0 | 25.0 | 30.0 |
| 습구온도 (°C) | 16.4 | 20.5 | 25.4 |
| 포화수증기압 (kPa) | 2.34 | 3.17 | 4.24 |
| 수증기분압 (kPa) | 1.71 | 2.18 | 2.95 |
| 수증기포차(포차) (kPa) | 0.63 | 0.99 | 1.29 |
| 상대습도 (%) | 70.0 | 70.0 | 70.0 |
| 절대습도 (kg $kg^{-1}$ DA) | 0.010 | 0.014 | 0.019 |
| 노점온도 (°C) | 14.0 | 18.3 | 24.2 |
| 비체적 (kg $m^{-3}$ DA) | 0.845 | 0.863 | 0.885 |
| 잠열 (kJ $kg^{-1}$ DA) | 25.9 | 34.9 | 46.9 |
| 현열 (kJ $kg^{-1}$ DA) | 20.1 | 25.1 | 30.1 |
| 엔탈피 (kJ $kg^{-1}$ DA) | 46.0 | 60.0 | 77.0 |

### 10.5.2 구체적인 사용 예

습공기선도는 그림 10.4와 같다. 습공기선도를 사용하여 상대습도 70%에서 건구온도가 20, 25, 30°C인 경우의 습구온도, 수증기분압, 엔탈피 등을 구한 값은 표 10.4과 같다. 공기포차는 각각 0.63, 0.99, 1.29kPa이며, 20°C에 따른 잠재 증산 능력은 30°C에서의 값의 2배가 된다는 것을 알 수 있다. 또한 엔탈피에서 잠열이 차지하는 비율이 50% 전후가 되는 것을 알 수 있다. 또한 건구온도 20°C, 상대습도 70%의 공기와 건구온도 30°C, 상대습도 70%의 공기를 체적비 2:1로 혼합할 경우, 습공기 상태는 습공기 선도에서 두 점을 연결한 직선을 1:2로 내분한 점으로 나타낼 수 있다. 즉, 건구온도는 23.3[20+(30−20/3)]°C, 상대습도 73%이 되고, 절대습도는 0.013 [=0.010+(0.020−0.010)] kg kg'DA이 된다.

## 10.6 히트펌프

### 10.6.1 기기 구성과 기능

#### (1) 기초적 사항

히트펌프(heat pump)는 증발기(evaporator, 흡열기)로 수집한 열에너지를 냉매를 이용하여 응축기(condenser, 방열기)까지 운반하는 열펌프이다(그림 10.5). 인공광 식물공장에서 사용되는 히트펌프는 일반사회에서는 에어컨 등의 명칭으로 불린다. 일반적으로 저온의 증발기에서 흡열하여 고온의 응결기에서 방열한다(식물공장에서는 뒤에 기술한 것처럼 반대의 경우가 있다). 저온에서 고온으로 열에너지로 전하는 데에는 압축기(compressor)를 이용한다.

인공광 식물공장에서는 히트펌프를 주 냉방기로 사용하고 있다. 단, 냉방은 제습을 수반하기 때문에 제습기(습도조절시)로도 활용된다. 또한 응축기에 설치된 송풍팬은 실내공기와 열교환을 촉진시키기 위해서 사용되며, 실내기에 부착된 송풍팬은 실내공기 분포를 적정화시키는 역할도 담당한다. 양액 탱크의 냉각이 필요할 경우에도 히트펌프를 사용하고 있으며 칠

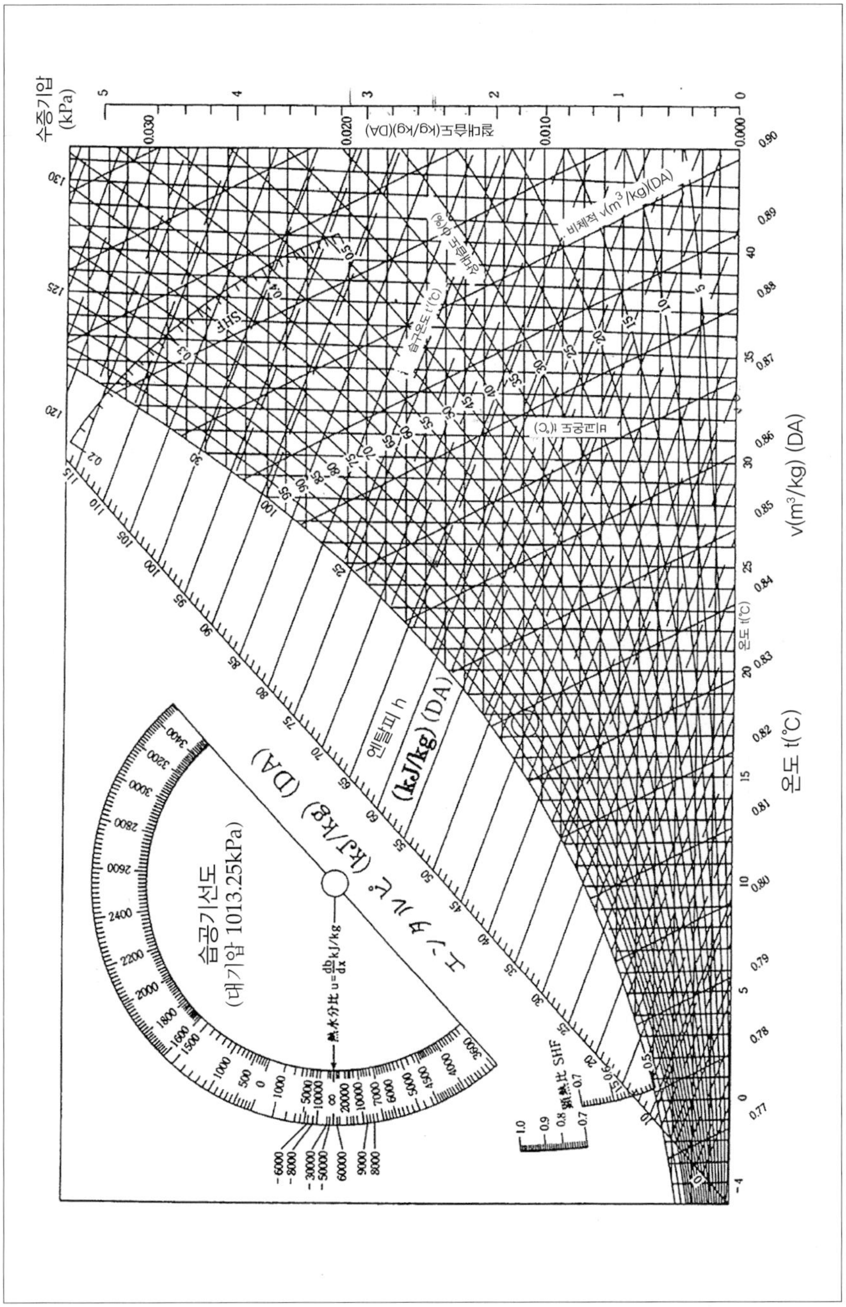


**그림 10.4** 습공기선도.
(출전: 제5편 시설원예핸드북, 사단법인 시설원예협회, 2003).

러(chiller)라고 한다.

### (2) 냉방

냉방 시에는 실내기를 증발기로 사용하고 실외기가 응축기가 된다(난방의 경우는 반대). 저온저압의 기체 냉매를 압축기에서 압력을 주면 응축열이 발생하면서 고온고압의 상태로 바뀌며, 이 기체냉매는 응축기에서 외부 기온과의 열교환을 통해 방열하여 중온고압의 액체냉매가 된다. 이 냉매가 팽창하거나 캐필러리 튜브를 통과할 때에 압력이 급증하고 액체냉매의 일부가 기화하면서, 저온저압의 기체와 액체가 혼합한 냉매가 된다. 그 중 액체의 냉매는 증발기에서 열교환을 통해 흡열하여 저온저압의 기체냉매가 되고, 다시 압축기에 압력을 가하여 순환하게 된다(그림 10.5).

### (3) 난방

난방 시에는 냉배의 이동 방향을 반대로 하여 실외기를 증발기, 실내기를 응축기로 사용하게 된다(냉방의 경우는 반대). 냉매의 이동 방향의 변경은 4방향 밸브를 사용하여 수행된다. 히트펌프의 증발기와 응축기를 연결하는 냉매 관의 거리는 통상 수십 m가 한계이며, 거리가 짧을수록 높은 효율로 열에너지의 운반이 가능하다. 증발기와 응축기에 설치된 송풍팬은 열교환을 촉진시키는 목적이지만, 실내기에서는 실내공기 분포의 적정화 및 균일화의 역할도 담당한다.

### (4) 냉매

냉매는 [프론(플로론 카본)]과 같이 화학합성된 합성냉매와 $CO_2$, 암모니아, 공기, 프로판, 부탄 등과 같은 자연계에 원래 존재하는 자연냉매로 나뉘어진다. 압축기를 동작시키는 에너지 원으로는 전기, 가스, 엔진용 석유연료 등이 이용되지만, 여기서는 전기 히트펌프에 대해서 논한다.

## 10.6.2 성적계수 (COP)

전기 히트펌프 시스템의 성적계수(coefficient of performance, COP)

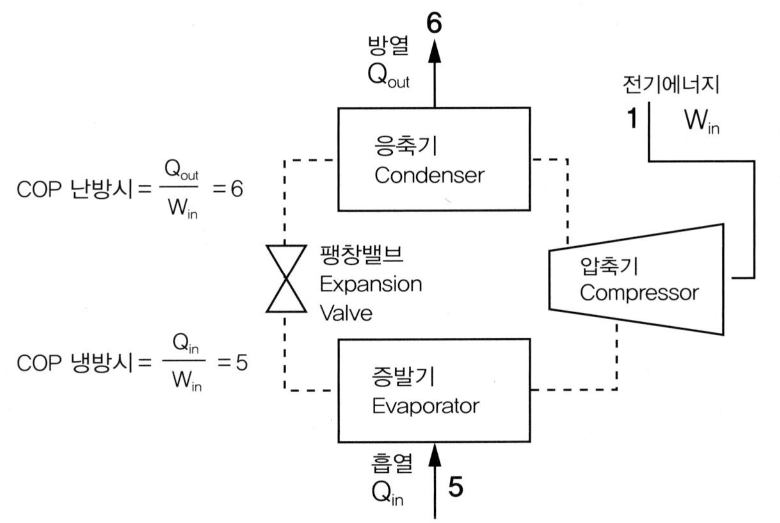


**그림 10.5** 히트펌프의 구성과 동작 원리 및 성적계수 COP.

는 시스템에 투입된 전기에너지량 대비 이용할 수 있는 유효 열에너지량(난방인 경우는 응축기에서 방출된 열량, 냉방인 경우는 증발기에서 흡수된 열량)의 비율을 의미한다(그림 10.5). 이 COP의 정의는 히트펌프를 난방, 냉방, 급탕 등에서 하나의 목적으로 이용하는 경우로 제한하고 있다. 또한 원리적으로는 냉방시의 COP는 난방시의 COP보다 1만큼 크게 된다. 증발기에서의 흡수 열량 이외에도 압축기가 소비한 전기에너지가 열에너지로 변환되어서 냉매를 통하여 운반된 후 응축기로 방출되기 때문이다. 그러나 실제로는 정확하게 1만큼 차이가 나지는 않는다.

### (1) COP의 연차적 향상

가정용 히트펌프(에어컨)의 냉/난방시 COP는 1998~2008년 사이에 약 2배로 향상되었고, 현재는 약 6을 넘고 있다. 일반적으로 업무용 냉방기의 COP는 가정용에 비하여 약 1.5 정도 낮다. 냉방시 COP는 JIS 기준(외부 기온 35°C, 실내기온 27°C)에서 측정된 것으로 냉방시 실내기온에 비해서 실외기온이 높을수록 COP는 낮아진다.

### (2) 실온이 외부 기온보다 높은 경우 냉방시 COP

인공광 식물공장에서는 $CO_2$ 시용이나 습도제어의 이유 또는 해충이나 병원균의 침입을 방지하는 목적으로 환기를 최소화하려는 경향이 있다. 인공광 식물공장에서는 광원의 발열에 의한 냉방부하가 발생한다. 인공광 식물공장에서의 실측한 결과에 의하면, 실온 25°C, 외부 기온 0~15°C의 경우의 냉방시의 COP는 8~12가 된다(Oyama 등, 2006). 외부 기온의 평균치가 10~20°C이며 냉방시 COP는 10~15 정도가 될 것이다. 다시 말하면 조명용 전력소비량에 비해서 냉방용 전기소비량은 1/10~1/15 정도가 된다. 즉, 인공광 식물공장에서는 환기나 관류열에 의한 냉방부하가 매우 작기 때문이며, 냉방부하의 80% 이상은 광원으로부터의 발열에 기인한다. 만약 야간을 명기로 하고 주간을 암기로 한다면, 단열성이 높은 인공광 식물공장에서는 겨울철 야간에도 난방이 필요 없으며 설령 필요하다 하더라도 극히 적다.

### (3) 냉방시의 제습과 실내 공기포차

냉방은 히트펌프의 증발기(냉각 코일)에 송풍을 통하여 실내 공기를 접촉시켜서 공기를 냉각시키는 작업이다. 이때 냉각 코일의 표면 온도가 실내 공기의 노점보다 낮으면 냉각면에 결로가 발생되며 제습이 된다. 따라서 증발기 출구 공기의 절대습도는 입구 공기의 절대습도보다 낮게 된다. 명기에는 냉방이 끊임 없이 이루어지며 동시에 제습도 이루어진다.

냉각면에서의 결로 속도는 냉각면 온도가 낮을수록(정확하게 냉각 코일 입구 공기의 수증기압과 냉각 표면 온도에 대한 포화수증기압의 차가 클수록), 또한 냉각면에의 송풍량이 많을수록 커지게 된다. 냉방시에는 증발기 냉각면이 0°C 이상이 되어 냉각면에 따른 결로가 발생하지 않는다. 명기 시작 후 1시간 정도가 경과하면 식물로부터의 증산량과 냉각면에서의 결로량이 평형상태가 되어 공기포차는 거의 일정(1-2kPa)한 수준이 된다. 공기포차는 일반적으로 식물의 증산량이 적을수록 (엽면적이 작을수록) 크게 된다.

### (4) 암기에서의 포차

암기에는 원칙적으로 실온이 설정치보다 높을 경우에만 냉방을 실시한다. 이 경우의 냉방부하는 단열성이 높은 벽으로 사용하는 인공광 식물공장일 경우는 매우 작다. 따라서 히트펌프 냉방에 의한 제습을 실시하면 암기의 공기포차는 0.5kPa 이하(25°C의 경우, 상대습도 85% 이상)가 되는 경우가 많다.

또한, 암기에 있어서도 포차를 0.5kPa 정도로 유지하는 것은 암기에서 어느 정도의 증산 속도를 유지하는게 낫기 때문이다. 증산에 따라 수분 흡수가 발생하고, 이에 따라서 Ca(칼슘) 등의 비료성분이 수동적으로 흡수되게 된다. Ca 흡수는 엽채류의 전형적인 생리장애인 팁번(잎색이 갈변)의 발생을 억제하는 효과가 있다. 더욱이 암기 중에 양분 흡수가 이루어지면 명기 개시 후의 식물의 광합성 활동에 좋은 영향을 줄 것이라고 생각된다. 그러나 이러한 현상에 관해서는 아직 충분하게 밝혀지지 않았기 때문에 앞으로의 연구가 기대된다. 만약 암기에 공기포차가 작으면 식물 줄기의 도장(과도한 신장)을 발생시키는 것 외에도 재배 베드, 식물 또는 벽 등을 젖게 하여 병원균의 번식을 촉진시킬 수 있다.

암기의 포차를 0.5~1.0kPa로 유지하기 위해서는 다음과 같은 방법이 있다. 첫째로, 히트펌프를 냉방 모드가 아닌 제습 모드로 운전하는 방법이 있다. 이 경우, 실온이 설정 이하로 될 경우에는 별도의 방법으로 가열하면 된다. 가열원으로 히트펌프의 응축기(실외기)에서 방출된 열을 다시 이용할 수 있으면 좋을 것이다. 둘째로는, 재배실을 2~3 구역으로 나누어 각 구역의 명기와 암기의 기간을 다르게 하여 재배실의 일정 부분을 항상 명기로 하는 방법이 있다. 이 경우에는 히트펌프 냉방이 항상 이루어진다. 따라서 이러한 방법을 사계절 채용하면 1일 최대 전력 사용량을 감소시킬 수 있기 때문에 계약 전력에 따른 기본요금을 내릴 수 있다. 셋째로는 히트펌프 몇 대를 난방 모드로 운전하고, 나머지를 모두 제습으로 사용하는 방법이다. 이것은 별도의 전력 소비를 발생시키게 된다. 그 외에, 재배실에는 양액 펌프, 공기 유동팬 등이 설치되어 있지만 히트펌프가 빈번하게 냉방 모드로 운전되어야 할 정도의 가열원은 아니다.

한편, 히트펌프의 소비전력량은 조명의 소비전력량에 비교하면

1/5~1/10 정도이기 때문에 전체 소비전력량을 절감시키기 위해서는 조명 전력량 및 조명 최대전력의 효율적 절감이 가장 좋은 방법이다. 조명 소비전력량이 감소되면 자동적으로 히트펌프용 소비전력도 감소하게 된다.

#### (5) 심야 전력

전력회사에 따라서 세부적인 내용을 다르지만, 일본에서 심야 전력(23시~07시 또는 22시~08시)을 이용할 경우, 주간 전력 요금의 1/2 정도가 된다. 인공광 식물공장에서는 일반적으로 하루에 12~16시간이 명기이기 때문에 조명에 사용되는 전력을 전부 심야 전력으로 대체할 수는 없지만, 다양한 접근을 통하여 심야 전력 요금을 부분적으로 사용하는 것도 검토할 가치가 있다.

## 10.7 양액관리

### 10.7.1 수경재배의 방식

수경재배의 방식은 배지의 유무, 담액의 유무, 양액을 흘리는 방법으로 크게 나뉜다(제2장, 그림 2.3). 또한 담액방식의 경우 수심, 배지를 이용하는 경우는 그 종류에 따라 매우 세분화할 수 있다.

모든 수경재배 장치에는 재배 베드, 원수(지하수, 빗물 또는 수돗물)와 원액의 정량혼합장치, 원수급수펌프, 급액, 배액 파이프, 여과 또는 살균장치, 양액급액펌프, 배액의 저류 탱크를 갖추고 있다. 한편, 앞으로는 환경보전과 자원절약의 입장에서 배액량을 제로 또는 최소화하는 방식을 추진해야 할 것이다.

### 10.7.2 양액의 관리

양액의 제어요인 및 제어하기 위한 센서 일체의 기구를 표 10.5에 나타내었다. 기구의 많은 부분은 시설원예용 수경재배 장치를 개선한 것이다. 수경재배 장치에 관해서는 (Yamazaki, 1982; 1995, Ikeda 등 2002)

**표 10.5 수경재배에서 제어요인, 센서 및 제어기구**

| 제어요인 | 센서 | 제어기구 또는 제어방법 |
|---|---|---|
| 탱크 양액량 | 수위계 | 급수펌프 |
| 양액유량, 양액유속 | 유량계 | 재배 베드로의 급액펌프 |
| 전기전도도 (EC) | EC센서 | 2개 원액의 혼합용 정액펌프 |
| pH | pH센서 | 인산, 질산, 황산, 수산화칼륨, 수산화나트륨 |
| 온도 | 온도센서 | 냉각기 (칠러)/가열기 |
| 용존산소농도 | 용존산소농도계 | 공기혼입용 사카, 폭기, 분무 |
| 미생물, 오염물 | 미생물검사(오프라인) | 여과, 자외선 살균, 스트레나, 양액교환, 재배 베드 세정, 살균 |
| 뿌리의 잔존량 | 목시(재배주기별) | 재배 베드 세정 |

표 10.6도 병행하여 참조할 것

에 설명되어 있기 때문에 이번 장에서는 생략한다. 표 10.6에는 기본적인 용어의 정의를 나타내었다. 또한 표 10.7에서 포화용존산소농도는 온도의 증가와 함께 감소하는 것을 나타내었다.

한편, 식물 뿌리의 호흡속도는 온도의 상승과 함께 지수 관계적으로 상승한다. 따라서, 양액온도가 높아지면, 포화용존산소농도의 저하를 동반하고, 뿌리가 산소 부족에 처하기 쉽기 때문에 적절한 양액온도관리가 중요하다.

**표 10.6 수경재배에서 제어요인의 용어정의**

| 용 어 | 정 의 |
|---|---|
| 전기전도도(EC) | 전기전도도(electric conductivity)는 이온을 포함한 물에 관한 전기의 전도도. EC는 이온농도의 상승과 함께 증대하기 때문에 비료(염류) 농도의 척도가 됨. 식물은 비료를 이온형태로 흡수한다. 단위는 mS $m^{-1}$ 또는 dS $m^{-1}$, 10mS $m^{-1}$ = 1 dS $m^{-1}$이다. EC 계측기는 적절한 가격으로 판매되고 있음. |

(계속)

| 용 어 | 정 의 |
|---|---|
| pH | 양액 중의 수소이온 농도의 상용 대수로서 1~14의 값을 가짐. 7이 중성, 7보다 작으면 산성, 크면 알칼리성임. 양액은 pH의 범위가 5.5~6.5의 범위가 적절함. pH값이 1 차이가 나면 실제 수소이온 농도는 10배 차이가 남. |
| 용존산소농도 (DOC) | DOC는 dissolved oxygen concentration의 약어임. 포화용존산소농도는 수온의 증대와 함께 저하됨(표 10.7). 용존산소농도가 낮아지면 뿌리는 산소부족이 되어, 뿌리 썩음 증상이 나타남. |
| ppm | 백만분율(parts per million). 체적 ppm과 질량 ppm이 존재. 분자와 분모의 단위가 같으면 성립됨. 용존산소는 g $L^{-1}$로 표현하고, 공기 중의 $CO_2$ 농도는 체적 ppm으로 표현하는 것이 보통임. |

### 표 10.7 대기압하에서 물의 포화용존산소농도에 미치는 온도의 영향

| 온도 (°C) | 포화용존산소농도(질량) ppm (= mg $kg^{-1}$) | 포화용존산소농도(체적) (mL $L^{-1}$) |
|---|---|---|
| 5 | 12.8 | 8.96 |
| 10 | 11.3 | 7.91 |
| 15 | 10.2 | 7.11 |
| 20 | 9.2 | 6.42 |
| 25 | 8.4 | 5.86 |
| 30 | 7.6 | 5.34 |
| 35 | 6.7 | 4.83 |

1ppm(질량) = 0.7mL $L^{-1}$(체적). 대기압하에서 분자량 32g의 산소 1mol은 체적으로 22.4L가 됨. 따라서, 1kg(1L)의 물에 1mg(1kg의 백분율의 1)의 산소가 용해되어 있으면 체적은 22.4/32 = 0.7mL가 됨.

## 10.8 에너지 수지

### 10.8.1 인공광원 사용 시 에너지 수지

인공광원(램프)에 투입된 전기에너지(WL)는, 광(광합성유효방사, PAR, 파장: 400~700nm) 에너지(S), 현열에너지($Q_{SL}$) 및 순 장파에너지(L)로 변환된다(식(1) 및 그림 10.6). 여기서, 장파 방사에너지는 PAR보다 파장이 긴 방사에너지이다. 소비전력량에 대한 PAR에너지량 및 순 장파 방사에너지는 비로소 일정하다. 한편 순 장파 방사에너지는 광원이 그 표면온도에 대응하여 방출한 장파 방사에너지와 광원이 주위로부터 받은 장파장사에너지의 차이다. 램프가 비점등시의 PAR는 제로이다.

$$W_L = S + L + Q_{SL} \tag{1}$$

엽, 배지, 재배상에 전달된 현열과 장파 방사에너지의 일부는 증발산의 열원으로서 소비되고, 잠열로 변환된다(그림 10.6). 현열에 대한 잠열의

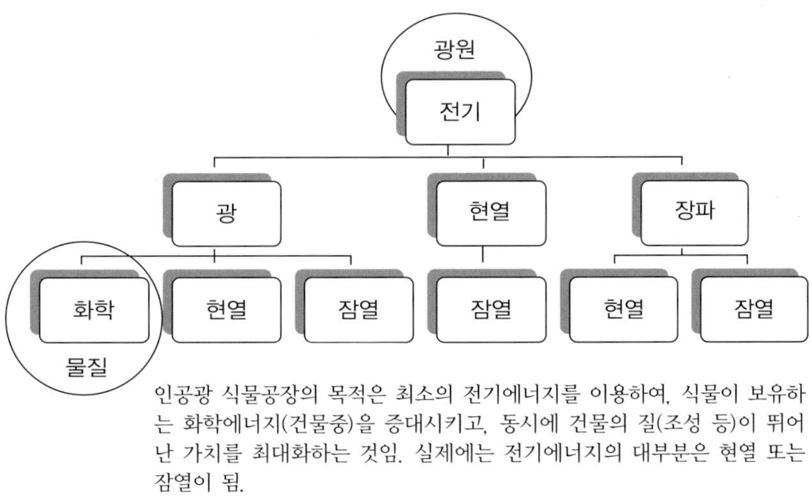


**그림 10.6** 인공광원에 투입된 전기에너지의 변환과정을 표시한 모식도.

비율은 증발산 속도의 증대에 동반되어 증대한다. 증발산 속도는 엽면적과 공기포차의 증대 및 확산저항의 감소에 동반되어 증대한다.

## 10.8.2 폐쇄형 시스템에서 에너지 수지

폐쇄형 인공광 식물공장에 투입된 전기에너지 ($W = W_L + W_C + W_E$)의 에너지 변화과정을 모식적으로 그림 10.7에 표시하였다. $W_L$의 거의 반은 히트펌프에 의한 폐쇄형 시스템 밖으로 현열 $Q_C$로서 배출된다. 한편, $W_L$의 일부는 식물의 광합성에 의한 화학에너지량 $Q_{AP}$로서 고정되지만, 틈새환기열교환량 $Q_V(= Q_{LV} + Q_{SV})$로서 시스템 밖으로 배출된다. 단열성이 높은 폐쇄형 시스템이라면 벽을 통한 열관류교환량은 무시할 수 있을 정도로 작다.

폐쇄형 시스템에서 에너지 수지의 실측 예로서, Ohyama 등(2000)의 예를 그림 10.8에 나타내었다. 그림 10.8에서 순 파장방사속밀도 L이 69.7 W $m^{-2}$으로 +값을 가진다. 그런 값이 PAR속밀도의 52 W $m^{-2}$ 보다

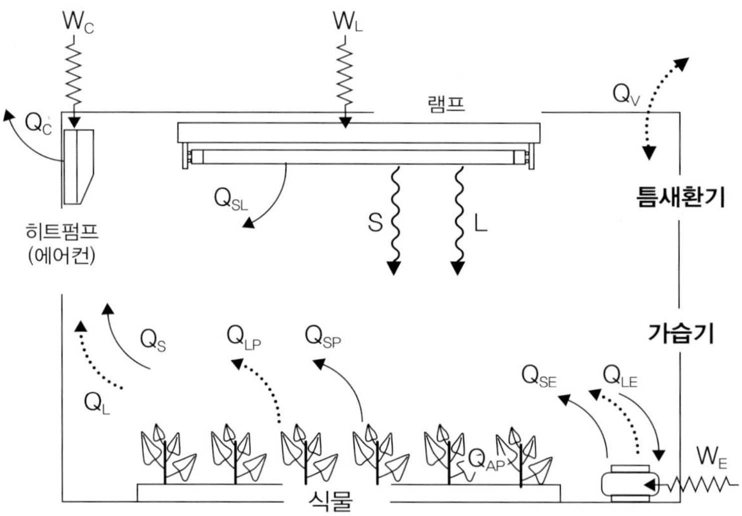


* 변수의 의미는 표 10.8을 참조할 것

**그림 10.7** 인공광 (폐쇄형) 식물공장에서 에너지 수지를 표현한 모식도.

큰 점은, 온실과 실외의 방사환경과 크게 다르다. 따라서 인공광 식물공장의 명기에서 식물은 PAR 뿐 아니라, 장파 방사에 의해서 가열되고 있다. 따라서 인공광 식물공장에서는 온실과 실외를 비교하면 엽온이 기온에 비교하여 높아지기 쉽게 된다.

암기에서는 재배상 내측의 상면(형광등측)과 하면(식물측)의 표면온도가 거의 같아지게 되므로 순 파장방사속밀도는 제로가 된다. 한편, 온실과 실외에서는 맑은날 야간에는 식물체온과 비교하여 천창온도가 낮기 때문에, 순 장파장방사속밀도는 마이너스의 값이 된다(이것을 방사냉각이라 부른다). 따라서, 암기에 있어서도 식물체의 온도는 온실과 실외와 비교하여 높아지기 쉬워진다.

또한 그림 10.8에서, 식물과 주위 공기의 사이에 현열교환속도 $Q_{SP}$에 대한 잠열교환속도 $Q_{LP}$의 비는 2.73(89.2/32.6)이다. 이 값은 엽면적의 증대와 함께 커진다. 그렇지만, 온실과 실외에서 이 비는 1정도의 경우가 많기 때문에 2.73은 온실과 실외에서의 값과 비교하여 매우 크다. 이것은 위에서 언급한 장파 방사에 의한 가열 및 식물의 수분 스트레스가 적

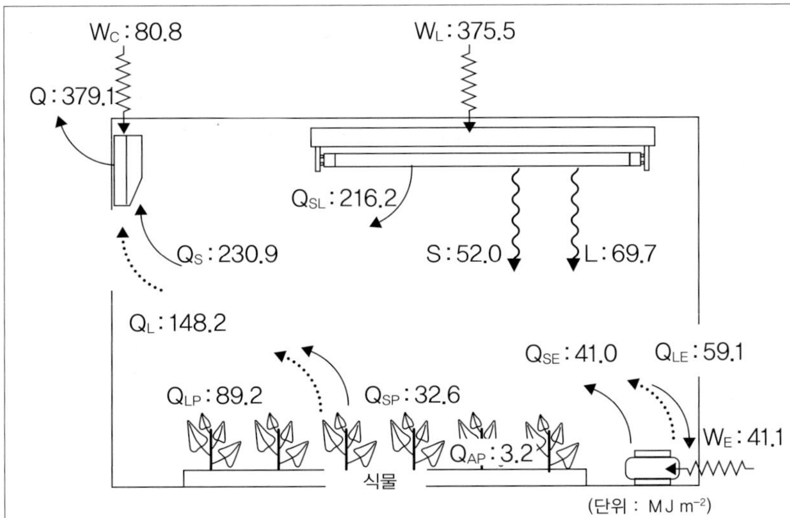


※수치는 재배기간(15일 간)의 적산치, 변수명에 관하여는 표 10.8을 참고할 것.

**그림 10.8** 폐쇄형 (인공광) 시스템에서 에너지 수지의 측정 예 (Ohyama 등, 2000).

어지고, 기공저항이 적어지는 것에 의해 증산을 촉진시키는 영향으로 생각할 수 있다. 이 비가 크다는 것은 히트펌프에 의해 실외에서 제거되는 전체 열량(엔탈피)을 점유하고 있는 잠열의 비율이 크다는 것을 의미하고, 냉방시 COP를 크게하는 것에 기여한다.

한편, 그림 10.8의 수치 예는 2000년의 실측값이다. 따라서, 그림 10.8에 표시한 PAR효율 ($S/W_L$) 0.14 (=52.0/375.5) 및 히트펌프의 냉방시 COP ($Q/W_C$) 4.69 (=379.1/80.8)는 2012년 현재의 COP보다 낮은

**표 10.8 인공광(폐쇄형) 식물공장에서 에너지 수지에 관한 변수**

| 변수명 | 의 미 |
|---|---|
| L | 장파 방사 에너지량 |
| $Q_{AP}$ | 식물에 포함되어 있는 화학에너지량 |
| $Q_L$ | 시스템 내에서 발생한 잠열 에너지량 (=$Q_{LE}+Q_{LP}+Q_{LV}$) |
| $Q_{LE}$ | 기기와 주위 공기 간의 잠열교환량 |
| $Q_{LP}$ | 식물과 주위 공기 간의 잠열교환량 |
| $Q_{LV}$ | 시스템 내외 간의 현열 교환량 |
| $Q_S$ | 시스템 내에서 발생한 현열량 (=$Q_{SE}+Q_{SL}+Q_{SP}+Q_{SV}$) |
| $Q_{SE}$ | 기구와 주위 공기 사이의 현열교환량 |
| $Q_{SL}$ | 램프와 주위 공기 사이의 현열교환량 |
| $Q_{SP}$ | 식물과 주위 공기 사의의 현열교환량 |
| $Q_{SV}$ | 시스템 내외 간의 현열교환량 |
| S | 광합성유효방사량 |
| $W_L$ | 광원(램프)의 전력소비량 |
| $W_C$ | 전기 히트펌프의 전력소비량 |
| $W_E$ | 송풍팬, 가습기 및 양액펌프 등의 전력소비량 |

※변수의 단위는 모두 MJ $m^{-2}$, 바닥 면적 또는 재배 면적

값을 나타내고 있다고 생각된다.

따라서, 그림 10.8에서 PAR(광) 에너지이용효율($Q_{AP}/S$)은 0.062 (=3.2/52)이다. Bugbee와 Salisbury(1988)은 인공광 식물생육장치를 이용한 보리 생육실험에서 PPF 이용효율이 0.04~0.11이었다고 한다. PAR 이용효율의 향상방법에 대해서는 제8장에서 자세하게 서술하였기 때문에 반복하여 설명하지는 않지만, 인공광 식물공장에서 PAR 이용효율 0.1 정도는 실현가능하기 때문에 PAR 효율 0.1을 목표로 해야 한다. 그림 10.8의 에너지 수지와 같이, 인공광 식물공장에서 물수지(Ohyama 등, 2000), $CO_2$ 수지(Yoshinaga 등, 2000), 양액성분수지 등을 해명하는 것이 가능하다(그림 10.9).

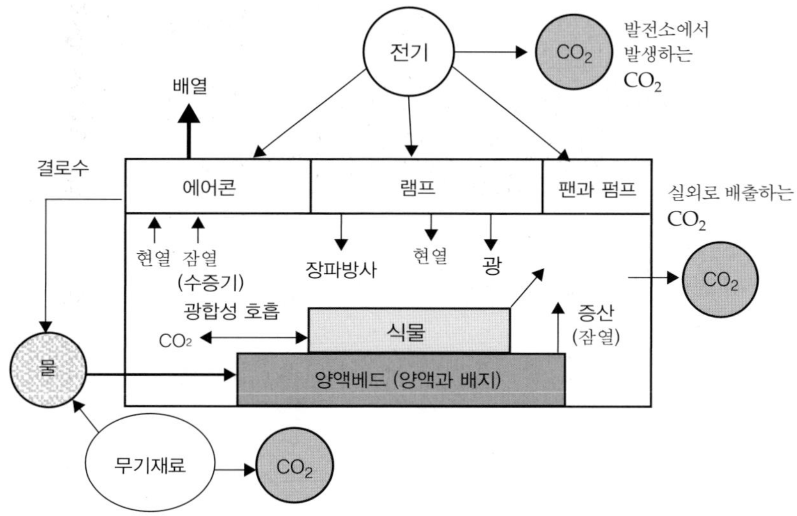


전기소비량과 $CO_2$ 배출량을 최소화하면서 식물의 성장 또는 생산량의 가치(질)를 최대로 하는 설계와 운영이 요구됨. 전기와 비료의 제어 시에 $CO_2$의 발생도 표시하고 있음.

**그림 10.9** 인공광 식물공장에서 전기에너지의 변환과정 및 물질의 흐름을 표시한 모식도.

## 10.9 환경측정용 센서

환경측정에는 정도가 높고, 고장이 없는, 연구개발, 연속기상관측, 공업 프로세스 관리에 이용되는 타입과 정도는 매우 높지 않지만, 소형으로 값이 싼 가전제품, 일반전자제품에 이용되는 타입으로 구별되었다. 그러나 최근에는 소형으로 싼 가격에도 불구하고 정도가 비교적 높은, 열화나 고장이 적은 센서가 시판되고 있다.

최근의 환경제어 센서는 반도체의 특성과 마이크로칩 기술을 이용한 것이 많다. 온습도센서 및 광센서와 관련하여 특히, 소형, 경량, 고속, 저가격, 비교적 높은 정도의 제품이 1개당 수백 엔의 각격에 시판되고 있다.

최근에는, 이러한 소형 센서에 크기가 사방 몇 mm 정도 밖에 안되는 마이크로프로세서를 탑재하고, 환경제어 정보가 디지털신호로서, 무선 또는 유선 LAN(local area network)를 통하여 보내지는 제품이 상용화 되고 있다(그림 10.10, 그림 10.11). 그러한 센서에 가격이 수천 엔의 GPS (global positioning system)을 탑재하여 위치정보를 출력하는 것도 가능하다(그림 10.12).

마이크로프로세서에는 각종 프로그램이 설치되어 있다. 예를 들면, 건구온도와 상대습도 센서로부터 디지털 정보에 근거하여 공기포차와 노점온도를 계산하여, 그 계산값을 출력하고, 그 이상으로 공기포차센서 노점온도센서로서 기능하는 제품이 향후 증가할 것이다. 또한 복수의 센서와 결합된 마이크로프로세서 보다 복잡한 소프트웨어를 탑재하는 것도 가능하다 (그림 10.13).

이러한 지적인 소형 센서가 식물공장 가운데 분산 배치되어 각각의 환경제어기기에 접속되고, 또한 그러한 환경제어기기가 상호간 교신하여 종합적인 환경제어를 수행하는 것이 지금까지의 식물공장의 모습이었다. 이러한 마이크로프로세스의 예를 들면 그림 10.13에 보여준 내용을 기본함수로서 프로그램이나 라이브러리화 하는 것이 가능하다.

한편, $CO_2$ 농도계, EC계, pH계는 식물공장에서 필수이지만, 현재, 가격이 수만 엔 ~ 수십만 엔에 달하는 것이 많다. 예를들면, $CO_2$, 가스에 의한 적외방사의 흡수를 이용한 $CO_2$ 농도계의 가격은 종래 10만엔 전후였

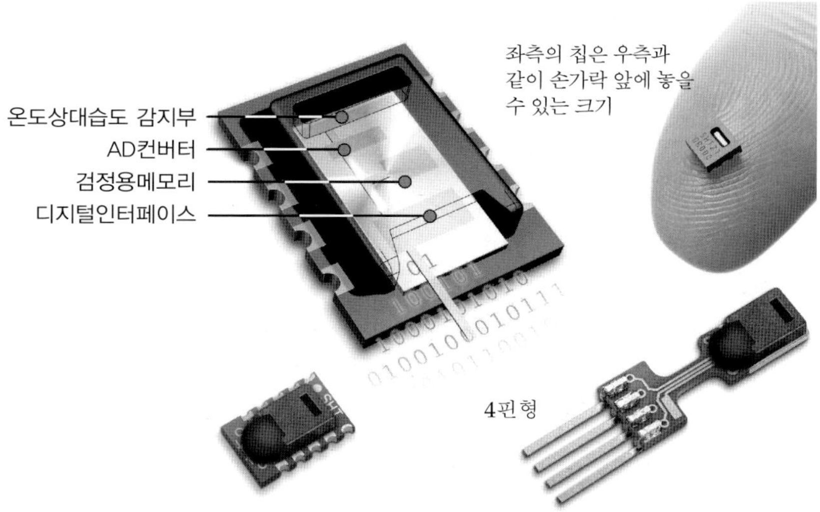


특징: 리니어 출력, 대응속도 8초, 온도정도 4°C, 상대습도 정도 2%

**그림 10.10** 디지털 출력을 얻을 수 있는 온도, 상대습도 센서

사진제공: 센시리온(주)

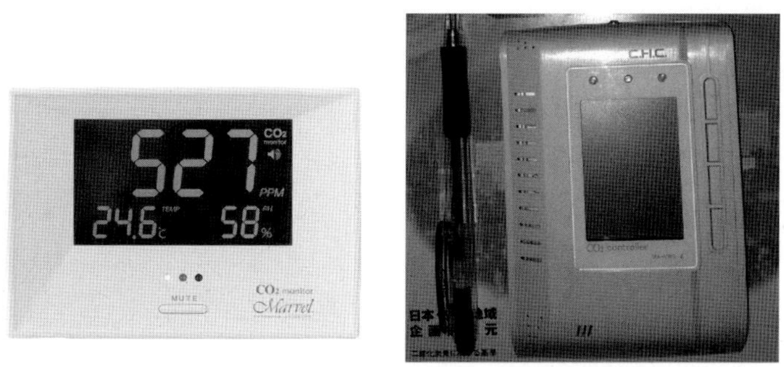


사진 좌 : $CO_2$ 농도, 온습도 모니터 (형식 : 마벨 001, 마벨 063 가격 : 1.6~2.7만엔). 사이즈 : 폭 137mm, 높이 96mm, 두께 27mm

사진 우 : $CO_2$ 농도 컨트롤러, 온습도계 (형식 : MA-VRC), 가격 : 2.8만엔과 3.6만엔의 두 타입. 사이즈 : 폭 85mm, 높이 130mm, 두께 27mm)

**그림 10.11** 비분산적외방사 흡수검지형(NDIR)의 소형 $CO_2$ 농도, 온습도모니터계(좌) 및 $O_2$ 농도 컨트롤러(오피스의 환기제어용)의 예

사진제공: C.H.C 시스템(주)

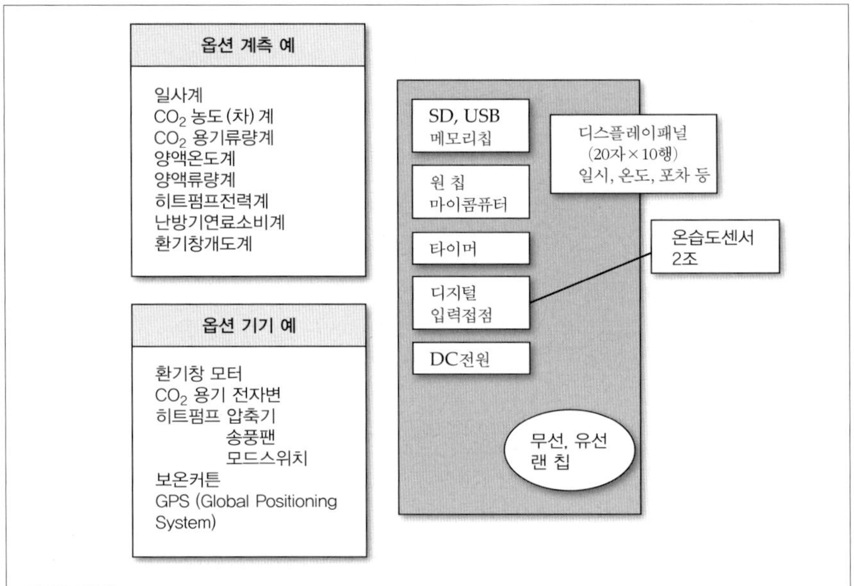


그림 10.12 식물공장 및 원예시설의 환경계측제어 칩 예의 모식도

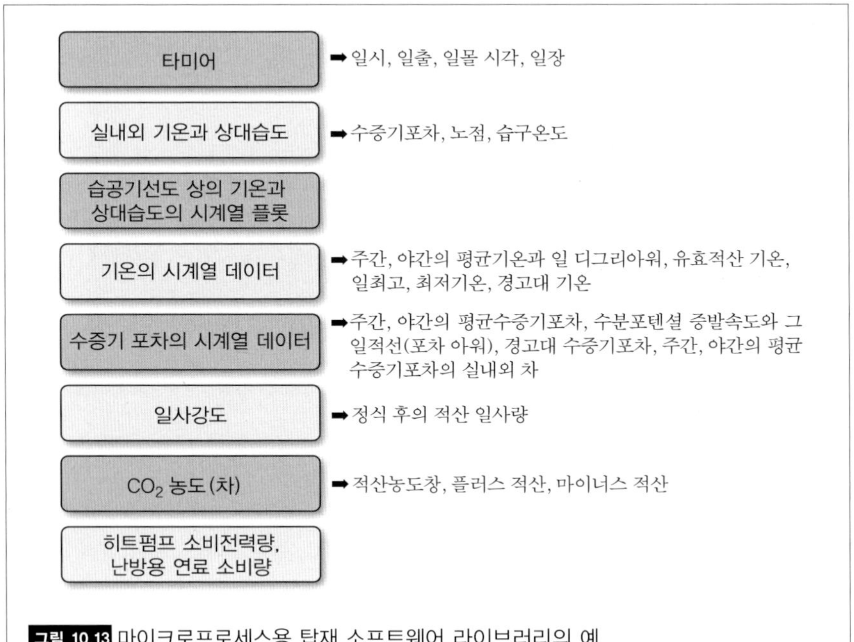


그림 10.13 마이크로프로세스용 탑재 소프트웨어 라이브러리의 예

으나, 최근에는 $CO_2$ 농도계의 전자화, 소형화가 진행되어, 가격이 1~2만엔 정도의 것들이 보급되기 시작하였다(그림 10.11). 이후, EC 및 pH 측정계에 대해서도 같은 진전이 예상된다. 환경계측 센서의 디지털화, 인텔리전스화, 소형 및 저가격화는 앞으로도 식물공장 기술의 발전에 크게 기여할 것으로 기대된다.

**▶▶▶ 요약 ◀◀◀**

이번 장에서는 인공광 식물공장의 환경조절에 관한 기초로써, 공기조성, 이산화탄소($CO_2$), 습공기의 모든 성질과 이용법, 히트펌프의 동작원리, 양액관리, 물질 에너지 수지, 환경제어 센서에 대해서 설명하였다. 이러한 기초는 식물공장의 환경조절을 효과적으로 실시하기 위한 필수사항이다. 또한 최근 환경계측 센서의 소형화, 디지털화, 저가격화, 고성능 인텔리전스화의 진전에 대해서 기술하였다. 이러한 발전을 반영한 식물공장의 설계와 운영이 기대된다.

제 11 장

# 약용식물의 생산

## 11.1 서론

약용식물에는 중량당 가격이 높은 것이 있고, 또한 약효성분의 양과 농도가 환경조건에 크게 영향 받기 때문에, 인공광 식물공장에서 생산하는 것이 적절한 경우가 많다. 한편, 환경조건이 약효성분의 생산량에 미치는 영향은 아직 불분명한 경우가 많다. 또한 유전적 성질이 해명되지 않은 경우도 많다. 이번 장에서는 약용식물자원의 상황을 기술하고, 위에서 언급한 문제에 관한 최근의 연구개발의 동향을 주요 필자 등의 연구그룹의 성과에 근거하여 기술한다.

## 11.2 배경

한방을 포함한 동양의학 및 대체의학 일반 치료약의 처방효과를 보다 확실히 하는 것은 고품질의 식물원료의 안정적인 확보이다. 따라서 고품질의 약용식물의 안정적인 생산과 공급이 필요하게 된다.

한편으로, 최근의 생약, 한방제약, 보조식품, 건강식품, 보건기능식품의 세계적인 수요층에 따른 약용식물자원의 고갈, 이것과 동반한 생약의 가격상승 및 이것에 기인하거나 관련된 식생지역의 생물다양성의 감소를 포함한 환경고갈이 문제가 되고 있다. 특히, 소비량이 많은 감초는 건조지 및 반건조지에 야생하기 때문에 이곳을 난개발하게 되면 그 재배터가 사막화되기 쉽다. 이러한 가운데 중국 정부는 2000년 이후, 야생 감초의 채취를 제한하고 있다.

이러한 이유는 중국에서 최근 약용식물의 소비량은 계속 증대되고 있고, 중국에서 야생 약용식물자원의 부족이 심각해지고 있기 때문이다. 여기서 중국에서 생약의 평균가격은 2007~2010년까지 3년 간에 약 2배가 되었다. 일본은 한방약의 원료생약의 약 83%(약 1.7만 톤)을 중국으로부터의 수입에 의존하고 국내생산은 12%(약 2500톤) 밖에 되지 않아 원료생약의 고갈과 가격상승 문제는 심각하다(나머지 5%는 중국 이외에서 수입).

이러한 상황에서, 고품질 약용식물을 저가격에 안정적으로 공급하고, 그밖에 야생 약용식물을 보호하기 위해서는 야생 약용식물의 현재 이상의 채취를 금지하고 재배로 전환하는 것이 바람직하다.

한편, 앞으로의 약용식물 재배에는 고품질, 고수량과 자원절약, 환경보전을 양립시키지 않으면 안 된다. 더욱이 약용식물이 지속가능한 식물재생산시스템에서 재배되고, 동시에 약용식물의 재배가 경영적으로 안정화되지 않으면 안 될 것이다.

따라서, 약용식물의 생산량 증대를 위해서 현재의 재배방법으로 재배면적을 증대시키는 것 만으로는 불충분하다. 이후, 고품질, 고수량과 자원절약, 환경보전을 양립시키고, 특히 경영적으로 채산성이 있는 약용식물재배의 한 방법으로써, 환경제어시설을 이용한 재배법을 개발하고, 실용화할 필요가 있다. 이번 장에서는 이러한 문제에 관한 연구개발 현황을, 주로 폐쇄형(인공광) 시스템으로 한정하여 소개한다. 이번 장은 (Kozai 등, 2011)에 추가하였으며, 새롭게 그림과 표를 추가하였다.

## 11.3 환경제어시설을 이용한 약용식물의 생산

### 11.3.1 감초(*Glycyrrhiza uralensis* Fischer)

감초의 뿌리 및 지하경(stolon)에 포함된 glycyrrhizin은 항염증, 항위궤양, 항알레르기, 항바이러스 등에 효능이 있다고 하여 일반 한방재료의 70% 이상에 원료로서 처방되고 있다. 감초를 이용한 한방재제의 시장은 약 2500억 엔이라고 한다(Sawada, 2011). 한방재료와는 별도로 식품첨가물, 화장품원료, 감미료 등에 사용된다. 현재의 상황으로는 한방재료를 포함하여 거의 전부가 야생 감초를 원료로 하고 있다.

### (1) 광질이 건물중 및 glycyrrhizin 농도에 미치는 영향

폐쇄형 인공광 환경제어 식물 생산시설[이하, 폐쇄형시설(Kozai, 1999), 제3장, 그림 3.5, 그림 3.6]을 이용하여 채종 후 6개월 간 재배한 감초의 식물체 당의 건물중과 생체중 당의 glycyrrhizin 농도는 적색 램프하에서 최대(17.3 g/plant, 26mg/g), 청색 램프하에서는 최소(8g/plant, 15mg/g)였으며, 백색 램프하에서는 양자의 중간(11.9g/plant, 21mg/g)이었다(Afreen 등, 2005), (그림 11.1, 그림 11.2, 그림 11.3). 광원은 단색형광등에서 적색 램프의 71%가 적색(파장 600~700nm), 청색 램프의 81%가 청색(파장 400~500nm)이었다. 단색형광등은 20~30%의 다른 색 파장을 포함하고 있다.

한편, 포트에 파종한 3개월 후에 자외선(UV-B, 파장 280~315nm)을

**그림 11.1** 파종후 90일 간의 감초.

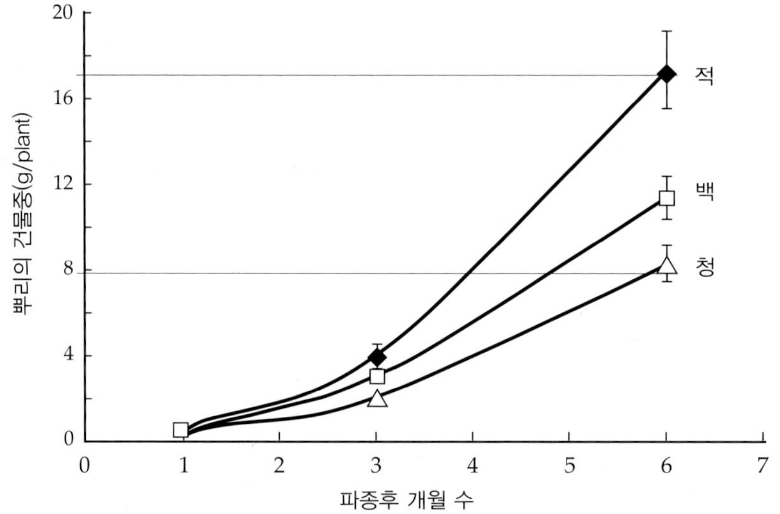


(Afreen 등, 2005)

**그림 11.2** 감초 뿌리의 건물중 증가에 영향을 미치는 적색, 백색 및 청색광.

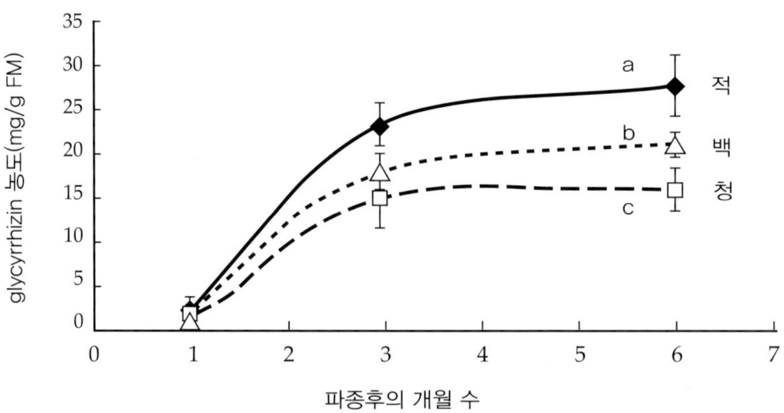


(Afreen 등, 2005)

**그림 11.3** 감초 뿌리의 glycyrrhizin 농도 및 그에 영향을 미치는 적색, 백색 및 청색광.

저조도($0.43Wm^{-2}$)에서 15일 간 또는 고조도($1.13Wm^{-2}$)에서 3일 간 조사한 경우, 자외선 무조사에 비교하여 glycyrrhizin 농도는 약 1.3배가 되었다(그림 11.4). 이러한 glycyrrhizin 농도는 실외에서 재배한 농도(약 25mg/g)와 큰 차이가 없었다. 이상에서 감초의 환경제어하에서 재배에 의한 성장촉진과 광질에 의한 glycyrrhizin 농도 증대의 가능성이 나타났다.

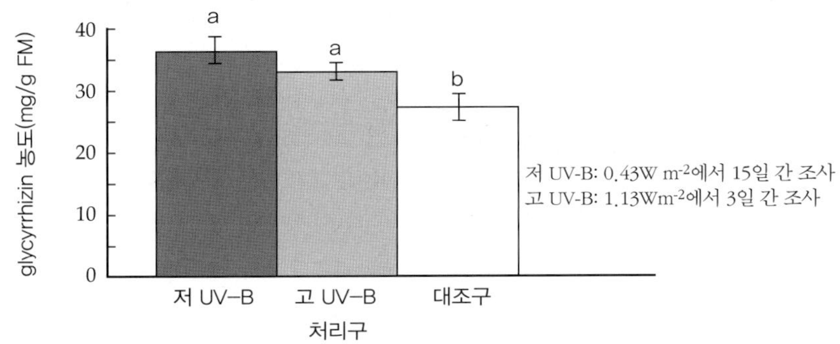


(Afreen 등, 2005)

**그림 11.4** 감초 뿌리 부분의 glycyrrhizin 농도에 영향을 미치는 자외방사(UV-B) 조사.

### (2) 멜라토닌 농도

감초 뿌리에는 멜라토닌(melatonin, N-acetyl-5-methoxy tryptamine)이 포함되어 있다(Afreen 등, 2006). 멜라토닌은 포유류(哺乳類)의 송과체(松果体: pineal body)에 포함되어, 수면과 항산화작용을 촉진하는 물질이지만, 식물과 미생물에도 드물게 인정된다.

감초 뿌리의 멜라토닌 농도는 성장과 함께 거의 직선적으로 100μg/g 정도까지 증대한다. 또한 그 농도는 적색 램프 또는 자외선 조사하는 방법이 청색 또는 백색 램프하에서 재배한 경우보다도 높다(그림 11.5, 그림 11.6). 이후, 감초에 포함된 멜라토닌의 약리작용의 해석이 기대된다.

### (3) 수경재배시스템 및 묘 생산시스템

카시마건설(주), (독립법인)의약기반연구센터 및 치바대학 고토 등은

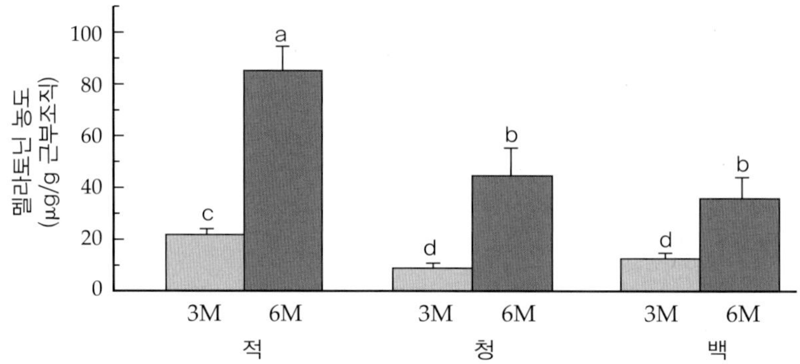


*PPF: 300μmol m$^{-2}$ s$^{-1}$; 기온: 명기 28°C/암기 26°C (Afreen 등, 2005)

**그림 11.5** 적, 청색 및 백색 형광등하에서 3개월 간(3M) 또는 6개월 간(6M) 재배된 감초의 뿌리에 포함된 멜라토닌 농도.

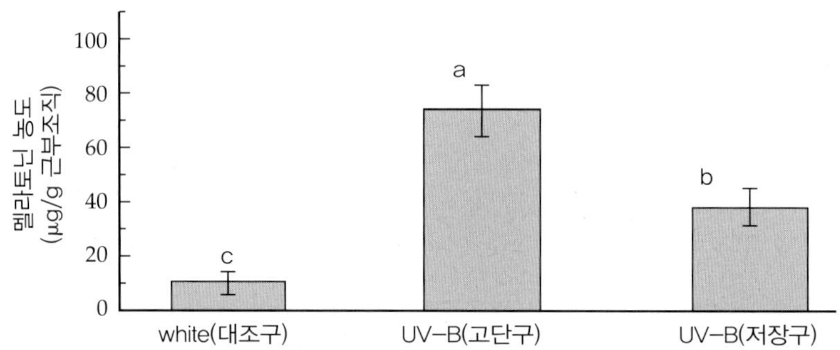


파종에서 3개월 후에 ① 백색(대조구)만을 15일 간 ② 백색을 12일 간, 강한 자외선을 3일 간 조사(3일 간 적산에서는 54.2Wh m$^{-2}$) ③ 약한 자외선(UV-B, 280~315nm)을 15일 간(15일 간 적산에서는 103.2Wh m$^{-2}$, 저장구)한 경우.

PPF(광합성 유효광자속)은 모든 처리구에서 실험기간 중 300μmol m$^{-2}$ s$^{-1}$
식물재료의 육성조건: PPF 300μmol m$^{-2}$ s$^{-1}$에서 UV-B 조사는 없었음
상대습도: 65~70%; $CO_2$ 농도: 1000μmol mol; 기온:명기 28°C/암기 26°C

(Zobayed 등, 2005)

**그림 11.6** 감초 뿌리에서 멜라토닌 농도.

감초의 뿌리를 비대시키는 온실내 수경재배시스템을 개발하고, 노지 토경재배에서는 4년 이상을 필요로 하는 수확물을 수경에서 약 1년에 얻을 수 있었다(Sawada, 2011), 또한 같은 연구그룹에서는 glycyrrhizin 고생산성 우량주의 육성과 그와 동일한 묘 생산시스템을 개발 중에 있다.

미쯔비시수지(주)와 (주)그린 이노베이션은 폐쇄형묘생산 시스템(상품명: 묘테라스)를 이용한 감초묘의 대량생산시스템을 개발하였다(그림 11.7, 그림 11.8). 2012년 현재, 이러한 묘를 온실의 수경시스템 또는 밭에 정식하여 재배하는 방법에 대한 개발이 진행되고 있다.

감초의 수경재배는 1970년대부터 많은 연구자가 수행하여 몇 개가 특허화 되었지만, 지금까지 실용화 되지 못하였다. 실용화를 향한 이후의 전개가 기대된다.

### 11.3.2 당귀(*Angelica acutiloba* Kitagawa)

당귀는 산형과의 다년생 초본(그림 11.9)이며, 그 뿌리는 한방약의 원

(사진제공: 미쯔비시수지(주), (주)그린 이노베이션)

**그림 11.7** 폐쇄형 시스템(묘 테라스)에 의한 감초 묘의 생산.

(사진제공: 미쯔비시수지(주), (주)그린 이노베이션)

**그림 11.8** 폐쇄형 묘생산 시스템에서 육묘된 발아 후 32일째의 감초 묘.

**그림 11.9** 당귀의 초세(좌) 및 조정된 뿌리(우).

료생약(당귀)으로서 빈혈, 냉증, 월경불순의 부인병 등의 치료에 효능이 있다. 세계적으로 수요가 증대하고 있다. 현재는 육묘에 약 1년간, 재배에 약 8개월, 합계 약 1년 8개월의 재배기간을 요구하기 때문에 우량종자의 선별, 선발, 육묘방법의 개선 및 육묘기간의 단축이 필요하다. 일본에서 사용하고 있는 생약 236 종류 중에서 제7위다.

### (1) 채종법의 재검토

많은 산형과 식물에서는 웅성이 먼저 성숙하는 것과 자가 불화합성을 나타내는 것으로 알려져 있으나, 당귀의 생식 시스템에 관한 정보는 매우 적다. 한편 기존의 묘 생산에서는 발아가 불규칙하기 때문에 10a당 약 10,000주의 묘를 확보하기 위해서 40만립의 종자가 필요하였다(후생성 약무국, 1992). 여기서 종자를 물로 선별하거나 바람으로 선별하는 효율적인 종자선별방법을 확립하고(Shindo 등, 2011a), 또한 대량의 균일한 종자를 얻기 위해서는 복합화서, 화서, 소화 등 계층별 개화결실 특성에 대해서 설명하고 있다(Shindo 등, 2011b;2011c). 당귀의 새로운 채종법과 종자처리법의 확립에 의해 묘생산의 안정화가 가능하게 될 것으로 생각된다.

### (2) 폐쇄형 시설에서 효율적인 묘생산

폐쇄형 시설 내의 명기에서 $CO_2$ 농도를 990ppm으로 유지하고, 노지에 정식할 묘를 생산한 결과, 기존의 파종에서 12개월 필요했던 육묘기간을 3.5개월로 단축시켰다[(Koyama 등, 2010), (그림 11.10)].

당귀묘 개엽의 광합성 특성과 $CO_2$ 시용실험(그림 11.11, 표 11.1)의 결과를 종합하면, 폐쇄형시설을 이용한 당귀의 육묘에서는 광강도 200~600μmol $m^{-2}$ $s^{-1}$, $CO_2$ 농도 1000~1500μmol $mol^{-1}$, 명기온도 25~30°C, 암기온도 15~17°C 정도가 실체적이라고 생각된다(Koyama 등, 2010). $CO_2$ 시용을 포함한 환경제어가 쉬운 폐쇄형 시설을 이용하므로, 생약자원으로 좋은 품질의 당귀 묘를 단시간에 생산하는 것이 가능하다.

### (3) 유전자 해석

생약으로의 (당귀)는 당귀와 Hokai 당귀(A. acutiloba Kitagawa var.

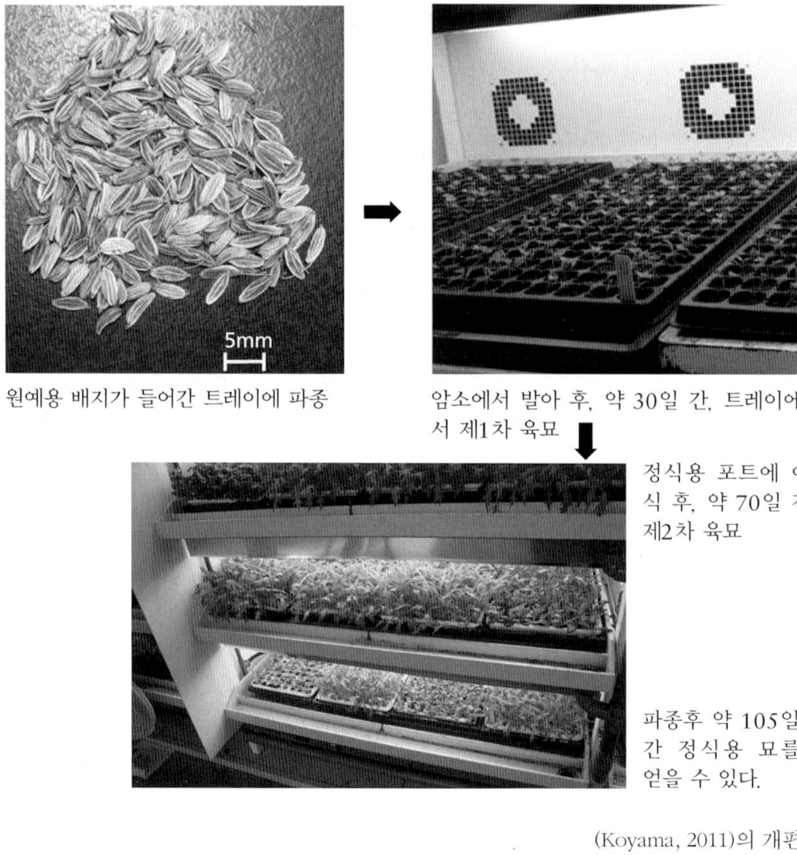


**그림 11.10** 폐쇄형 시스템에 의한 당귀 묘의 생산(Koyama, 2011)을 수정함.

sugiyamae Hikino)를 기원식물로 하고 있으며, 그 유래는 다양하다고 알려져 있다. 당귀의 재배품종인 오오브카 당귀는 에도시대부터 나라분지의 남서에 있는 오오부카 지방에서 재배되었던 품종이다. 한편, Hokai 당귀는 다이쇼 시대에 개구릿대를 교잡시켜 육성한 품종이라는 설이 있었지만, 현재는 불명확하기 때문에, 기원식물의 명확한 유래는 확실히 알 수 없다(Kimura, 2000).

한편, 당귀는 2차대전 후 Hokai 당귀와 교배하여, 그 고유 품종이 거의 없어져 버렸다(후생성약무국, 1992). 한편 근년에는 일본종의 당귀가

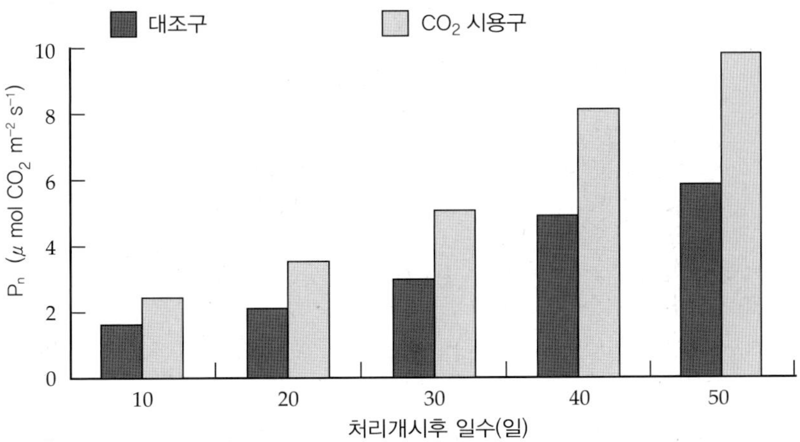


(Koyama, 2011)

**그림 11.11** 당귀의 묘생산에서 $CO_2$ 시용에 의한 순광합성속도(Pn)의 증대.

표 11.1 **$CO_2$ 시용이 처리개시 56일째인 당귀의 ligustilide 농도 및 함유량에 미치는 영향**

(Koyama, 2001)

| 처리구 | 농도(mg $g^{-1}$DW) | | 함유량(mg/株) | | |
|---|---|---|---|---|---|
| | 지상부 | 뿌리 | 지상부 | 뿌리 | 전체 |
| 대조구 | 3.65 | 0.55 | 1.76 | 0.14 | 1.90 |
| $CO_2$ 시용구 | 3.62 | 0.47 | 2.23 | 0.20 | 2.43 |
| 유의차 | ns | ns | ns | * | ns |

유의차 난의 *는 대조구와 $CO_2$ 시용구의 통계적 유의차가 있다는 것을 의미하고, ns는 유의차가 없다는 것을 의미함.

중국에서 대규모로 생산되어, 일본당귀라고 불리우고 있다(Fukuda 등, 2009). 중국의 특정 지역에서는 일본당귀의 형상에 가까운 당귀도 생산 출하되고 있다(Fukuda 등, 2009). 이러한 당귀는 기원식물이 명확하지 않고, 품질적인 차이가 큰 것이 문제가 되고 있다.

이러한 것으로부터, 기원식물의 확보와 재배를 유지하는 것이 우수한 생약의 안정적 공급에 필수이다. 여기서, 치바대학의 Matsuhara,

Watanab 등은 국내에서 생산 및 유지되고 있는 당귀와 Hokai 당귀 및 국내외의 Angelica 속 식물의 유전자 해석을 수행하고 있다(Matsuhara 등, 2012). 당귀 기원식물의 기원 특징 및 균일한 유전자원의 확보 및 안정적 공급을 목표로 하고 있다.

### 11.3.3 오타네 인삼(인삼: *Panax ginseng* C. A. Meyer)

#### (1) 휴면 및 광합성 특성

치바대학의 Watanabe 등과 (주)아타미 그룹은 폐쇄형 시설을 이용한 오타네 인삼의 효율적 대량 생산을 목적으로 발아, 휴면회피/타파 조건, 광합성 특성, 기관별 성분함량 등의 검사를 실시하고 있다.

오타네 인삼은 수확까지 4~6년 걸리는데, 주요한 원인은 가을부터 다음해 봄까지의 휴면기간이 길기 때문이다. 여기서 휴면개체를 이용하여 발아 촉진의 최적온도조건을 탐색한 결과, 일정기간의 저온처리가 발아의 촉진과 균일성 향상에 도움이 되었다(Matsumoto 등, 2011). 한편, 이러한 휴면을 회피시키는 것이 가능하다면 재배기간을 대폭 단축시키는 것이 가능하리라 예상된다.

#### (2) 오타네 인삼의 수경 시스템

한국농촌진흥청의 김용범 박사는 오타네 인삼의 수경시스템을 개발하고, 2010년 시점에서 20호의 인삼재배 농가에 보급하였다(Kim, 2010). 본 방법에 의하면, 1년생의 묘를 4개월 간 수경재배하면 노지재배에서는 약 2년을 요구하는 인삼의 뿌리 크기와 같은 것을 수확할 수 있다. 그 뿌리의 사포닌 함량은 노지 생산품과 비슷하였다. 이 수경재배에서는 지상부의 엽도 근부와 함께 상품화하고 있다.

### 11.3.4 고추나물(성요한초: *Hypericum perforatum* L.)

고추나물(St. John's Wort, 학명: *Hypericum perforatum* L.)은 한방의 생약원료는 아니지만, 구미에서는 소비량 제2위의 초본성 약용식물(그림 11.12)이다. 항우울증 작용이 있다. 개화기 지상부에 포함된 약효성분(하이페리신: hypericin, 슈도하이페리신: pseudohypericin, 하이파폴린: hyperfolin)을 치료약 또는 보조제로서 이용하고 있다(그림 11.13).

(Zobayed 등, 2005)

**그림 11.12** 고추나물의 폐쇄형 식물공장 시스템에서의 생산.

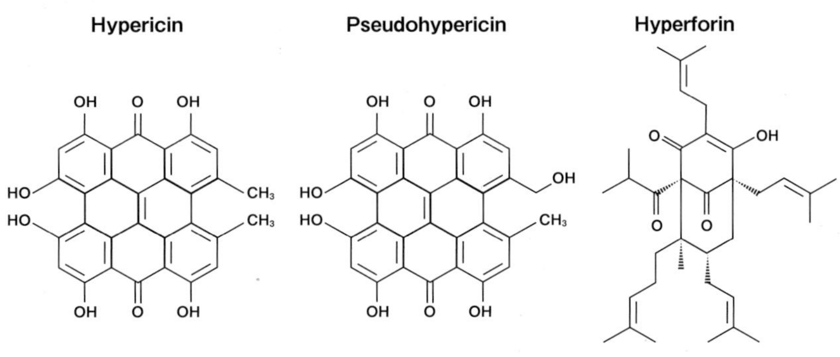


(Alan and Miller, 1998; Barnes 등, 2001)

**그림 11.13** 고추나물에 포함된 주요한 약용성분의 화학구조.

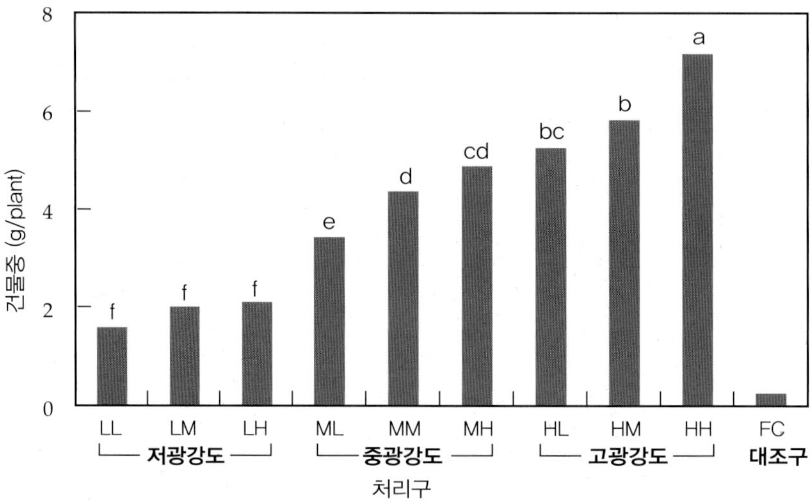


처리개시 후 45일째(파종후 75일째). 광강도 $CO_2$ 농도는, 저(L), 중(M), 고(H)의 3단계. FC는 옥외에서 재배. 다른 영어 소문자 간에는 처리구의 유의차 있음.

(Mosaleeyanon 등, 2005)

**그림 11.14** 고추나물의 식물체당 건물중에 미치는 광강도와 $CO_2$ 농도의 영향.

### (1) 광강도와 $CO_2$ 농도의 영향

고추나물의 정식 후 45일, 식물체당 지상부 건물중은, 명기 기온 28°C, 암기기온 26°C 조건에서 $CO_2$ 농도 1500ppm, 광강도 660μmol $m^{-2}$ $s^{-1}$ 조건과 $CO_2$ 농도 500ppm, 광강도 100μmol $m^{-2}$ $s^{-1}$과 비교하여 약 3배가 되었다(Mosaleeyanon 등, 2005)(그림 11.14, 그림 11.15).

또는 약효성분의 총농도는 광강도 및 $CO_2$ 농도의 증대와 함께 증대한다(그림 11.16). 그 결과, 위의 2개 시험구에서 식물체 지상부 단위 중량당 약효성분량의 차이는 6배를 넘는다(Mosaleeyanon 등, 2006).

재식밀도는 폐쇄형시설 > 온실 > 노지 순서이며, 폐쇄형 시설에서는 다단 재배 베드에 의해서 주년 재배가 가능하기 때문에 토지 면적당 약효성분의 연간 수량은 노지 또는 온실재배와 비교하여 수십 배에 달한다.

고추나물의 식물체당 건물중량 및 약효성분량은 25°C에서 최대였으

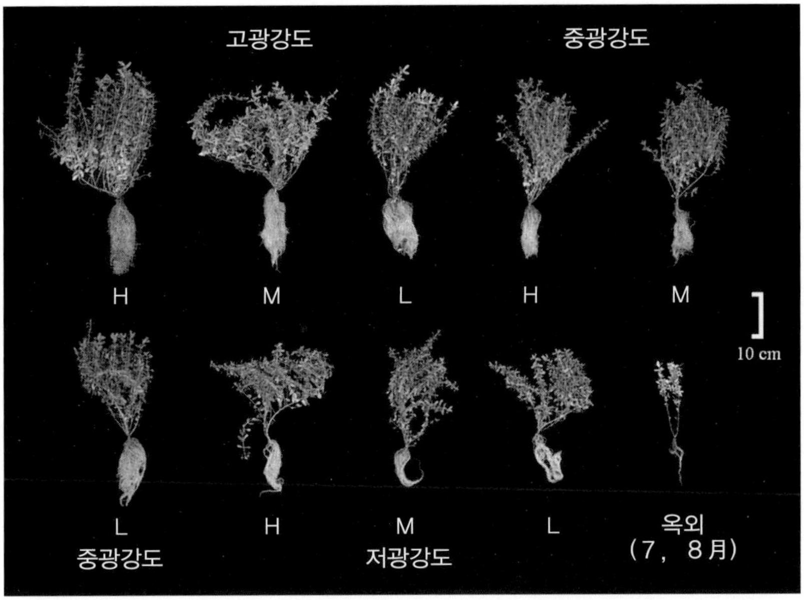


그림 중의 L, M, H는 $CO_2$ 농도가 각각, 500, 1000, 1500μmol $mol^{-1}$를 나타냄.
저, 중, 고광강도는 PPF가 100, 300, 600μmol $m^{-2}$ $s^{-1}$을 의미한다.

(Mosaleeyanon 등, 2005)

**그림 11.15** 고추나물의 생장에 미치는 광강도와 $CO_2$ 농도의 영향.

며, 약효성분 총량은 20°C의 경우 약 1.5배, 15°C의 경우 약 4배에 달했다(Zobayed 등, 2005, 그림 11.17).

고추나물의 약효성분 농도는 생육단계와 germplasm(유전적 성질)에 의해서도 크게 달라진다(Couceiro 등, 2006). 또한 수분 스트레스 조건에 있는 고추나물의 엽육조직 내의 하이페리신 농도와 슈트의 하이페리신 농도는 1/5 이하로 저하하지만, 하이파페린 농도는 약 2배로 증대된다(Zobayed 등, 2007).

이상으로부터, 폐쇄형시설을 이용한 주년 생산에 의해 고추나물의 년간 수량이 노지재배와 비교하여 수십 배에 달할 뿐만 아니라, 기온 등의 환경제어에 의한 약효성분 농도를 높이는 것도 가능하다는 것을 고려하면,

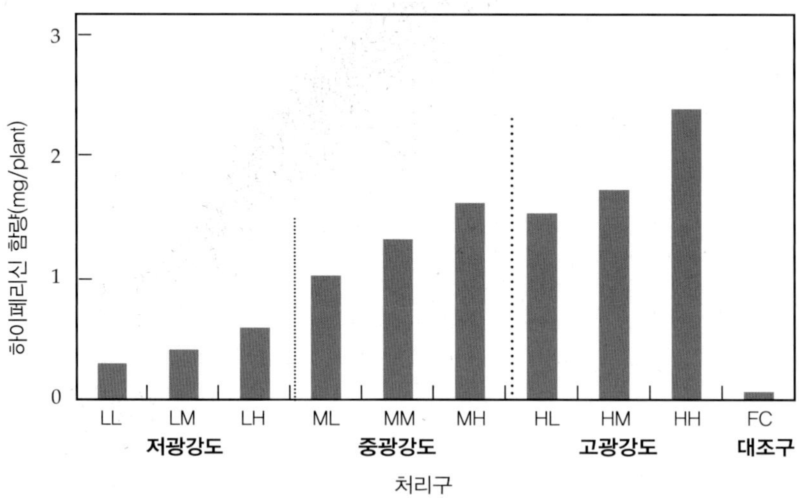


광강도와 $CO_2$ 농도는 저(L), 중(M), 고(H)의 3단계. FC는 옥외에서 재배.

(Mosaleeyanon, 2005)

**그림 11.16** 광강도(PPF)와 $CO_2$ 농도가 고추나물의 식물체당 하이페리신 함량에 미치는 영향.

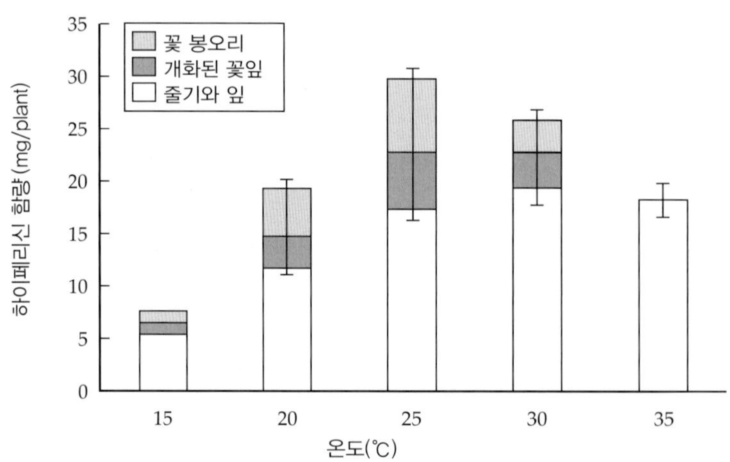


정식 후, 70일째에 온도처리를 개시하여, 15일 후의 측정치. 그림 중의 막대그래프 세로선은 10반복의 표준오차. 35°C에서는 꽃잎이 형성되지 않았음. 15°C에서 꽃잎 형성은 20~30°C와 비교하여 적음.

(Zobayed 등, 2005)

**그림 11.17** 고추나물 식물체(파종후 85일째)당 파이페리신 함량 및 부위별 함유(줄기와 잎, 개화한 꽃잎, 꽃의 봉오리)에 미치는 온도의 영향.

폐쇄형 시설에 의한 고추나물의 재배는 경영적으로 충분히 성공할 수 있다고 생각된다.

### (2) 약효성분의 생산량에 관계하는 환경요인의 영향

2차 대사물질인 약효성분의 생산에 관계하는 유전자와 그의 발현을 촉진하는 환경의 많은 부분이 불명확하다. 이러한 것과 관계하여 발전이 있다면, 품종개량과 환경제어법의 개발이 효율적으로 발전할 수 있다. 약용식물의 약효성분 생산은 식물의 방어반응을 유발하는 트리거(방아쇠) 요인에 의하여 일시적 스트레스에 의해 촉진되는 경우가 많으며, 온도, 광질, 자외선, 습도, 근권수분, 기류속도, 비료조성 등의 환경요인에 부가하여 곤충이나 진디기에 의한 스트레스, 체내 생리변화 등도 트리거 요인에 포함된다(Zobayed 등, 2005; 2006; 2007).

시소(*Perilla frutescens* Britt. var. acuta Kudo), 하카(*Mentha arvensis* L. var. piperascens Malin.) 및 고추나물의 재배환경이 약효성분의 생산량에 미치는 영향이 비교적 잘 연구되어 있다(Nishimura 등, 2008; Mosaleeyanon 등, 2005, 2006; Zobayed 등, 2005, 2006, 2007).

### (3) 약용식물의 시설생산에 관한 기초전략

약용식물의 약효성분은 광합성산물이 전환된 2차 대사물질의 일부분이다. 2차 대사물질인 약효성분의 수량을 증대시키기 위해서는 우선, 식물의 광합성을 촉진시켜 식물체의 탄수화물량을 증대시키기 위한 환경제어를 수행하고, 그 이후, 생성된 탄수화물을 약효성분으로 변환하기 위한 환경제어를 수행하는 것이 적절한 경우가 많다(그림 11.18의 사례 A). 그러나, 약효성분 농도가 경시적으로 변화하지 않고 약효성분량이 건물중에 비례하는 경우도 있다(그림 11.18의 사례 B).

2차 대사물질의 성분량을 증대시키기 위한 환경제어는 일반적으로 광합성을 최적으로 제어하는 것이다(그림 11.19). 즉, 2차 대사물질의 생산은 광합성에 관계하는 환경 스트레스를 받았을 때 촉진된다. 여기서 환경 스트레스로는 고온, 저온, 수분 결핍, 자외선 조사 등이 있다.

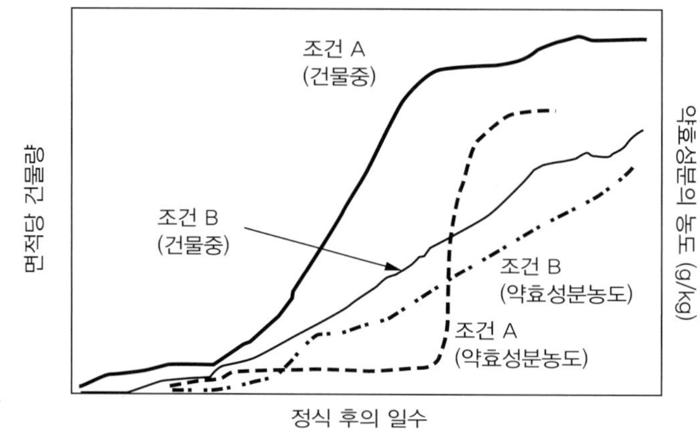


수확시에 약효성분의 수량 = 약효성분농도 × 유효성분부위 비율 × 식물체중량 × 재식밀도
*수확지수: 약효성분을 추출하려는 식물 부분의 비율
일반적으로 조건 A가 바람직함.

**그림 11.18** 식물의 면적당 건물중 증가(좌축)와 약효성분 농도(우축)의 경시적 변화를 나타낸 모식도.

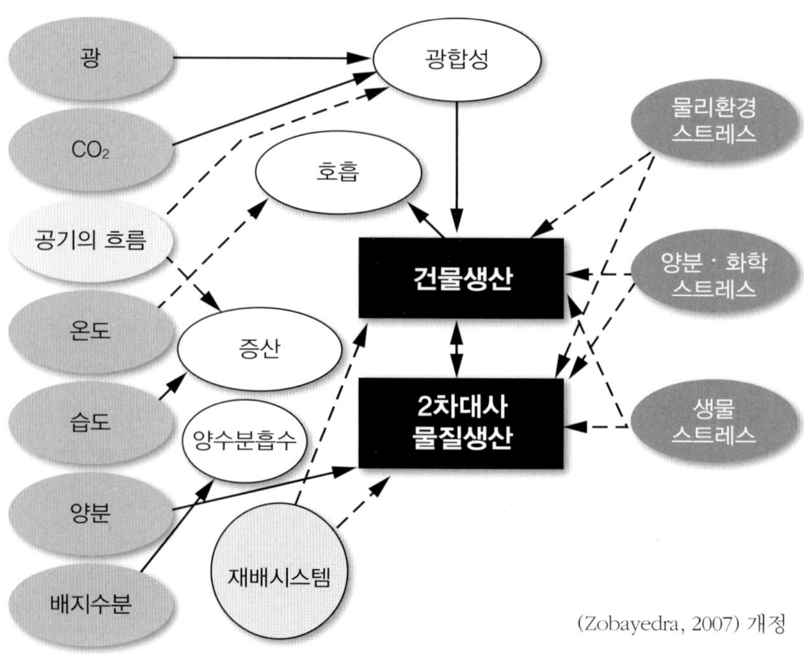


**그림 11.19** 2차 대사물질의 생산성은 환경제어에 의해 크게 변동.

약용식물의 시설생산과 관련된 기본 전략을 다음과 같이 정리한다.

① 생산과정을 발아, 육묘/재배의 2단계로 분리한다.
② 육묘에는 폐쇄형 시설 또는 자연광 이용의 환경제어 시설을 이용한다.
③ 종자의 발아 또는 삽수의 발근에 수일 이상 요구되는 경우에는 종자발아 삽수발근단계와 육묘단계를 분리한다.
④ 육묘기간이 수주 이내라면 폐쇄형 시설을 이용한다.
⑤ 육묘에 수주 이상 요구되는 경우에는 자연광 이용의 환경제어 시설을 이용한다.
⑥ 육묘에는 운반, 정식, 관리가 쉬운 셀트레이(30 × 60cm, 약 100~300셀로 분할)을 이용한다.
⑦ 육묘가 끝났을 때 묘의 크기는 편차가 있는 경우, 크기 별로 정식한다.
⑧ 재배는 성장촉진, 발육 형태형성 제어 및 약효성분 농도 향상의 3단계로 개념적으로 나눈다.
⑨ 성장촉진 단계에서는 $CO_2$ 시용을 포함한 광합성 촉진을 위한 환경제어를 수행한다.
⑩ 목적 부위(뿌리, 줄기, 엽 등)의 비율을 향상시키는 재배관리, 환경제어를 고려한다.
⑪ 꽃눈 형성, 추대, 수정, 개화, 괴경, 괴근 형성 등의 발육단계가 약효성분 생산에 미치는 영향에 주의하여 환경제어를 수행한다.
⑫ 약효성분수량은 “약효성분농도 × 유효부위 비율 × 식물체중량 × 재배밀도”라는 것에 유의해야 한다.
⑬ 약효성분농도 향상 단계에서는 기본적으로는 환경 스트레스를 주고, 광합성 촉진은 2차적으로 고려하여 환경제어를 실시한다.

## 11.3.5 육종 · 재배 · 이용에 관한 문제점과 해결 방향

### (1) 품종개량과 유전자 해석

약용식물과 관계된 유전적 특성의 불균일에 기인하는 발아 및 생육의 불완전이 많고, 육종 및 채종 기술과 관계된 연구 정보공개가 적다. 게다가 유전자 마커에 의한 품종 또는 유전적 특성의 동정에 관한 연구도 부족하다. 그러므로 향후 우량개체의 선발과 교잡에 의한 품종개량이 유효하다고 할 수 있다. 또는 여러 가지 이유로 약용식물은 원예식물과 비교하면 품종이 등록되어 있는 수가 압도적으로 적기 때문에 품종등록의 촉진이 바람직하다.

#### (2) 생리생태적 특성의 해명과 영양번식에 의한 육묘

많은 식물종에 있어, 발아, 종자완숙, 휴면의 도입과 타파, 추대, 수분(자가/타가), 꽃눈 형성, 광합성, 증산, 전류 등의 생리 특성이 불명확하다. 따라서, 식물 생리 특성의 해명에 근거한 발아 및 생육의 기술개발, 재배 최적환경의 정량적 기술 및 그것에 근거한 재배기술의 개발 및 개량이 필요하다. 영양번식은 삽목, 근분식, 분구 등이 많고 조직배양법의 도입에 의하여, 우량계통의 무병묘 이용이 적기 때문에 이러한 대량 생산법의 개발과 이용을 검토할 필요가 있다. 이러한 묘의 대량생산에 관한 폐쇄형 시스템이 유용하다고 할 수 있다.

## 11.4 약용식물공장에서 기능성 식물공장으로

고도의 환경제어 시설인 식물공장의 기술적 진전은 눈부시며, 엽채류 및 묘의 생산에 넓게 이용되고, 소형근채류의 생산에도 이용되기 시작하였다. 약용식물의 재배와 환경제어의 방법이 개발된다면 약용식물공장이 실용화될 가능성이 높다. 약용식물공장의 목적은 자원절약, 환경보전적 환경제어를 통하여 약효성분의 생산량과 품질을 최대한 향상시키는 것이다. 동양에서 오랜 세월 축적되어 온 동양의술의 보급과 발전, 또한 생약의 품질향상과 안정적 공급, 그 결과 동양의학과 서양의학의 통합을 그리기 위해서는 자원 절약적, 환경 보전적이며 투입 자원 이용효율이 높은 시설재배에서 약용식물 생산을 도입하는 것이 필요하다.

한방의 생약에는 이용되지 않지만, 대체의학 일반에 이용 가능한 약용

식물 및 기능성을 가진 부가가치가 높은 식물이 다수 있다. 예를 들면, 와사비, 제프란티스(Zephyranthes) 등이다. 이러한 기능성 식물도 인공광 식물공장에서 대상작물이 될 수 있다. 와사비는 근부 뿐만 아니라, 엽병 부위도 상품이 된다. 인공광 식물공장에서 생산된 와사비는 엽도 상품이 될 수 있다. 이런 것과 같이, 식물체 전체를 상품화하는 것이 산업화에는 중요하다. 이러한 기능성 식물의 인공광 식물공장을 이용하여 생산할 때에는 식물생리의 기본을 이해한 이후에 노지와 자연광 하에서의 재배법에 구애 받지 않고, 식물기능을 주년에 걸쳐 최대한 활용하는 재배법의 개발이 필요하다.

**표 11.2 원예작물과 비교한 약용식물 재배 상의 문제점**

| | 문제점 | 대처 |
|---|---|---|
| 1 | 종자의 유전적 특성의 불균일성(야외에서의 자연교잡이 하나의 원인)에 기인하는 발아, 생육불량. 육종 채종기술에 관한 연구 정보공개가 적음. 유전자의 해석과 마커에 의한 동정에 관한 연구가 부족함. | 육종 품종등록의 촉진, 유량개체의 선발과 교잡에 의한 육종의 촉진, 분자 생물학적 기법의 도입이 필요함. |
| 2 | 많은 식물종에 관하여 발아, 종자완숙, 휴면의 도입과 타파, 추대, 수분 (자가/타가), 꽃눈 형성, 광합성, 증산, 전류 등의 생리특성이 불명확함. | 식물생리 특성의 해명에 기초한, 발아 생육의 최신기술개발, 재배 호적환경의 정량적 기술. 재배기술의 개발이 필요함. |
| 3 | 영양번식에 관하여 삽목, 분근, 분구 등이 많고, 조직배양법의 도입에 의한 우량계통의 무병묘 이용이 적다. | 우량 개체의 조직배양에의한 무병건전묘의 대량생산법의 개발. 연계매매 재배의 유효성을 검토함. |
| 4 | 약효성분인 2차 대사물질 생산에 관계하는 유전자 발현을 촉진하는 환경이 불명확함. 상기 유전자의 많은 수가 동정되지 않음. | 약효성분생산에 관계하는 유전자, 대사회로, 환경의 해명이 필요함. |

**▶▶▶ 요약 ◀◀◀**

이번 장에서는 약용식물자원 고갈 현상과 시설재배의 필요성을 기술하였다. 다음으로 환경조건이 약용식물의 성장과 약효성분의 생산량에 미치는 영향을 기술했고, 감초, 고추나물, 당귀를 예로 들어 설명하였다. 당귀에 관하여 파종법, 육묘법, 유전자 해석에 대해서 논하였고, 마지막으로 시설생산에 관한 기본 전략에 대해 필자의 생각을 기술하였다.

# 참고문헌


## ●제1장

1) 古在豊樹 . 1999. 閉鎖型苗生産システムの開発と利用 . 養賢堂 . 191 pp.
2) 古在豊樹・板木利隆・岡部勝美・大山克己 . 2005. 最新の苗生産実用技術—閉鎖型苗生産システムの実用化が始まった—、農業電化協会 . 150 pp.
3) Kozai, T., F. Afreen and S.M.A. Zobayed (eds.). 2005. Photoautotrophic (sugar-free medium) micropropagation as a new micropropagation and transplant production system, Springer, Dordrecht, The Netherlands, 315 pp.
4) 古在豊樹 ( 編著者 ). 2009. 太陽光型植物工場、オーム社 . 55-79, 131-143.
5) 古在豊樹 . 2011. 知能的太陽光植物工場の新展開 (13) ー省資源・環境保全と高収量・高品質を両立させるサステナブル植物工場ー . 農業および園芸 . 86(1)：41-50.

## ●제2장

1) 古在豊樹 . 2011. 知能的太陽光植物工場の新展開 (13) ー省資源・環境保全と高収量・高品質を両立させるサステナブル植物工場ー . 農業および園芸 . 86(1)：41-50.

## ●제3장

【和文】

1) 古在豊樹 . 1999. 閉鎖型苗生産システムの開発と利用 . 養賢堂 . 191 pp.
2) 古在豊樹・板木利隆・岡部勝美・大山克己 . 2005. 最新の苗生産実用技術ー閉鎖型苗生産システムの実用化が始まったー、農業電化協会 . 150 pp.
3) 古在豊樹 ( 編著者 ) . 2009. 太陽光型植物工場、オーム社 . 55-79, 131-143.
4) 古在豊樹 . 2011. 知能的太陽光植物工場の新展開 (13) ー省資源・環境保全と高収量・高品質を両立させるサステナブル植物工場ー . 農業および園芸 . 86(1)：41-50.
6) 星岳彦・林泰正・横井真悟・長谷川智行・古在豊樹 . 2002. 自律分散制御に基づく環境制御システム, 植物工場学会誌 , 14(3), 157-164.
7) 大山克己・古在豊樹・久保田智惠利・全昶厚・長谷川智行・横井真悟・西村将雄 . 2002. 閉鎖型苗生産システムに配置した家庭用エアコンの冷房時成績係数 , 植物工場学会誌 , 14(3), 141-146.
8) 大山克己・古在豊樹 . 1998. 人工光型植物苗工場における消費電力量と電力料金の試算例 , 植物工場学会誌 , 10(2), 96-107.
9) 大山克己・古在豊樹・全昶厚 . 2003. 閉鎖型苗生産システムの開発およびその利用 , 植物工場学会誌 , 15 (1), 1-10.
10) 吉永慶太・大山克己・古在豊樹 . 2000. 閉鎖型苗生産システムのエネルギーおよび物質収支（第 3 報). ー $CO_2$ 収支ー. 植物工場学会誌. 12(4). 225-231.

【英文】

11) Chun, C. and T. Kozai. 2000. Closed transplant production system at Chiba University, 20-27, In Kubota, C. and C. Chun (eds.), Transplant Production in the 21st Century, Kluwer Academic Publishers, Dordrecht, The Netherlands.
12) He, D., M. Hirafuji and T. Kozai. 2002. Improvement of a binocular stereovision system by using artificial neural networks, Journal of Society of High Technology in Agriculture, 14(1), 18-24.
13) Hoshi, T., Y. Hayashi and T. Kozai. 2000. Design concepts of computerized support systems for large-scale transplant production, 38-43, In Kubota, C. and C. Chun (eds.), Transplant Production in the 21st Century, Kluwer Academic Publishers, Dordrecht, The Netherlands.
14) Kozai, T., 2005. Closed systems for high quality transplants using minimum resources (In: Plant Tissue Culture Engineering, SBN: 1-4020-3594-2, (eds. Gupta, S. and Y. Ibaraki, 480pp.), Springer, Berlin. 275-312.
15) Kozai, T., F. Afreen and S.M.A. Zobayed (eds.). 2005. Photoautotrophic (sugar-free medium) micropropagation as a new micropropagation and transplant production system, Springer, Dordrecht, The Netherlands, 315pp.
16) Kozai, T., C. Chun and K. Ohyama. 2004. Closed systems with lamps for commercial production of transplants using minimal resources. Proc. XXVI-Nursery Crops, Acta Hort. 630, ISHS 2004: 239-252.
17) Ohyama, K., H. Murase, S. Yokoi, T. Hasegawa and T. Kozai. 2005. A precise irrigation system with an array of nozzles for plug transplant production, Transactions of the ASAE, 48(1), 211-215.

## ●제4장

1) 古在豊樹編著 . 2009. 太陽光型植物工場、オーム社、pp.186.
2) 古在豊樹 . 2011a. 知能的太陽光植物工場の新展開 (13) 省資源・環境保全と高収量・高品質を両立させるサステナブル植物工場、農業および園芸、86(1), 41-50.
3) 古在豊樹 . 2011b. 世界における植物工場の現状と将来性、農林水産研究ジャーナル, 34(2)、4-9.
4) 古在豊樹ら . 2011. 環境制御による薬用植物の効率的生産と将来性、漢方と最新治療、20(2): 125-130.
5) Kozai, T., K. Ohyama, Y. Tong, Tongbai and N. Nishioka, 2011. Integrative environmental control using heat pumps for reductions in energy consumption and $CO_2$ gas emission, humidity control and air circulation, Acta Horticulturae, 893, 445-452.
6) 高山弘太郎・野並浩 . 2010. 知能的太陽光植物工場の展開 (5)、農業および園芸、85(5)、563-571.

7) 仁科弘重・田中道男・石川勝美・松岡孝尚 . 2010. 知能的太陽光植物工場の展開（3）、農業および園芸、85(3)、388-396.
8) 野口　伸 . 2010. 知能的太陽光植物工場の展開（10）、農業および園芸、85(10)、1037-1044.
9) 古在豊樹 . 1999. 閉鎖型苗生産システムの開発と利用、養賢堂、pp.199.
10) Takakura, T. 1975. Plant growth optimization using a small computer. Acta Hort. 46: 147-156.
11) 横井真悟・古在豊樹・長谷川智行、全 昶厚・久保田智恵利 . 2005. 閉鎖型苗生産システムの$CO_2$および水利用効率におよぼすトマト実生個体群の葉面積指数および換気回数の影響、植物環境工学、17(4):182-191.
12) Ohyama, K., T. Kozai, Y. Ishigami, Y. Ohno, H. Toida and Y. Ochi, 2005. A $CO_2$ Control System for a Greenhouse with a High Ventilation Rate, Acta Hort. 691 (Greensys 2004): 649-654.
13) Dayan, E., Presnov, J. Dayan and A. Shavit. 2004. A system for measurement of transpiration, air movement and photosynthesis in the greenhouse, Acta Hort 654. ISHS, 123-131.
14) 大山克己・古在豊樹・久保田智恵利・全昶厚・長谷川智行・横井真悟・西村将雄 . 2002. 閉鎖型苗生産システムに配置した家庭用エアコンの冷房時成績係数 , 植物工場学会誌 , 14(3), 141-146.
15) 西尾道徳 . 2005. 農業と環境汚染、農文協、80-82、438pp.
16) 渋谷俊夫・古在豊樹 . 2001. 温室内におけるトマトセル成型苗個体群の光利用効率および水利用効率 , 生物環境調節 , 39(1), 35-41.
17) 横井真悟・古在豊樹・大山克己・長谷川智行・全昶厚・久保田智恵利 . 2003. 閉鎖型苗生産システムにおけるトマト実生個体群の葉面積指数がエネルギー利用効率に及ぼす影響 , 植物工場学会誌 , 15(4), 231-238.
18) Kozai, T. 2011a. Improving utilization efficiencies of electricity, light energy, water and $CO_2$ of a plant factory with artificial light. Proceedings of 2011 the 2nd high-level International Forum on protected horticulture (Shouguan, Sandong Province, China, April 19-22, 2011), 2-8.
19) Kozai, T. 2011b. Improving light energy utilization efficiency for a sustainable plant factory with artificial light, Proceedings of Green Lighting Shanghai Forum 2011, 375-383.
20) Kim, H-H., G. D. Goins, R. M. Wheeler and J. C. Sager. 2004. Green-light supplementation for enhanced lettuce growth under red-and blue-light- emitting diode. HortScience.39(7): 1617-22.
21) 寺島一郎 . 2010. 個葉の光合成システム構築原理と環境に依存した可塑性、日本生物環境工学会生物環境調節部会編、2010. 光合成：植物工場発展のキーワード（スプリングフォー - ラム2010. 東京大学、3 月 10 日）、7-18.　74 pp.
22) Tong. Y., Kozai, T., Nishioka, N., Ohyama, K. 2010. Greenhouse heating using heat

pumps with a high coefficient of performance (COP), Biosystems Engineering, 106: 405-411.

23) 古在豊樹・Tong Yuxin・西岡直子・大山克己 . 2010. ルーム（家庭用）エアコンを用いた温室の環境調節、農業電化、63(6)、2-8.

24) 大山克己・藤原雅哉・古在豊樹・全昶厚 . 2001. 閉鎖型苗生産システムのナスセル成型苗育成時における電気エネルギーおよび水消費量 , 植物工場学会誌 , 13(1), 1-6.

25) 古在豊樹 . 2010. 輸出産業としての可能性を探る (第 5 章)、植物工場大全、日経 BP 社、142-161.

26) 古在豊樹 . 2011. 世界における植物工場の現状と将来性、農林水産研究ジャーナル , 34(2)、4-9.

27) Kozai, T., K. Ohyama, and C. Chun. 2006. Commercialized closed systems with artificial lighting for plant production, Acta Horticulturae, 711 (Proc. Vth IS on Artificial Lighting): 61-70.

28) 大政謙次 . 2010. アグリバイオイメージングと植物工場、日本生物環境工学会生物環境調節部会編、2010. 光合成：植物工場発展のキーワード（スプリングフォーラム 2010. 東京大学、3 月 10 日）、19-34.　74 pp.

29) 古在豊樹ら . 2006a. 最新施設園芸学、朝倉書店、2006 年、pp.231.

30) 古在豊樹ら . 2006b. 最新の苗生産実用技術、農業電化協会、pp.150.

## ●제5장

1) 古在豊樹 . 1999. 閉鎖型苗生産システムの開発と利用 . 養賢堂 . 191 pp.

2) 古在豊樹他 3 名 . 2005. 最新の苗生産実用技術 . 農業電化協会 .150 pp.

3) 古在豊樹 ( 編著者 ) . 2009. 太陽光型植物工場、オーム社 . 55-79, 131-143.

4) 古在豊樹 . 2010. 輸出産業としての可能性を検証する . 植物工場大全 . 日経 BP. 142-161

5) 古在豊樹 . 2011. 知能的太陽光植物工場の新展開 (13) －省資源・環境保全と高収量・高品質を両立させるサステナブル植物工場－ . 農業および園芸 . 86(1)：41-50.

6) 古在豊樹・Tong Yuxin. 2011.　第 2 回寿光国際施設園芸先端学術フォーラム（中国）および関連博覧会、2011. ハイドロポニックス、25(1)、6-7.

7) 孫禎翼 . 2010. 韓国における施設園芸および植物工場の現状、アグロイノベーション 2010, 国際カンファレンス講演要旨集、S2-1-1 ～ S2-1-13.

8) 孫禎翼 . 2011. 韓国における植物工場、アジアにおける植物工場の現状と役割、植物工場国際集会、千葉大学環境健康フィールド科学センター他主催、2011 年 11 月 29-30 日。

9) 高辻正基 . 1979. 植物工場（ブルーバックス）、講談社

10) 高辻正基 . 2011. LED 植物工場、日刊工業新聞社、141pp.

11) 全昶厚 . 2011. 韓国植物工場産業が直面している課題とその解決のための研究取り組み、アジアにおける植物工場の現状と役割、植物工場国際集会、千葉大学環境健

康フィールド科学センター・同研究科・NPO 植物工場研究会共催、2011 年 11 月 29-30 日。
12) 陳青雲 . 2010. 中国における施設園芸の発展状況、アグロイノベーション2010　国際カンファレンス講演要旨集、S2-2-1 ～ S2-2-25
13) 陳青雲 . 2011. 中国における植物工場の発展状況、アジアにおける植物工場の現状と役割、植物工場国際集会、千葉大学環境健康フィールド科学センター・同研究科・NPO 植物工場研究会共催、2011 年 11 月 29-30 日。
14) 方煒 . 2011. 国立台湾大学における植物工場研究、アジアにおける植物工場の現状と役割、植物工場国際集会、千葉大学環境健康フィールド科学センター・同研究科・NPO 植物工場研究会共催、2011 年 11 月 29-30 日。
15) 農商工連携研究会報告書 , http://www.meti.go.jp/prss/20090424004/20090424004-3.pdf
16) Hwang. H. 2010, Current Status and Perspective of Plant Factory in Korea, 日本生物環境工学会京都年次大会、2010 年 9 月
17) 李公仁 . 2011. 韓国での植物工場プロジェクト．　第 21 回 SHITA シンポジウム (1 月 21 日 )、日本生物環境工学会主催、東京。
18) Ohyama, K., M. Takagaki, and H. Kurasa. 2008. Urban Horticulture: its significance to environmental conservation. Sustainability Science,DOI 10.1007/s11625-08- 0054-0.
19) 楊其長 . 2011. 中国における植物工場研究の現状と将来、第 42 回 NPO 植物工場勉強会講演資料、NPO 植物工場研究会主催（千葉大学　植物工場研究拠点）
20) Wei lingling. 2011. 小型植物工場と都市園芸に関する技術的進展、第 42 回 NPO 植物工場勉強会講演資料、NPO 植物工場研究会主催（千葉大学　植物工場研究拠点）
21）依田卓巳訳 . 2011. 垂直農場、NTT 出版、214 ページ.

## ●제6장

1) 池田 敬・早田保義 . 2010. ハイブリッド型照明や新殺菌法で低コスト化と品目拡大を狙う. 植物工場大全　日経 BP、P68-76
2) 宇佐美久尚・島田葵・谷口彬雄・髙橋伸英・野末雅之 . 2011. LED と有機 EL を利用するコンテナ植物工場 , 化学工学誌、75(12)、807-810.
3) 宇佐美久尚・髙橋伸英・野末はつみ・塚田益裕・野末雅之 . 2011. 植物工場の可能性を拓く「信州大学先進植物工場研究教育センター (SU-PLAF)」の発足、WEB Journal、121:12-16.
4) 大阪府立大学 21 世紀科学研究機構編 . 2011. 社会との垣根を越える大学の挑戦、11 章：植物工場研究センター、㈱エヌ・ティー・エス、ISBN978-4-86043-391-8、181-215.
5) 荻原勲・有江力 . 2010. 四季を再現した果樹工場でブルーベリー栽培　植物工場のすべて、日経 BP 社　p.40-46.
6) 荻原勲 . 2011. 四季を再現したブルーベリー果樹工場の特徴、化学工学、75（12 ）

47-50
7) 川満芳信・上野正美・近藤義和・今井勝 . 2010. 知能的植物工場の新展開（）、亜熱帯拠点の課題、農業および園芸、85(4)、469-479.
8) 古在豊樹 . 2011. 知能的植物工場の新展開（13）省資源・環境保全と高収量・高品質を両立させるサステナブル植物工場、農業および園芸、86（1）、41-50.
9) 後藤英司・丸尾達 . 2011. 知能的太陽光植物工場の新展開（14）千葉大学における太陽光利用型植物工場の技術開発と実証事業、農業および園芸、86(2)、250-256.
10) 近藤義和 . 2011. 自然エネルギーとバイオマスエネルギーによる地域エネルギーシステムの構築、熱帯農業研究、4(2)、120-125.
11) 仁科弘重・田中道男・石川勝美・松岡孝尚 . 2010. 知能的太陽光植物工場の新展開（3）植物工場研究開発拠点の先行例と技術形成・人材育成、農業および園芸、85(3)、388-396.
12) 日本学術会議農業情報システム学分科会 . 2011. 知能的植物工場の新展開（報告)、27pp.
13) 日本生物環境工学会、2010. 第 20 回 SHITA シンポジウム「技術立国日本の植物工場テクノインテグレーション」講演要旨集（SHITA report No.27）, ISSN 0918-6204, 74pp.
14) 野口伸・橋本康・村瀬治比古編著 . 2012. 太陽光植物工場の新展開、養賢堂
15) 野末雅之・宇佐美久尚・高橋伸英・野末はつみ. 2011. 信州大学植物工場プロジェクト, コンテナ植物工場の開発、計測と制御
16) 橋本康・野口伸・村瀬治比古 . 2011. 知能的植物工場の新展開（15)、提言に向けての課題の整理、農業および園芸、86（3)、370-379.
17) 村瀬治比古 . 2010. 知能的植物工場の新展開（8)、国家事業としての植物工場普及拡大策と未来の予見、農業および園芸、85（8)、847-852.

## ●제7장

1) 河本康大郎 . 人工光植物工場における光源、第 11 回 NPO 植物工場勉強会、2011 年 2 月 18 日、講演資料
2) 古在豊樹 . 1980. 第 3 章放射（三原義秋編著、温室設計の基礎と実際)、17-29、養賢堂、
3) 古在豊樹ほか 9 名 . 新施設園芸学 . 1992. 朝倉書店、218 p.p.
4) 古在豊樹 . 1999. 閉鎖型植物生産システムの開発と利用、養賢堂、199p.p.
5) 古在豊樹・後藤英司・富士原和宏 . 2006. 最新施設園芸学、朝倉書店 , 235 p.p.
6) 高辻正基・森康裕 . 2011. B&T ブックス、日刊工業新聞社、141pp.
9) パナソニック. ランプ総合カタログ2011. 245.

## ●제8장

1) 後藤英司 . 2011. 植物の能力を活かす生育環境制御、日本生物環境工学会 OSAKA フォーラム、25-36.

2) 池田彰・谷村康宏・中山繁樹・岩尾憲三. 1992. 蛍光灯ランプを用いた植物工場の照明設計法に関する研究、生物環境調節、30(1)、9-15.
3) Kozai, T. 2011. Improving light energy utilization efficiency for a sustainable plant factory with artificial light, Proceedings of Green Lighting Shanghai Forum 2011, 375-383.
4) 大山克己・吉永慶太・古在豊樹. 2000. 閉鎖型苗生産システムのエネルギーおよび物質収支（第1報）—エネルギー収支—, 植物工場学会誌, 12(3), 160-170.
5) 大山克己・古在豊樹. 2001. 光エネルギーと植物工場, 176-180, 植物の光センシング 光情報の受容とシグナル伝達, 秀潤社, 192 pp.
6) 渋谷俊夫・古在豊樹. 2001. 温室内におけるトマトセル成型苗個体群の光利用効率および水利用効率, 生物環境調節, 39(1), 35-41.
7) 横井真悟・古在豊樹・大山克己・長谷川智行・全昶厚・久保田智惠利. 2003. 閉鎖型苗生産システムにおけるトマト実生個体群の葉面積指数がエネルギー利用効率に及ぼす影響, 植物工場学会誌, 15(4), 231-238.

## ●제9장

1) Johkan,M.,K.Shoji,F.Goto,S.Hashida and T.Yoshida.2012.Effect of green light wavelength and intensity on photomorphogenesis and photosynthesis in *Lactuca sativa* L.Environ. Exp.Bot.75：128 − 133.
2) Kim, H.-H., G. D. Golins, R. M. Wheeler, and J. Sager, 2004. Green light supplementation for enhanced lettuce growth under red- and blue-light-emitting diodes, HortScience, 39(7): 1617-1622.
3) 工藤りか・末包亜矢子・山本敦司・垣渕和正・石田豊. 2007. 園学雑、76(1):139
4) 工藤りか・山本敦司・垣渕和正・末包亜矢子・石田豊. 2007. 園学雑、76(2):265
5) 工藤りか・山本敦司・末包亜矢子・石田豊. 2009. 緑色光照射による病害防除技術の開発 (第1報)、四国電力株式会社研究期報告、93:31-35.
6) 工藤りか・山本敦司・石田豊. 2010. 緑色光照射による病害防除技術の開発（第2報）、四国電力株式会社研究期報告、94:33:39.
7) 古在豊樹・後藤英司・富士原和宏. 2006. 最新施設園芸学、朝倉書店、235pp.
8) McCree(1970) Prediction and measurement of photosynthetic productivity (Setlik, L. ed.) p.209-214. Centre for Agricultural Publishing and Documentation.
9) 並木隆和訳. 1981. 野菜の水耕栽培、養賢堂、表 2.1、220pp.
10) 西尾道徳・古在豊樹他 3 名. 2000. 作物の生育と環境、107、農文協、234pp.
11) 山崎肯哉. 1982. 養液栽培全編、博友社、表 3-1、251pp.

## ●제10장

1) Bugbee, B. G, and Salisbury, F.B. 1988. Exploring the limits of crop productivity I. photosynthetic efficiency of wheat in high irradiance environments, Plant Physiology,

88: 869-878.

2) 古在豊樹・後藤英司・富士原和宏 . 2006. 朝倉書店、235pp.
3) 大山克己・吉永慶太・古在豊樹 . 2000. 閉鎖型苗生産システムのエネルギーおよび物質収支（第 1 報)、－エネルギー収支—、植物工場学会誌、12(3)、160-167.
4) 大山克己・吉永慶太・古在豊樹 . 2000. 閉鎖型苗生産システムのエネルギーおよび物質収支（第 2 報)、－水収支—、植物工場学会誌、12(4)、217-224.
5) 高市益行 . 2002. 第 4 章湿度制御（五訂施設園芸ハンドブック)、158-161、日本施設園芸協会発行、626pp.
6) 高倉　直 . 2011. 植物環境物理学の基礎 (1)、(2)、農業および園芸、86 (3)、(4)、466-472, 586-589.
7) 板木利隆・佐々木皓二・宇田川雄二 . 1995. 養液栽培の実用技術、農業電化協会、241pp.
8) 日本施設園芸協会編（池田英男、篠原温・糠谷明・板木利隆ら）. 2002. 養液栽培の新マニュアル、366pp.
9) 山崎肯哉 . 1982. 養液栽培全編、博友社、251pp.
10) 吉永慶太・大山克己・古在豊樹 . 2000. 閉鎖型苗生産システムのエネルギーおよび物質収支（第 3 報)、－ $CO_2$収支—、植物工場学会誌、12(4)、225-231.

### ●제11장

1) Afreen, F., S.M.A. Zobayed, T. Kozai. 2005. Spectral quality and UB-V stress stimulate gycyrrhizin concentration of *Glycyrrhiza uralensis* in hydroponic and pot system. Plant Physiology and Biochemistry, 43: 1074-1081
2) Afreen, F., S.M.A. Zobayed, and T. Kozai. 2006. Melatonin in *Glycyrrhiza uralensis*: response of plant roots to special quality of light and UV-B radiation, J. Pineal Res., 41(2): 108-115
3) 福田浩三・村田和也・松田秀秋・谿忠人 . 2009. 大和当帰の栽培生産の歴史と現状 , 薬史学雑誌 , 44(1), 10-17,
4) Kim, G-S. et al. 2010. Investigation of Ginsenosides in different parts of Panax ginseng cultured by hydroponics, Kor. J. Hort. Sci. Technol. 28(2): 216-226, 2010 (in Korean with English abstract and captions).
5) 木村孟淳 . 2000. 中国の生薬⑲当帰 , 月刊漢方療法、4(7)、27-30,
6) 古在豊樹 . 1999. 閉鎖型植物苗生産システム開発と利用、養賢堂、191 pp,
7) 古在豊樹 . 2009. 太陽光型植物工場、オーム社、185 pp,
8) 古在豊樹・新藤聡・松本洋俊・松原紀嘉・渡辺均・池上文雄 . 2011. 環境制御による薬用植物の効率的生産とその将来性、漢方と最新治療、20(2)、125-130.
9) 厚生省薬務局監修 . 1992. 薬用植物　栽培と品質評価 part1、薬事日報社、41-50,
10) 藤田尚也 . 2011. 植物工場による薬用植物（甘草）等の生産技術（植物工場システムによる薬用植物の栽培・生産技術セミナー)、100-117、メガセミナー社

11) 小山里美・新藤聡・池上文雄・古在豊樹 . 2010. $CO_2$施用が薬用植物トウキ（当帰、*Angelica acutiloba* Kitagawa）の光合成および成長に及ぼす影響、日本生物環境工学会 2010 年京都大会講演要旨集、138-139,

12) 小山里美 . 2011. 環境制御による薬用植物トウキ苗の効率的生産、千葉大学園芸学研究科修士論文 , 53 p.p. .
松原紀嘉・新藤聡・池上文雄・古在豊樹・渡辺均 . 2012. 遺伝子間領域塩基配列によるトウキ及び近縁種の解析. 園芸学会、2012 年度春期大会.

13) Mosaleeyanon, K., S. M. A. Zobayed, F. Afreen and T. Kozai. 2005. Relationships between net photosynthetic rate and secondary metabolite contents in St. John's wort, Plant Science, 169(3): 523-531,

14) Mosaleeyanon, K., S.M.A. Zobayed, F. Afreen, and T. Kozai. 2005. Enhancement of biomass and secondary metabolite production of St. John's wort (*Hypericum perforatum* L.) under a controlled environment, Environ. Control in Biology 44(1): 21-30, 2006

15) 西村徹郎・大山克己・角野めぐみ・古在豊樹 . 2008. 薬用植物の成長促進・高品質化のための施設生産における環境調節技術 (1),(2)、農業および園芸 , 83(9), (10), 959-965, 1057-1062,

16) 新藤聡・小田順子・松原紀嘉・渡辺均 . 2011a. トウキ種子の選別法および低温湿潤処理条件の検討、園芸学会 2011 年春季大会

17) 新藤聡・渡辺均・松原紀嘉・池上文雄・古在豊樹 . 2011b. トウキ (*Angelica acutiloba* Kitagawa) の種子生産および実生の生育に及ぼす花序除去の影響、園芸学会 2011 年度秋季大会

18) 新藤聡・松原紀嘉・渡辺均・池上文雄・古在豊樹 . 2011c. トウキ (*Angelica acutiloba* Kitagawa) の開花結実および実生の生育に及ぼす花序位置の影響、園芸学会 2011 年度秋季大会

19) 松本洋俊・新藤聡・松原紀嘉・渡辺均・池上文雄・古在豊樹 . 2011. 二年生オタネニンジンの休眠打破に及ぼす温度の影響、園芸学会 2011 年度秋季大会 .

20) Zobayed, S. M. A., F. Afreen and T. Kozai. 2005. Temperature stress can alter the photosynthetic efficiency and secondary metabolites concentrations in St. John's wort, Plant Physiology and Biochemistry, 43: 977-984,

21) Zobayed, S.M.A., F. Afreen, E. Goto, and T. Kozai. 2006. Plant-environment interactions: Accumulation of hypericinin dark glands of *Hypericum perforatum*, Annals of Botany, 98, 793-804,

22) Zobayed, S.M.A., F. Afreen and T. Kozai. 2007. Phytochemical and physiological changes in the leaves of St. John's wort plants under a water stress condition, Environmental and Experimental Botany, 59(2), 109-11,

# 결 언

이 책의 집필을 시작을 위하여 자료 수집을 시작한 직후인 2011년 3월 11일에 동일본 대 지진이 발생했다. 식물공장 및 시설원예를 전문으로 하는 연구자 그룹과 피해지 지원 시설원예전문가 그룹을 4월에 조직하였지만, 결과적으로 충분한 지원 활동은 불가능했다. 그래도 피해지의 자치단체 및 학교로부터 식물공장 및 시설원예에 관한 문의, 상담 및 견학 의뢰에 대한 대응이 가장 중요한 일이었다.

한편 치바대학 카시와 캠퍼스의 환경건강필드과학센터(이하 센터)의 식물공장(농림수산성 보조사업)의 준공식이 2011년 6월 중순에 이루어 졌다. 이 식물공장 사업의 거점 리더는 Maruo 교수이며, 식물공장을 포함한 모든 사업을 총괄하는 전체의 책임자는 센터장 Takagaki 교수이었다. 준공 후, 이 식물공장의 견학자는 증가하여 2012년 2월말로 약 4000인을 넘었다. 외국으로부터의 견학자가 300인에 이르렀다. 동료인 Maruo 교수와 Ikeda 교수 등과 같이 필자도 견학자의 안내를 담당하였다. 이러한 가운데서 식물공장에 관한 정확한 정보를 사회에 제공해야 한다는 중요성을 실감하였다.

2011년 4월이후부터 식물공장의 재배가 시작되었고, 이에 따라 발생하는 각종 데이터의 계측과 해석에 관한 기술적 문제 해결은 동료인 Maruo 교수, Ikeda 교수, Sekiyama 박사, Ichino 박사, Tong 박사 연구원과 박사과정 학생인 Li 씨 등이 대응하였다. 후쿠시마현의 원자로 사고에 따라서 그 해 여름에 정전과 20% 절전 요청 등의 영향을 식물공장 프로젝트 참가 기업과 동료의 이해와 협력으로 최소한으로 줄일 수 있었다. 이러한 경험으로부터 식물공장에 관해서 개선해야 할 문제를 파악하였고, 이러한 문제를 해결한다면 초기 투자와 운전 비용을 절감할 수 있고 생산물의 가치를 더욱 향상시킬 수 있다고 확신하였다.

필자는 치바대학 식물공장사업을 지원하고 그 성과를 사회에 환원하는 목적으로 설립된 NPO식물공장연구회의 이사장으로 재직하고 있다. NPO가 주최하는 월례 연구회는 통산 45회에 도달하였고, 각 회 100인 전후의 참가하여서 총 4000인에 도달하였다. 이 월례연구회는 매회 2~3인의 강사를 모시고 강의와 질의 응답으로 진행하면서 각종 문제에 대하여 이해하고자 하였다. NPO 및 동 센터에서는 수일에 걸쳐서 기초 연수 및 전문연수를 매년에 수회 개최하고 있다, 이러한 연수의 운영을 집행하고 있는 NPO담당자에게 감사를 드린다. 또한 NPO식물공장연구회는 센터의 식물공장 사업의 각종 지원을 담당하고 있다.

2011년 11월 29~30일에는 식물공장에 관한 국제회의가 치바대학 원예학부, 당 센터 및 NPO식물공장연구회의 공동 주최로 당 센터에서 개최되었고 약 220명이 참가하였다(국제교류위원장 Kikuchi 명예교수, 사무국장 Yamaguchi 특임교수). 이 회의에는 중국, 한국, 대만, 태국, 인도네시아, 네덜란드, 필리핀, 미국 등으로부터 참가하였고, 특히 한국, 대만, 중국, 일본의 저명한 연구자의 강연과 함께 네덜란드 및 미국 기업으로부터 강연이 준비되었다.

과거 1년의 체험을 통해서 식물공장에 관한 많은 의견과 교훈을 얻었고, 좋은 아이디어를 얻었다. 그리고 식물공장의 설계와 운영에 관한 기본적 지식의 공유가 중요하다는 것을 통감하였다. 실제로 식물공장에 관심을 가진 일본인 들이 중국, 한국, 대만의 식물공장의 연구 개발 사정을 충분히 공유하고 있지 않았다. 따라서 이 책에서는 식물공장의 설계 및 운영에 필요한 기본적 지식을 기술하는데 중점을 두었다. 나아가서 중국, 한국, 대만 등에 따른 식물공장에 관한 연구 개발 상황을 기술하였다. 추후 이러한 아시아 국가와 네덜란드, 미국 등과의 협력적 행동이 중요하며, 러시아, 중동에 있어서의 식물공장의 필요성에 관한 정보 교환도 필수적이다.

이상과 같은 움직임이 커다란 파도가 되어, 환경을 배려하는 에너지 절약형 생물생산기술이 개발과 새로운 라이프스타일이 탄생되며, 이것이 세계의 환경, 자원, 식량 문제를 해결에 공헌하여 인류, 사회, 개인의 삶의 질의 향상에 도움이 되기를 기대한다. 과거 1년의 경험의 일부를 이 책에 어느 정도 반영하였지만, 내용적으로는 아직 충분하지 않다. 앞으로 많은 분들의 지도를 받아서 미력이나마 사회에 공헌하고 싶다.

2012년 2월 29일 치바대학 카시와 캠퍼스에서

고자이 토요키(Toyoki Kozai)

# 찾아보기

## ㅇ

### ㅍ



### ㅎ

**(저자 약력)**

**고자이 토요키(Toyoki Kozai)**

1943년생. 치바대 원예학부 원예학과 졸업. 토쿄대 대학원 농학계(농학박사). 오사카부립대 조수를 거쳐 1990년 치바대 원예학부 교수. 원예학부장, 환경건강필드과학센터장을 거쳐 2005년 치바대 총장. 현재 명예교수 및 상기 센터의 객원교수. 전공은 식물환경공학. 일본농업기상학회상, 일본생물환경조절학회상, 일본식물공장학회상, 일본농학상, 자수훈장, 중국-우선상, 미국배양생물학회상 등 다수 수상함. 편저서에는 "최신시설원예학(조창서점. 2008년)", "식물조직배양의 신 단계-배양으로부터 지구환경까지(농문협, 1999년)", "'행복한 종자'는 확실히 알 수 있다(상은사, 2008년)", "자연광 이용형 식물공장-선진적 식물공장의 지속가능한 디자인(오옴사, 2010년)" 등 영문서를 포함하여 다수. 총설논문에는 "농과 시민을 기반으로 한 문화 및 학술(문화간호학회. 제1권1호, 2009년)" 등 다수.